KB047808

최상위 수학 S 2-1

펴낸날 [초판 1쇄] 2023년 10월 1일 [초판 3쇄] 2024년 6월 4일
펴낸이 이기열
펴낸곳 (주)디딤돌 교육
주소 (03972) 서울특별시 마포구 월드컵북로 122 청원선와이즈타워
대표전화 02-3142-9000
구입문의 02-322-8451
내용문의 02-323-9166
팩시밀리 02-338-3231
홈페이지 www.didimdol.co.kr
등록번호 제10-718호
구입한 후에는 철회되지 않으며 잘못 인쇄된 책은 바꾸어 드립니다.

최상위 수학S 2·1 학습 스케

짧은 기간에 집중력 있게 한 학기 과정을 학습할 수 있도록 설계하였습니다.
방학 때 미리 공부하고 싶다면 8주 완성 과정을 이용하세요.

공부한 날짜를 쓰고 하루 분량 학습을 마친 후, 부모님께 확인 check☑를 받으세요.

주					
1주	월 일	월 일	월 일	월 일	월 일
	1. 세 자리 수				
	8~11쪽 ☐	12~15쪽 ☐	16~19쪽 ☐	20~23쪽 ☐	24~27쪽 ☐
2주	월 일	월 일	월 일	월 일	월 일
	1. 세 자리 수		2. 여러 가지 도형		
	28~29쪽 ☐	30~32쪽 ☐	34~37쪽 ☐	38~41쪽 ☐	42~45쪽 ☐
3주	월 일	월 일	월 일	월 일	월 일
	2. 여러 가지 도형				3. 덧셈과 뺄셈
	46~49쪽 ☐	50~53쪽 ☐	54~57쪽 ☐	58~60쪽 ☐	62~65쪽 ☐
4주	월 일	월 일	월 일	월 일	월 일
	3. 덧셈과 뺄셈				
	66~69쪽 ☐	70~73쪽 ☐	74~77쪽 ☐	78~81쪽 ☐	82~85쪽 ☐

공부를 잘 하는 학생들의 좋은 습관 8가지

주					
7주	월 일	월 일	월 일	월 일	월 일
	4. 길이 재기				
	102~103쪽 ☐	104~105쪽 ☐	106~107쪽 ☐	108~109쪽 ☐	110~111쪽 ☐
8주	월 일	월 일	월 일	월 일	월 일
	4. 길이 재기		**5. 분류하기**		
	112~113쪽 ☐	114~115쪽 ☐	118~119쪽 ☐	120~121쪽 ☐	122~123쪽 ☐
9주	월 일	월 일	월 일	월 일	월 일
	5. 분류하기				
	124~125쪽 ☐	126~127쪽 ☐	128~129쪽 ☐	130~131쪽 ☐	132~133쪽 ☐
10주	월 일	월 일	월 일	월 일	월 일
	5. 분류하기				**6. 곱셈**
	134~135쪽 ☐	136~137쪽 ☐	138~139쪽 ☐	140~141쪽 ☐	144~146쪽 ☐
11주	월 일	월 일	월 일	월 일	월 일
	6. 곱셈				
	147~149쪽 ☐	150~151쪽 ☐	152~153쪽 ☐	154~155쪽 ☐	156~157쪽 ☐
12주	월 일	월 일	월 일	월 일	월 일
	6. 곱셈				
	158~159쪽 ☐	160~161쪽 ☐	162~163쪽 ☐	164~165쪽 ☐	166~168쪽 ☐

최상위 수학S 2·1 학습 스케줄

부담되지 않는 학습량으로 공부 습관을 기를 수 있도록 설계하였습니다.
학기 중 교과서와 함께 공부하고 싶다면 12주 완성 과정을 이용하세요.

공부한 날짜를 쓰고 하루 분량 학습을 마친 후, 부모님께 확인 check☑를 받으세요.

1주	월 일	월 일	월 일	월 일	월 일
	1. 세 자리 수				
	8~10쪽	11~13쪽	14~16쪽	17~19쪽	20~22쪽
	☐	☐	☐	☐	☐

2주	월 일	월 일	월 일	월 일	월 일
	1. 세 자리 수			2. 여러 가지 도형	
	23~25쪽	26~29쪽	30~32쪽	34~36쪽	37~39쪽
	☐	☐	☐	☐	☐

3주	월 일	월 일	월 일	월 일	월 일
	2. 여러 가지 도형				
	40~42쪽	43~45쪽	46~48쪽	49~51쪽	52~54쪽
	☐	☐	☐	☐	☐

4주	월 일	월 일	월 일	월 일	월 일
	2. 여러 가지 도형		3. 덧셈과 뺄셈		
	55~57쪽	58~60쪽	62~64쪽	65~67쪽	68~70쪽
	☐	☐	☐	☐	☐

5주	월 일	월 일	월 일	월 일	월 일
	3. 덧셈과 뺄셈				
	71~73쪽	74~76쪽	77~79쪽	80~82쪽	83~85쪽
	☐	☐	☐	☐	☐

6주	월 일	월 일	월 일	월 일	월 일
	3. 덧셈과 뺄셈	4. 길이 재기			
	86~88쪽	90~93쪽	94~97쪽	98~99쪽	100~101쪽
	☐	☐	☐	☐	☐

주					
5주	월 일	월 일	월 일	월 일	월 일
	3. 덧셈과 뺄셈	4. 길이 재기			
	86~88쪽	90~95쪽	96~99쪽	100~103쪽	104~107쪽
	□	□	□	□	□
6주	월 일	월 일	월 일	월 일	월 일
	4. 길이 재기		5. 분류하기		
	108~111쪽	112~115쪽	118~121쪽	122~125쪽	126~129쪽
	□	□	□	□	□
7주	월 일	월 일	월 일	월 일	월 일
	5. 분류하기			6. 곱셈	
	130~133쪽	134~137쪽	138~141쪽	144~147쪽	148~151쪽
	□	□	□	□	□
8주	월 일	월 일	월 일	월 일	월 일
	6. 곱셈				
	152~155쪽	156~159쪽	160~163쪽	164~166쪽	167~168쪽
	□	□	□	□	□

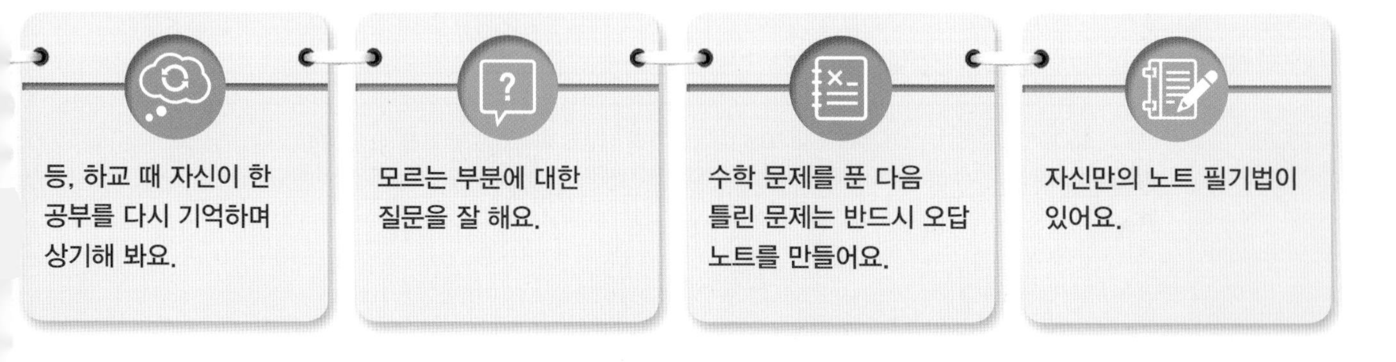

초등 2·1

상위권의 기준

최상위 수학 S

디딤돌

상위권의 힘, 느낌!

처음 자전거를 배울 때, 설명만 듣고 탈 수는 없습니다.
하지만, 직접 자전거를 타고 넘어져 가며
방법을 몸으로 느끼고 나면
나는 이제 '자전거를 탈 수 있는 사람'이 됩니다.
그리고 평생 자전거를 탈 수 있습니다.

수학을 배우는 것도 꼭 이와 같습니다.
자세한 설명, 반복학습 모두 필요하지만
가장 중요한 것은 "느꼈는가"입니다.
느껴야 이해할 수 있고,
이해해야 평생 '수학을 할 수 있는 사람'이 됩니다.

"최상위 수학 S는
수학에 대한 느낌과 이해를 통해
중고등까지 상위권이 될 수 있는 힘을 길러줍니다."

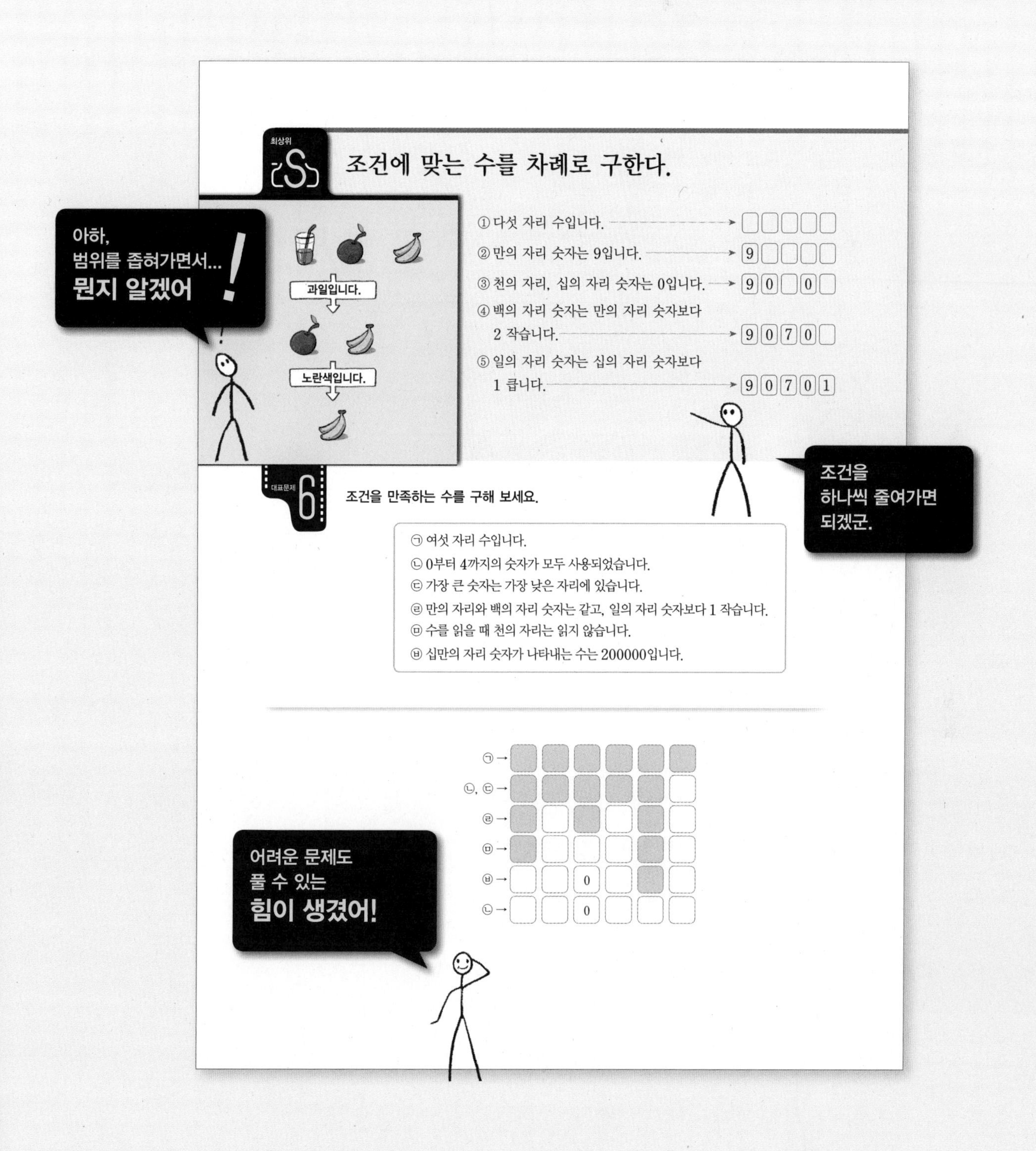
최상위
S
조건에 맞는 수를 차례로 구한다.
아하,
범위를 좁혀가면서...
뭔지 알겠어
과일입니다.
노란색입니다.
① 다섯 자리 수입니다.
② 만의 자리 숫자는 9입니다.
9
③ 천의 자리, 십의 자리 숫자는 0입니다.
9 0 0
④ 백의 자리 숫자는 만의 자리 숫자보다
2 작습니다.
9 0 7 0
⑤ 일의 자리 숫자는 십의 자리 숫자보다
1 큽니다.
9 0 7 0 1
조건을
하나씩 줄여가면
되겠군.
대표문제 6
조건을 만족하는 수를 구해 보세요.
㉠ 여섯 자리 수입니다.
㉡ 0부터 4까지의 숫자가 모두 사용되었습니다.
㉢ 가장 큰 숫자는 가장 낮은 자리에 있습니다.
㉣ 만의 자리와 백의 자리 숫자는 같고, 일의 자리 숫자보다 1 작습니다.
㉤ 수를 읽을 때 천의 자리는 읽지 않습니다.
㉥ 십만의 자리 숫자가 나타내는 수는 200000입니다.
㉠ →
㉡, ㉢ →
㉣ →
㉤ →
㉥ → 0
㉡ → 0
어려운 문제도
풀 수 있는
힘이 생겼어!

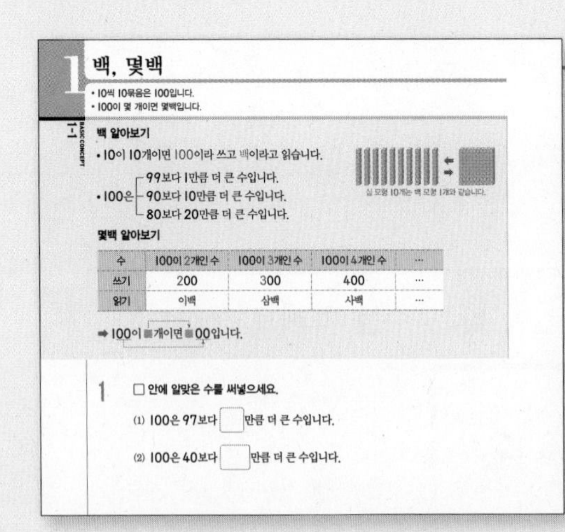

1 백, 몇백

- 10씩 10묶음은 100입니다.
- 100이 몇 개이면 몇백입니다.

1-1 BASIC CONCEPT

백 알아보기

- 10이 10개이면 100이라 쓰고 백이라고 읽습니다.
- 100은 ┌ 99보다 1만큼 더 큰 수입니다.
  ├ 90보다 10만큼 더 큰 수입니다.
  └ 80보다 20만큼 더 큰 수입니다.

몇백 알아보기

수	100이 2개인 수	100이 3개인 수	100이 4개인 수	…
쓰기	200	300	400	…
읽기	이백	삼백	사백	…

➡ 100이 ■개이면 ■00입니다.

1 □ 안에 알맞은 수를 써넣으세요.

(1) 100은 97보다 □만큼 더 큰 수입니다.

(2) 100은 40보다 □만큼 더 큰 수입니다.

교과서 개념부터
심화 · 중등개념까지!

수학을 느껴야
이해할 수 있고

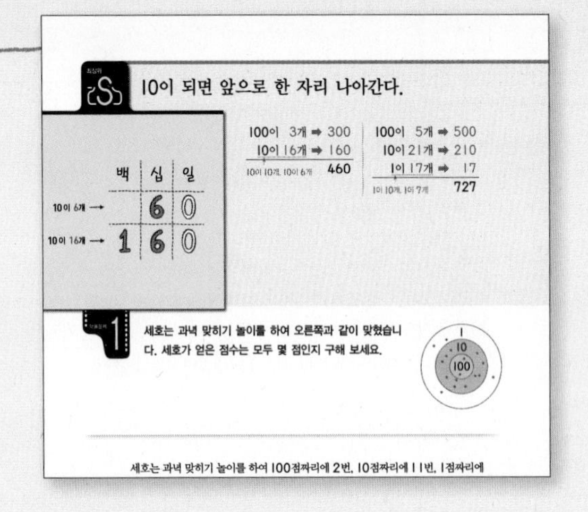

10이 되면 앞으로 한 자리 나아간다.

	백	십	일
10이 6개 →		6	0
10이 16개 →	1	6	0

100이 3개 ➡ 300
10이 16개 ➡ 160
10이 10개, 10이 6개 460

100이 5개 ➡ 500
10이 21개 ➡ 210
1이 17개 ➡ 17
1이 10개, 1이 7개 727

1 세호는 과녁 맞히기 놀이를 하여 오른쪽과 같이 맞혔습니다. 세호가 얻은 점수는 모두 몇 점인지 구해 보세요.

세호는 과녁 맞히기 놀이를 하여 100점짜리에 2번, 10점짜리에 11번, 1점짜리에

MATH MASTER

1 은석이는 공책을 한 묶음에 10권씩 묶어서 3묶음을 포장하였습니다. 은석이가 가지고 있던 공책이 100권이었다면 10권씩 몇 묶음을 더 포장할 수 있을까요?

( )

2 상자 안에 구슬이 100개씩 6묶음, 10개씩 34묶음 들어 있습니다. 상자 안에 들어 있는 구슬은 모두 몇 개일까요?

( )

3 다음 중 700에 가장 가까운 수는 어느 것일까요?

350 500 850

( )

이해해야
어떤 문제라도
풀 수 있습니다.

CONTENTS

1
세 자리 수

1 백, 몇백

- 10씩 10묶음은 100입니다.
- 100이 몇 개이면 몇백입니다.

1-1 BASIC CONCEPT

백 알아보기

- 10이 10개이면 100이라 쓰고 백이라고 읽습니다.

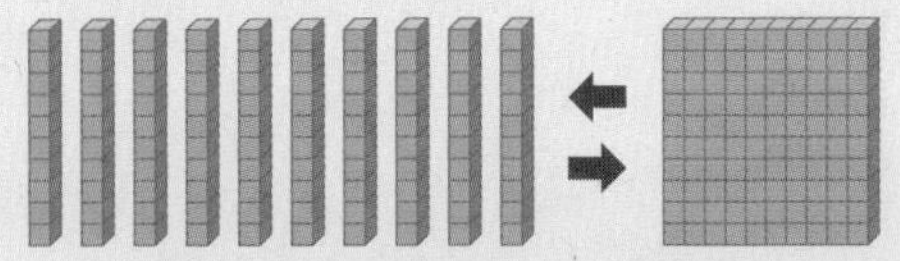
십 모형 10개는 백 모형 1개와 같습니다.

- 100은 ─ 99보다 1만큼 더 큰 수입니다.
  ─ 90보다 10만큼 더 큰 수입니다.
  ─ 80보다 20만큼 더 큰 수입니다.

몇백 알아보기

수	100이 2개인 수	100이 3개인 수	100이 4개인 수	···
쓰기	200	300	400	···
읽기	이백	삼백	사백	···

➡ 100이 ■개이면 ■00입니다.

1 □ 안에 알맞은 수를 써넣으세요.

(1) 100은 97보다 □만큼 더 큰 수입니다.

(2) 100은 40보다 □만큼 더 큰 수입니다.

2 □ 안에 알맞은 수를 써넣으세요.

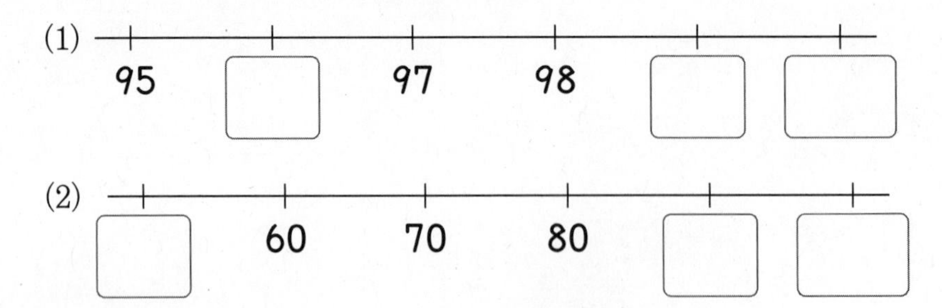

3 한 상자에 100개씩 들어 있는 지우개가 7상자 있습니다. 지우개는 모두 몇 개일까요?

(　　　　　　　　)

1-2 BASIC CONCEPT

100을 여러 가지 덧셈식으로 나타내기

100의 표현	덧셈식
1이 100개인 수	$\underbrace{1+1+1+1+\cdots+1}_{100개}=100$
10이 10개인 수	$\underbrace{10+10+10+10+\cdots+10}_{10개}=100$
99보다 1만큼 더 큰 수	$99+1=100$
90보다 10만큼 더 큰 수	$90+10=100$

4 나타내는 수가 다른 것의 기호를 써 보세요.

㉠ $96+1+1+1+1$ ㉡ $60+10+10+10$
㉢ $80+10+10$ ㉣ $30+10+10+10+10+10+10+10$

( )

1-3 BASIC CONCEPT

동전으로 백, 몇백 알아보기

• 100을 동전으로 알아보기

100원짜리 동전 1개 10원짜리 동전 10개

• 400을 동전으로 알아보기

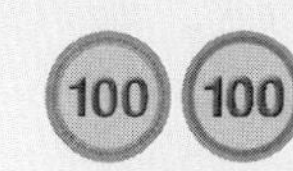

100원짜리 동전 4개 100원짜리 동전 3개, 10원짜리 동전 10개 10원짜리 동전 40개

5 한수는 100원짜리 동전 4개와 10원짜리 동전 40개를 가지고 있습니다. 한수가 가진 동전으로 100원짜리 사탕을 몇 개까지 살 수 있을까요?

( )

2 세 자리 수, 자릿값

• 세 자리 수는 백의 자리, 십의 자리, 일의 자리가 있습니다.
• 같은 숫자라도 자리에 따라 나타내는 수가 다릅니다.

2-1 BASIC CONCEPT

세 자리 수 알아보기

└ 세 개의 자리가 있는 수: 백의 자리, 십의 자리, 일의 자리

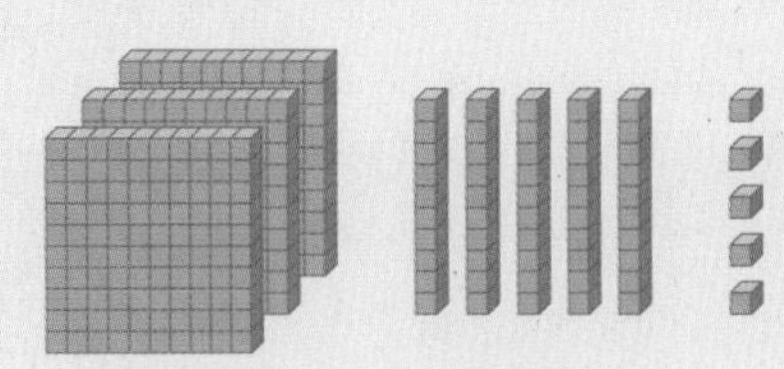

100이 3개, 10이 5개, 1이 5개인 수 ➡ 쓰기: 355 / 읽기: 삼백오십오

(삼백, 오십, 오)

세 자리 수의 자릿값 알아보기

자릿값: 각 자리의 숫자가 나타내는 수

자릿값은 오른쪽부터 왼쪽으로 한 자리씩 옮겨갈 때마다 10배씩 커집니다.

백의 자리	십의 자리	일의 자리
3	5	5

⬇

3	0	0	3은 백의 자리 숫자이고 300을 나타냅니다.
	5	0	5는 십의 자리 숫자이고 50을 나타냅니다.
		5	5는 일의 자리 숫자이고 5를 나타냅니다.

숫자는 같지만 자리에 따라 나타내는 수가 다릅니다.

➡ $355=300+50+5$

1 □ 안에 알맞은 수를 써넣으세요.

(1) $600+20+9=$ □

(2) $800+50+4=$ □

2 밑줄 친 숫자가 나타내는 수를 써 보세요.

(1) 9̲48 ➡ ( )

(2) 50̲3 ➡ ( )

(3) 72̲5 ➡ ( )

BASIC CONCEPT 2-2

세 자리 수를 여러 가지 방법으로 나타내기

472

100이 4개 ➡ 400	100이 3개 ➡ 300	100이 4개 ➡ 400
10이 7개 ➡ 70	10이 17개 ➡ 170	10이 5개 ➡ 50
1이 2개 ➡ 2	1이 2개 ➡ 2	1이 22개 ➡ 22
472	(10이 10개, 10이 7개) =(100이 1개, 10이 7개) 472	(1이 20개, 1이 2개) =(10이 2개, 1이 2개) 472

3 100이 6개, 10이 23개, 1이 4개인 수를 구해 보세요.

( )

BASIC CONCEPT 2-3

수 카드로 조건에 맞는 세 자리 수 만들기

4 7 2 3 → 7>4>3>2

가장 큰 세 자리 수	7 4 3	가장 큰 수부터 백, 십, 일의 자리에 차례로 놓습니다.
둘째로 큰 세 자리 수	7 4 2	가장 큰 수를 백의 자리에, 둘째로 큰 수를 십의 자리에, 넷째로 큰 수를 일의 자리에 놓습니다.
가장 작은 세 자리 수	2 3 4	가장 작은 수부터 백, 십, 일의 자리에 차례로 놓습니다.
둘째로 작은 세 자리 수	2 3 7	가장 작은 수를 백의 자리에, 둘째로 작은 수를 십의 자리에, 넷째로 작은 수를 일의 자리에 놓습니다.

4 4장의 수 카드 중에서 3장을 골라 세 자리 수를 만들려고 합니다. 만들 수 있는 수 중에서 가장 작은 수를 구해 보세요.

5 8 0 1

( )

3 뛰어 세기, 두 수의 크기 비교하기

• 어느 자리 수가 얼마나 변했는지 알아보면 뛰어 세는 규칙을 찾을 수 있습니다.
• 높은 자리일수록 큰 수를 나타냅니다.

BASIC CONCEPT 3-1

뛰어 세기

• 100씩 뛰어 세기: 263 - 363 - 463 - 563 - 663

• 10씩 뛰어 세기: 645 - 655 - 665 - 675 - 685

• 1씩 뛰어 세기: 996 - 997 - 998 - 999 - 1000

999보다 1만큼 더 큰 수는 1000이라 쓰고 천이라고 읽습니다.

두 수의 크기 비교하기

• 자릿수가 다를 때에는 자릿수가 많은 쪽이 더 큽니다.

$123 > 98$

세 자리 수 두 자리 수

• 자릿수가 같을 때에는 백의 자리, 십의 자리, 일의 자리 수를 차례로 비교합니다.

$378 > 199$
3>1

$463 < 470$
백의 자리 수가 같으므로 십의 자리 수를 비교합니다.
6<7

$183 < 185$
백의 자리, 십의 자리 수가 각각 같으므로 일의 자리 수를 비교합니다.
3<5

1 뛰어 세기 규칙에 맞게 빈칸에 알맞은 수를 써넣으세요.

(1) 392 - 492 - 592 - ☐ - ☐

(2) 254 - 264 - ☐ - ☐ - 294

2 의주가 가지고 있는 구슬은 282개이고, 영선이가 가지고 있는 구슬은 269개입니다. 구슬을 더 많이 가지고 있는 사람은 누구일까요?

(   )

BASIC CONCEPT 3-2

수직선에서 수의 크기 비교하기 — 수직선에서 오른쪽에 있을수록 큰 수입니다.

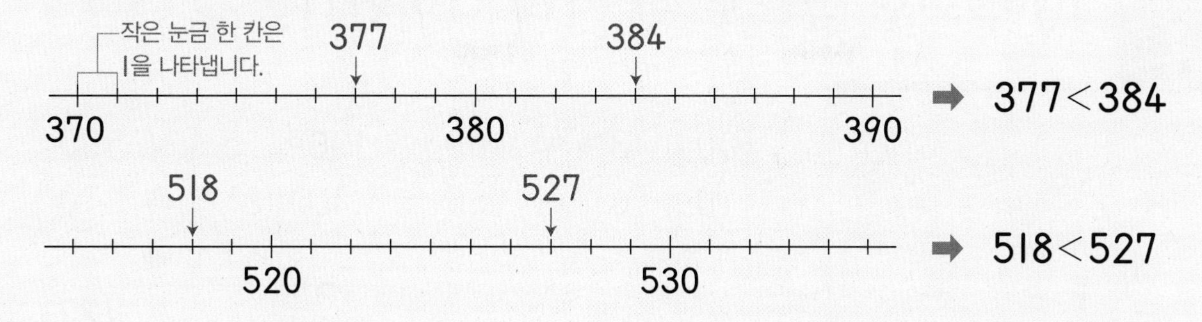

3 수직선을 보고 467보다 크고 472보다 작은 수를 모두 써 보세요.

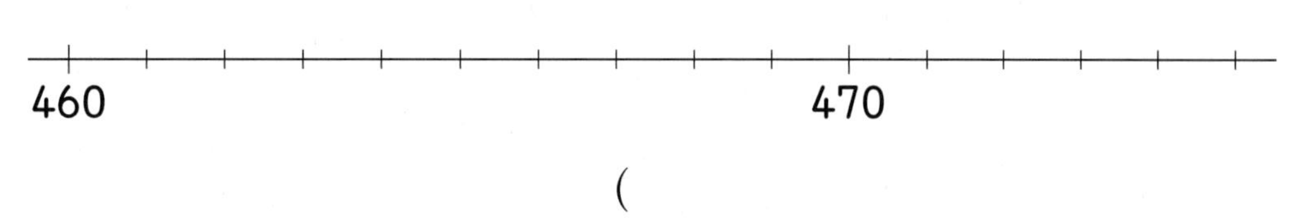

( )

BASIC CONCEPT 3-3

수의 크기를 비교하여 모르는 수 구하기

0부터 9까지의 수 중에서 □ 안에 들어갈 수 있는 수 구하기

$8\square 2 < 839$

① 백의 자리 수가 같으므로 십의 자리 수를 비교합니다.

➡ $\square<3$이므로 □ 안에 0, 1, 2가 들어갈 수 있습니다.

② $\square=3$이면 십의 자리 수가 같으므로 일의 자리 수를 비교합니다.

➡ $832<839$이므로 □ 안에 3이 들어갈 수 있습니다.

③ □ 안에 들어갈 수 있는 수를 구합니다.

➡ □ 안에 들어갈 수 있는 수는 0, 1, 2, 3입니다.

4 0부터 9까지의 수 중에서 □ 안에 들어갈 수 있는 수를 모두 구해 보세요.

$364 > 3\square 8$

( )

최상위 S

10이 되면 앞으로 한 자리 나아간다.

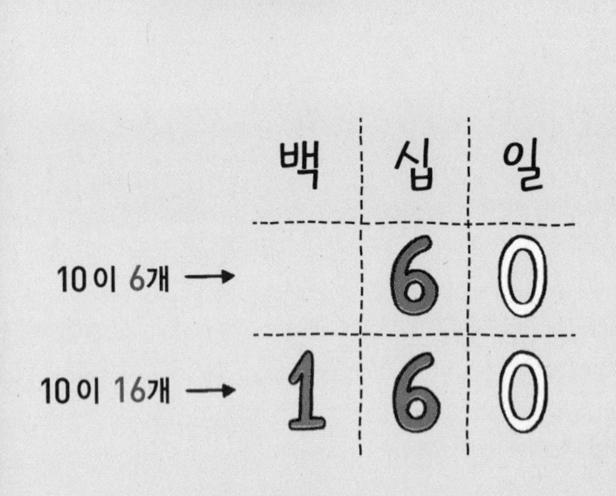

100이 3개 ➡ 300	100이 5개 ➡ 500
10이 16개 ➡ 160	10이 21개 ➡ 210
10이 10개, 10이 6개 460	1이 17개 ➡ 17
	1이 10개, 1이 7개 727

세호는 과녁 맞히기 놀이를 하여 오른쪽과 같이 맞혔습니다. 세호가 얻은 점수는 모두 몇 점인지 구해 보세요.

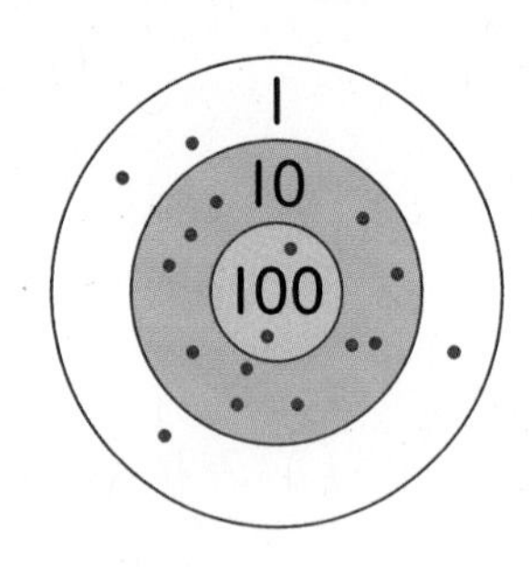

세호는 과녁 맞히기 놀이를 하여 100점짜리에 2번, 10점짜리에 11번, 1점짜리에 4번 맞혔습니다.

➡ 100이 2개, 10이 11개, 1이 4개인 수

100이 2개 ➡ 200

10이 11개 ➡ □

1이 4개 ➡ 4

□

따라서 세호가 얻은 점수는 모두 □ 점입니다.

1-1 영우는 과녁 맞히기 놀이를 하여 오른쪽과 같이 맞혔습니다. 영우가 얻은 점수는 모두 몇 점일까요?

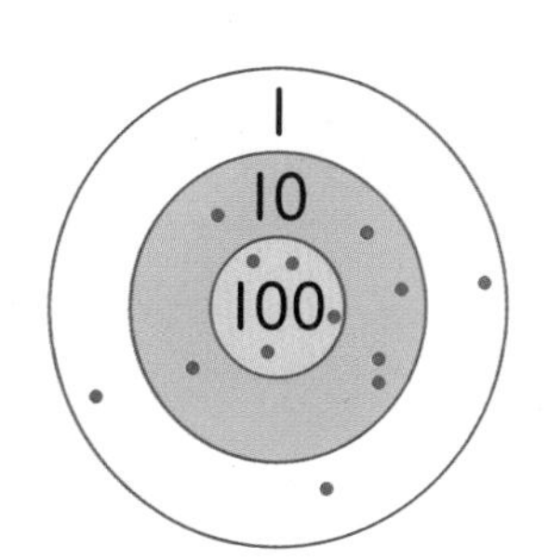

( )

1-2 정은이는 과녁 맞히기 놀이를 하여 오른쪽과 같이 맞혔습니다. 정은이가 얻은 점수는 모두 몇 점일까요?

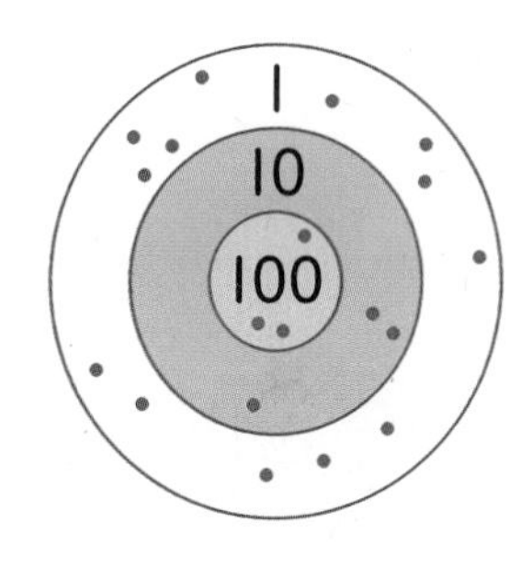

( )

1-3 예성이는 과녁 맞히기 놀이를 하여 100점짜리에 5번, 10점짜리에 24번, 1점짜리에 12번 맞혔습니다. 예성이가 얻은 점수는 모두 몇 점일까요?

( )

1-4 승희와 유미는 과녁 맞히기 놀이를 하였습니다. 승희는 100점짜리에 2번, 10점짜리에 37번, 1점짜리에 5번 맞혔고, 유미는 100점짜리에 6번, 10점짜리에 3번, 1점짜리에 19번 맞혔습니다. 점수가 더 높은 사람은 누구일까요?

( )

최상위 S

커지는 만큼 작아지면 처음 수가 된다.

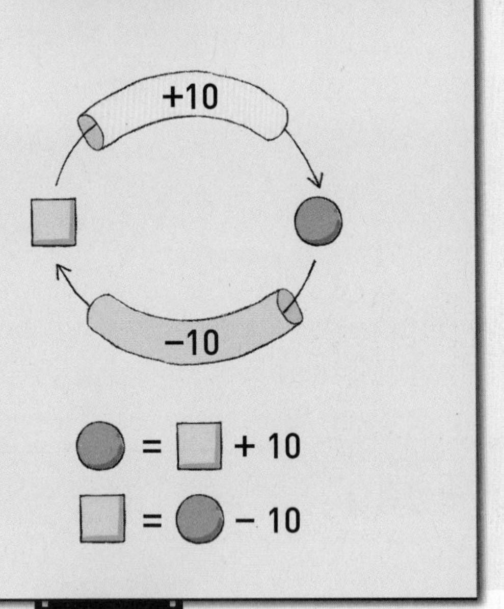

어떤 수보다 10만큼 더 큰 수가 328이면
어떤 수는 328보다 10만큼 더 작은 수인 318입니다.

어떤 수 —10만큼 더 큰 수→ 328
어떤 수 ←10만큼 더 작은 수— 328
└ 318

대표문제 2

어떤 수보다 10만큼 더 큰 수는 425입니다. 어떤 수에서 100씩 4번 뛰어 세기 한 수를 구해 보세요.

어떤 수는 425보다 10만큼 더 작은 수인 ☐ 입니다.

☐ 에서 100씩 4번 뛰어 세기 하면 다음과 같습니다.

415 — 515 — ☐ — ☐ — ☐

따라서 어떤 수에서 100씩 4번 뛰어 세기 한 수는 ☐ 입니다.

2-1 어떤 수보다 10만큼 더 작은 수는 254입니다. 어떤 수보다 300만큼 더 큰 수는 얼마일까요?

(　　　　　　　　)

2-2 어떤 수보다 10만큼 더 작은 수는 387입니다. 어떤 수에서 100씩 6번 뛰어 세기 한 수는 얼마일까요?

(　　　　　　　　)

서술형 **2-3** 어떤 수에서 10씩 3번 뛰어 세기 한 수는 182입니다. 어떤 수에서 200씩 4번 뛰어 세기 한 수는 얼마인지 풀이 과정을 쓰고 답을 구해 보세요.

풀이 ....

....

....

답 ....

2-4 어떤 수에서 300씩 2번 뛰어 세기 해야 하는데 잘못하여 30씩 5번 뛰어 세기 하였더니 369가 되었습니다. 바르게 뛰어 세기 한 수는 얼마일까요?

(　　　　　　　　)

최상위 S

수의 크기를 비교하여 조건에 맞는 수를 만든다.

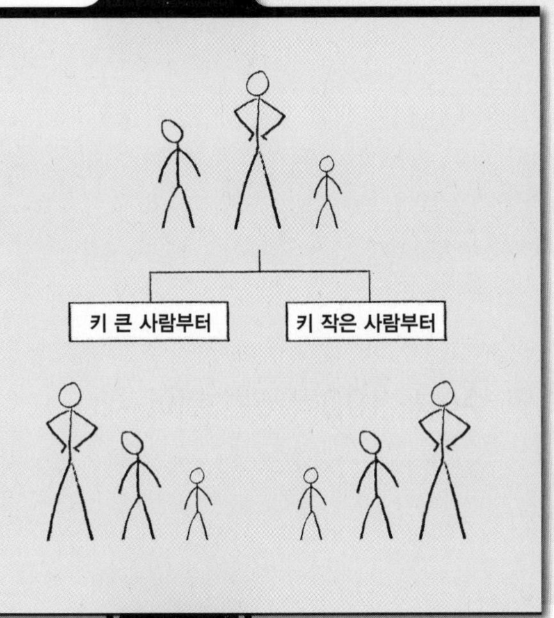

1, 2, 3, 4 로 둘째로 큰 세 자리 수 만들기

① 4 > 3 > 2 > 1

② 가장 큰 세 자리 수: 432

③ 둘째로 큰 세 자리 수: 431

가장 큰 세 자리 수에서 일의 자리 수만 바꿉니다.

대표문제 3

5장의 수 카드 중에서 3장을 골라 세 자리 수를 만들려고 합니다. 만들 수 있는 수 중에서 둘째로 큰 수를 구해 보세요.

1 5 3 6 9

수의 크기를 비교하면 9 > 6 > 5 > 3 > 1이므로

만들 수 있는 세 자리 수 중에서 가장 큰 수는 ☐이고,

둘째로 큰 수는 가장 큰 수에서 백의 자리 수와 십의 자리 수는 그대로 두고

☐의 자리에 넷째로 큰 수 ☐을 놓아야 합니다.

따라서 만들 수 있는 세 자리 수 중에서 둘째로 큰 수는 ☐입니다.

3-1 4장의 수 카드 중에서 3장을 골라 세 자리 수를 만들려고 합니다. 만들 수 있는 수 중에서 둘째로 작은 수를 구해 보세요.

2 7 4 8

(　　　　　　　　)

3-2 5장의 수 카드 중에서 3장을 골라 세 자리 수를 만들려고 합니다. 만들 수 있는 수 중에서 셋째로 큰 수를 구해 보세요.

1 0 6 2 5

(　　　　　　　　)

3-3 5장의 수 카드 중에서 3장을 골라 세 자리 수를 만들려고 합니다. 만들 수 있는 수 중에서 700보다 크고 900보다 작은 수는 모두 몇 개일까요?

0 3 9 7 8

(　　　　　　　　)

3-4 4장의 수 카드 중에서 3장을 골라 세 자리 수를 만들려고 합니다. 만들 수 있는 수는 모두 몇 개일까요?

1 2 0 3

(　　　　　　　　)

조건을 만족하는 수를 차례로 찾는다.

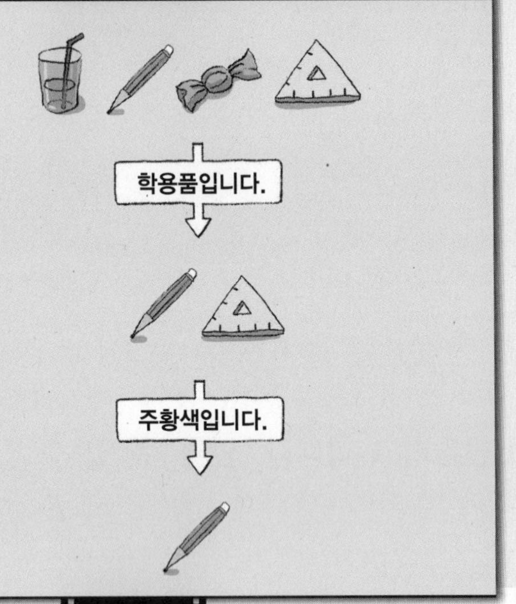

115보다 크고 209보다 작은 수 중에서
└ 116, 117, 118, ..., 208
십의 자리 수와 일의 자리 수가 같은 수는
122, 133, 144, 155, 166, 177, 188,
199, 200입니다.

대표문제 4

다음 조건을 만족하는 세 자리 수는 모두 몇 개인지 구해 보세요.

- 549보다 크고 621보다 작습니다.
- 십의 자리 수와 일의 자리 수가 같습니다.

549보다 크고 621보다 작은 수는

550, 551, ☐, ☐, ..., ☐입니다.

이 중에서 십의 자리 수와 일의 자리 수가 같은 수는

555, 566, 577, ☐, ☐, ☐, ☐입니다.

따라서 조건을 만족하는 세 자리 수는 모두 ☐개입니다.

4-1 다음 조건을 만족하는 세 자리 수는 모두 몇 개일까요?

- 128보다 크고 231보다 작습니다.
- 십의 자리 수와 일의 자리 수가 같습니다.

(　　　　　　　　)

4-2 다음 조건을 만족하는 세 자리 수는 모두 몇 개일까요?

- 백의 자리 수는 십의 자리 수보다 큽니다.
- 십의 자리 수는 일의 자리 수보다 큽니다.
- 백의 자리 수, 십의 자리 수, 일의 자리 수를 더하면 8입니다.

(　　　　　　　　)

4-3 다음 조건을 만족하는 세 자리 수는 모두 몇 개일까요?

- 720보다 작습니다.
- 백의 자리 수는 4보다 큽니다.
- 십의 자리 수는 4보다 작습니다.
- 일의 자리 수는 십의 자리 수보다 2만큼 더 큰 수입니다.

(　　　　　　　　)

금액이 큰 동전은 금액이 작은 동전으로 바꿀 수 있다.

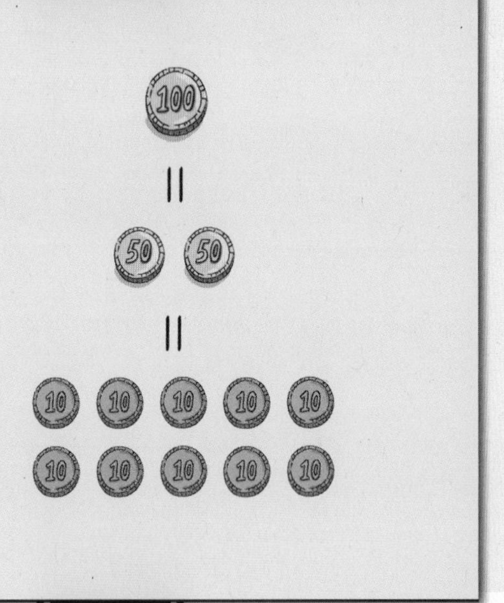

100원을 만드는 방법

100원짜리	50원짜리	10원짜리
1개	•	•
•	2개	•
•	1개	5개
•	•	10개

4가지

100원짜리, 50원짜리, 10원짜리 동전을 여러 개 사용하여 250원을 만드는 방법은 모두 몇 가지인지 구해 보세요.

100원짜리 동전을 2개 사용하는 경우, 1개 사용하는 경우, 사용하지 않는 경우로 나누어 250원을 만드는 방법을 알아봅니다.

100원짜리	50원짜리	10원짜리
2개	1개	•
	•	□개
1개	3개	•
	2개	□개
	1개	□개
	•	□개

100원짜리	50원짜리	10원짜리
•	□개	•
	□개	5개
	□개	10개
	2개	□개
	1개	□개
	•	□개

따라서 250원을 만드는 방법은 모두 □ 가지입니다.

5-1 100원짜리, 50원짜리, 10원짜리 동전을 여러 개 사용하여 150원을 만드는 방법은 모두 몇 가지일까요?

( )

5-2 500원짜리, 100원짜리, 10원짜리 동전을 여러 개 사용하여 600원을 만드는 방법은 모두 몇 가지일까요?

( )

5-3 다음 동전 중 5개를 사용하여 만들 수 있는 금액 중에서 400원보다 큰 금액을 모두 구해 보세요.

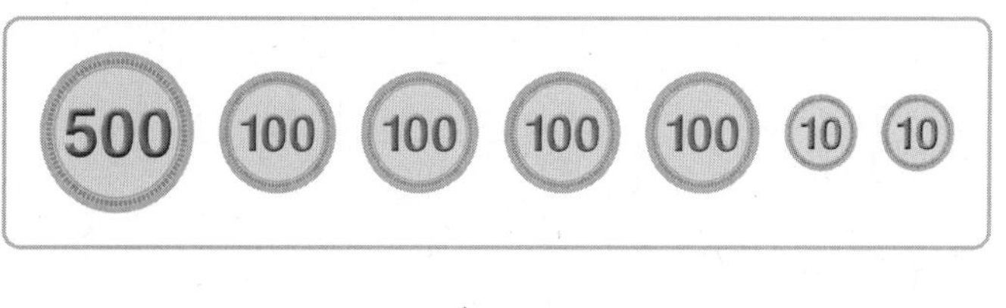

( )

수 배열표의 규칙을 찾는다.

일	월	화	수	목	금	토
	1	2	3	4	5	6
7	8	9	10	11	12	13
14	15	16	17	18	19	20
21	22	23	24	25	26	27
28	29	30				

+7 +7 +7

+4 +4

130	134	
		158
170		㉠

+20 +20

① ☐ 안의 수: $134+4=138$

② $138+20=158$이므로 ㉠$=158+20=178$

수 배열표를 보고, ㉠과 ㉡에 알맞은 수를 각각 구해 보세요.

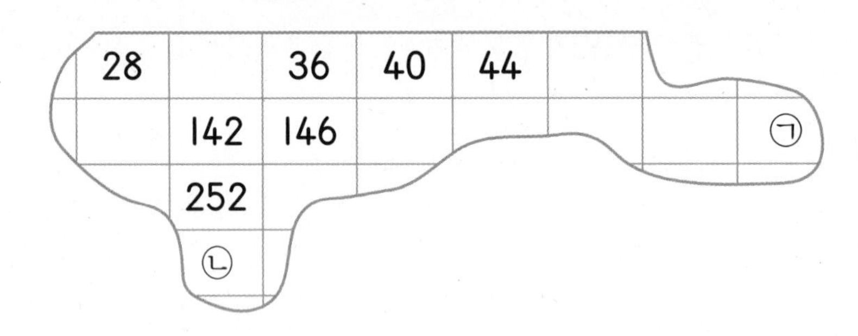

가로는 36 − 40 − 44, 142 − 146으로 ☐씩 커지는 규칙입니다.

+4 +4 +4

➡ 142 − 146 − ☐ − ☐ − ☐ − ☐ − ☐이므로

㉠에 알맞은 수는 ☐입니다.

세로는 142 − 252, 36 − 146으로 ☐씩 커지는 규칙입니다.

+110 +110

➡ 142 − 252 − ☐이므로 ㉡에 알맞은 수는 ☐입니다.

따라서 ㉠에 알맞은 수는 ☐, ㉡에 알맞은 수는 ☐입니다.

6-1 수 배열표를 보고, ㉠에 알맞은 수를 구해 보세요.

147	153	159				
247						
347					㉠	

(　　　　　　　)

6-2 수 배열표를 보고, ㉠과 ㉡에 알맞은 수를 각각 구해 보세요.

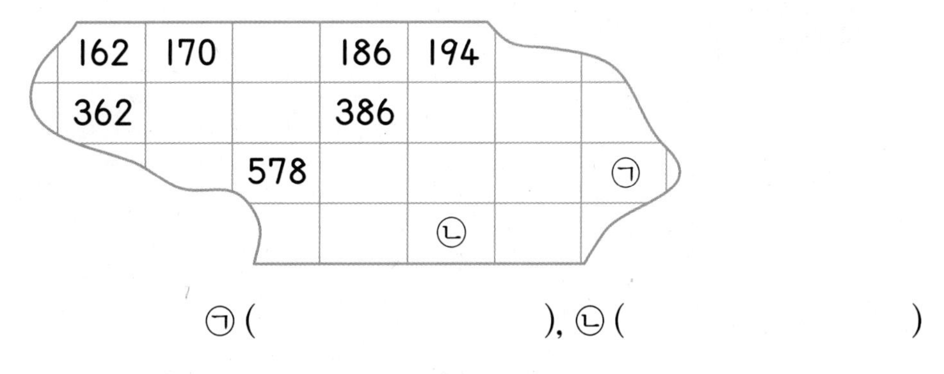

162	170		186	194		
362			386			
		578				㉠
				㉡		

㉠ (　　　　　　　), ㉡ (　　　　　　　)

6-3 수 배열표의 일부분입니다. ㉠, ㉡, ㉢에 알맞은 수는 몇씩 커지는 규칙일까요?

55	58	61			㉠		
79	82			㉡			
			㉢			121	

(　　　　　　　)

최상위 S

높은 자리부터 차례로 수를 비교한다.

8□5
79□
76□

8>7 9>6

8□5 > 79□ > 76□

49□, 3□9, 47□

백의 자리, 십의 자리, 일의 자리 순서로 수를 비교합니다.
4 > 3이므로 3□9가 가장 작고,
49□, 47□에서 9 > 7이므로 49□가 가장 큽니다.
9 > 7

➡ 49□ > 47□ > 3□9

대표문제 7

다음은 우성이와 친구들이 접은 종이학의 수입니다. 종이학을 가장 많이 접은 사람을 구해 보세요.

우성	한수	태희	민석
26□개	18□개	28□개	1□8개

- 백의 자리 수를 비교하면 2 > 1이므로
  백의 자리 수가 2인 우성, □가 한수, 민석이보다 종이학을 더 많이 접었습니다.
- 우성이와 태희의 십의 자리 수를 비교하면 □ < □이므로
  □가 우성이보다 종이학을 더 많이 접었습니다.

따라서 종이학을 가장 많이 접은 사람은 □입니다.

7-1 □ 안에는 모두 같은 수가 들어갑니다. 큰 수부터 차례로 기호를 써 보세요.

㉠ 8□5　　㉡ 9□4　　㉢ 90□　　㉣ 89□

(　　　　　　　　)

7-2 다음은 정우와 친구들이 모은 붙임딱지의 수입니다. 붙임딱지를 가장 많이 모은 사람과 가장 적게 모은 사람을 각각 구해 보세요.

정우	유미	창민	규린	진화
33□장	25□장	39□장	381장	27□장

가장 많이 모은 사람 (　　　　　　　　)

가장 적게 모은 사람 (　　　　　　　　)

7-3 다음은 학생들이 가지고 있는 책의 수를 나타낸 표입니다. 책을 지수, 연화, 보라, 정미, 석주의 순서로 많이 가지고 있다면 정미는 책을 몇 권까지 가질 수 있는지 구해 보세요.

보라	연화	지수	석주	정미
8□3권	88□권	884권	868권	

(　　　　　　　　)

□가 들어 있는 수의 크기를 비교할 때는

□의 바로 아랫자리를 비교한다.

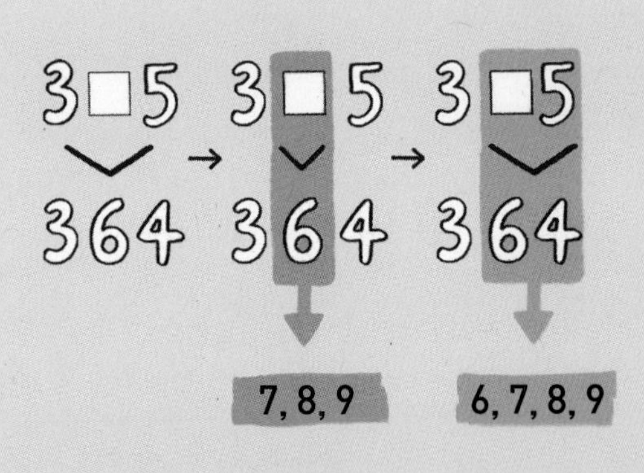

158 > 1□3

8>3

① 5>□이므로 □=0, 1, 2, 3, 4

② 8>3이므로 □ 안에 5가 들어갈 수 있습니다.

➡ □=0, 1, 2, 3, 4, 5

0부터 9까지의 수 중에서 □ 안에 공통으로 들어갈 수 있는 수를 모두 구해 보세요.

668 > 6□4
223 < □05

• 668>6□4에서 백의 자리 수가 같으므로 십의 자리 수를 비교하면

□>□이어야 합니다. → 0, 1, 2, 3, 4, 5

□ 안에 □을 넣으면 668>664이므로 □ 안에 □도 들어갈 수 있습니다.

➡ 0, 1, 2, □, □, □, □

3, 4, 5, 6, 7, 8, 9

• 223<□05에서 백의 자리 수를 비교하면 □<□이어야 합니다.

□ 안에 □를 넣으면 223>205이므로 □ 안에 □는 들어갈 수 없습니다.

➡ □, □, □, □, □, □, □

따라서 □ 안에 공통으로 들어갈 수 있는 수는 □, □, □, □입니다.

8-1

0부터 9까지의 수 중에서 □ 안에 들어갈 수 있는 수를 모두 구해 보세요.

$$349 > 3\square5$$

(　　　　　　　　　　)

8-2

0부터 9까지의 수 중에서 □ 안에 공통으로 들어갈 수 있는 수를 모두 구해 보세요.

$$896 > 8\square7$$
$$464 < \square46$$

(　　　　　　　　　　)

8-3

0부터 9까지의 수 중에서 □ 안에 공통으로 들어갈 수 있는 수를 모두 구해 보세요.

$$602 > 4\square6$$
$$\square59 > 657$$

(　　　　　　　　　　)

MATH MASTER

1 은석이는 공책을 한 묶음에 10권씩 묶어서 3묶음을 포장하였습니다. 은석이가 가지고 있던 공책이 100권이었다면 10권씩 몇 묶음을 더 포장할 수 있을까요?

(　　　　　　)

2 상자 안에 구슬이 100개씩 6묶음, 10개씩 34묶음 들어 있습니다. 상자 안에 들어 있는 구슬은 모두 몇 개일까요?

(　　　　　　)

3 다음 중 700에 가장 가까운 수는 어느 것일까요?

350	500	850

(　　　　　　)

서술형 **4** 재희는 100원짜리 동전 3개와 10원짜리 동전 35개를 가지고 있습니다. 사탕을 사고 100원짜리 동전 2개와 10원짜리 동전 15개를 냈다면 재희에게 남은 돈은 얼마인지 풀이 과정을 쓰고 답을 구해 보세요.

풀이 ....

....

....

답 ....

정답과 풀이 18쪽

5

□ 안에 알맞은 수를 구해 보세요.

먼저 생각해 봐요!
395는 100이 몇 개인 수보다 5만큼 더 작은 수일까?

100이 6개, 10이 22개, 1이 75개인 수는 100이 □개인 수보다 5만큼 더 작은 수입니다.

( )

6

큰 수부터 차례로 기호를 써 보세요.

㉠ 278보다 200만큼 더 큰 수
㉡ 100이 3개, 10이 26개, 1이 2개인 수
㉢ 145에서 100씩 4번 뛰어 세기 한 수
㉣ 10이 53개, 1이 17개인 수

( )

7

다음과 같이 뛰어 세기 할 때 ㉠에서 30씩 2번 뛰어 세기 한 수는 얼마일까요?

324 - □ - □ - 384 ⋯ 504 - □ - ㉠

( )

먼저 생각해 봐요!
몇씩 뛰어 세기 하였을까?

100 - □ - □ - 160

8 465보다 크고 643보다 작은 세 자리 수 중에서 백의 자리 수가 십의 자리 수보다 큰 수는 모두 몇 개일까요?

( )

먼저 생각해 봐요!
백의 자리 수가 1인 세 자리 수 중에서 백의 자리 수가 십의 자리 수보다 작은 수는?

9 서우네 집 비밀번호는 세 자리 수 4개이고, 이것은 왼쪽 수부터 80씩 뛰어 센 수와 같습니다. 빈칸에 알맞은 숫자를 써넣어 비밀번호를 완성해 보세요.

| 5 | | | — | | | 7 | — | | 1 | | — | 7 | | |

10 1부터 200까지의 수를 쓸 때 숫자 0을 모두 몇 번 쓰게 될까요?

( )

2
여러 가지 도형

1 삼각형, 사각형

• 삼각형은 3개의 곧은 선으로 둘러싸인 도형으로 뾰족한 부분이 3개입니다.
• 사각형은 4개의 곧은 선으로 둘러싸인 도형으로 뾰족한 부분이 4개입니다.

1-1 BASIC CONCEPT 삼각형, 사각형 알아보기

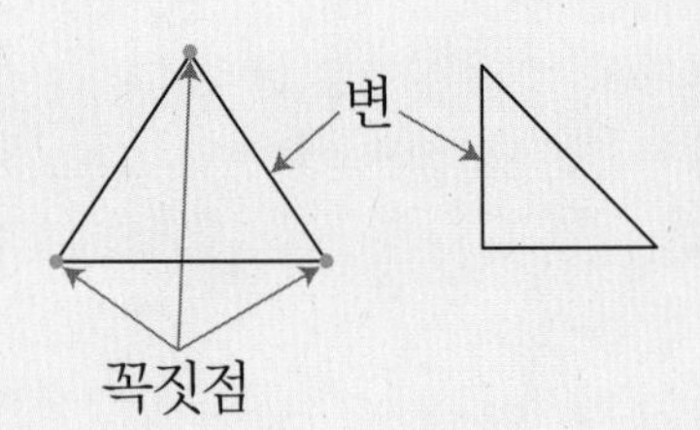

이름	삼각형
뜻	3개의 곧은 선으로 둘러싸인 도형
특징	• 모든 선이 곧은 선입니다. • 뾰족한 부분이 있습니다. • 곧은 선을 변이라 하고 선과 선이 만나는 점을 꼭짓점이라고 합니다. • 변이 3개, 꼭짓점이 3개입니다.

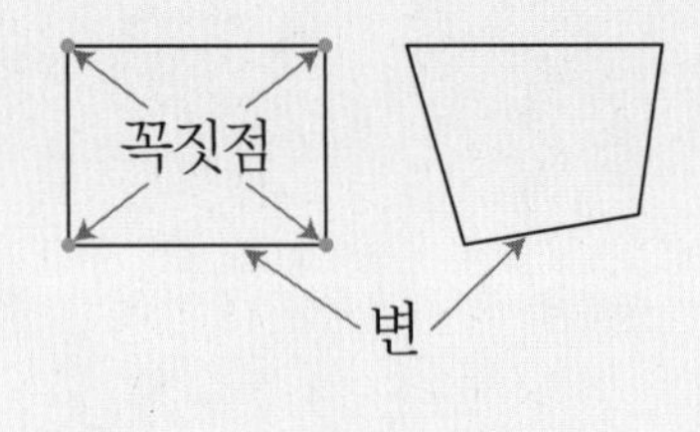

이름	사각형
뜻	4개의 곧은 선으로 둘러싸인 도형
특징	• 모든 선이 곧은 선입니다. • 뾰족한 부분이 있습니다. • 곧은 선을 변이라 하고 선과 선이 만나는 점을 꼭짓점이라고 합니다. • 변이 4개, 꼭짓점이 4개입니다.

1 삼각형에 대한 설명으로 틀린 것을 찾아 기호를 써 보세요.

㉠ 뾰족한 부분이 있습니다.
㉡ 굽은 선으로 둘러싸여 있습니다.
㉢ 변이 3개입니다.

(   )

2 다음 도형 중에서 사각형은 모두 몇 개일까요?

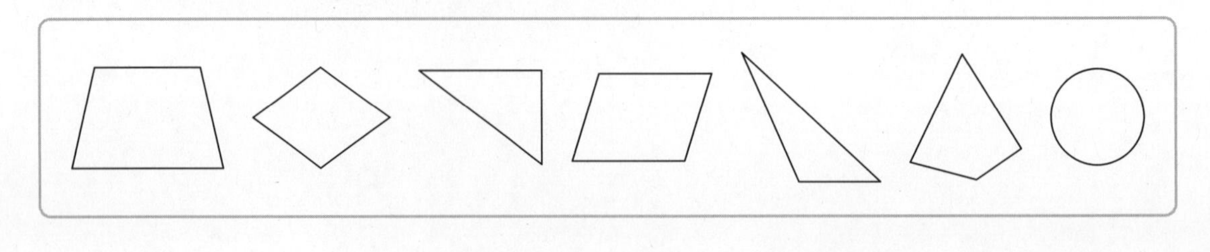

(   )

BASIC CONCEPT 1-2

점판 위에 사각형 그리기

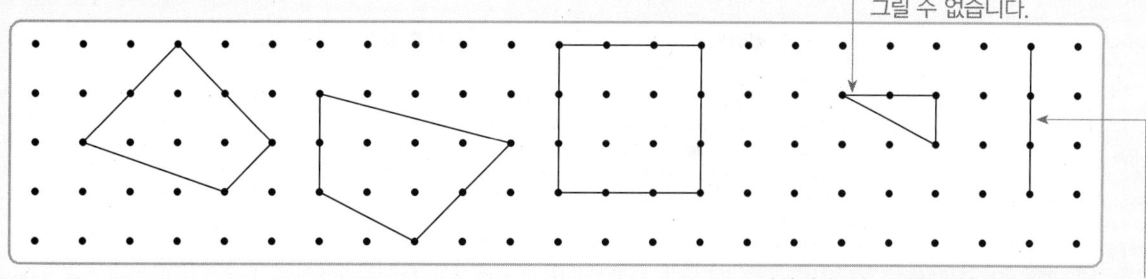

3 다음 점판 위에 서로 다른 사각형을 2개 그려 보세요.

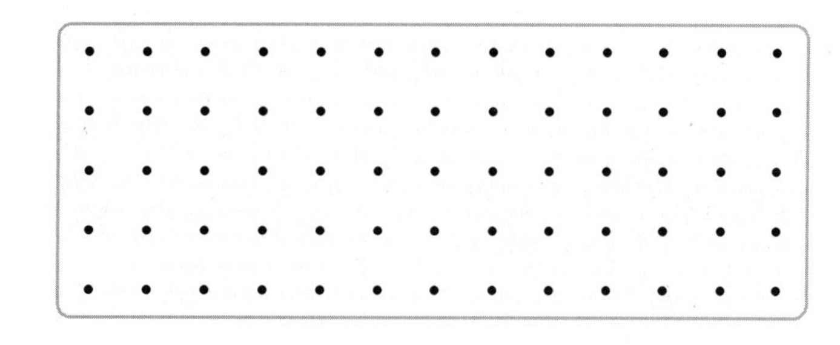

BASIC CONCEPT 1-3

크고 작은 삼각형 찾기

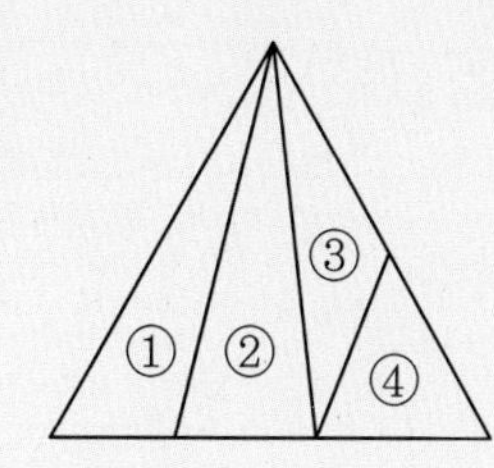

- 작은 도형 1개로 된 삼각형: ①, ②, ③, ④ ➡ 4개
- 작은 도형 2개로 된 삼각형: ①+②, ③+④ ➡ 2개
- 작은 도형 3개로 된 삼각형: ②+③+④ ➡ 1개
- 작은 도형 4개로 된 삼각형: ①+②+③+④ ➡ 1개

➡ 크고 작은 삼각형은 모두 4+2+1+1=8(개)입니다.

4 다음 모양에서 찾을 수 있는 크고 작은 삼각형은 모두 몇 개일까요?

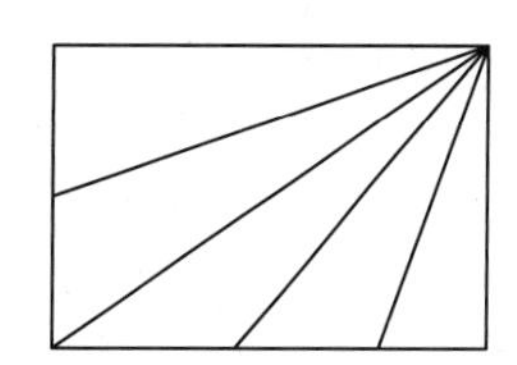

(　　　　　　　　)

2 원

• 원은 크기는 서로 다를 수 있지만 모양은 모두 같습니다.

2-1 BASIC CONCEPT

원 알아보기

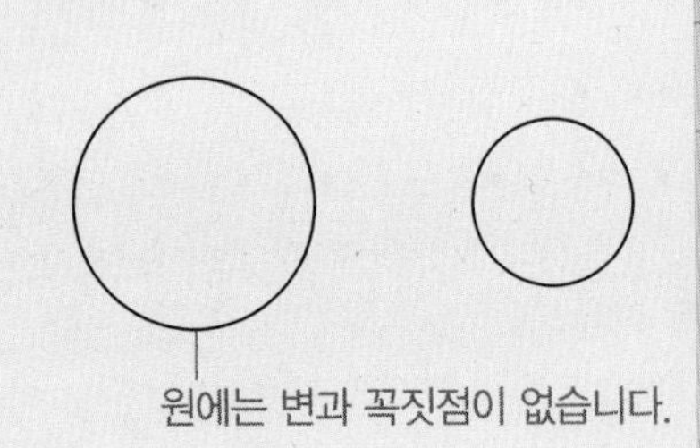
원에는 변과 꼭짓점이 없습니다.

이름	원
뜻	그림과 같이 동그란 모양의 도형
특징	• 곧은 선이 없습니다. • 뾰족한 부분이 없습니다. • 크기는 달라도 모양은 모두 같습니다. • 어느 쪽에서 보아도 똑같이 동그란 모양입니다.

1 본을 떠서 원을 그릴 수 있는 것을 모두 찾아 기호를 써 보세요.

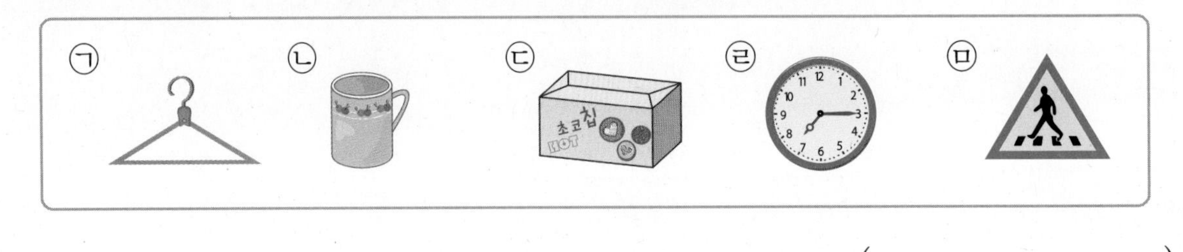

( )

2 원은 모두 몇 개일까요?

( )

3 삼각형과 사각형, 원을 보고 빈칸에 알맞은 수를 써넣으세요.

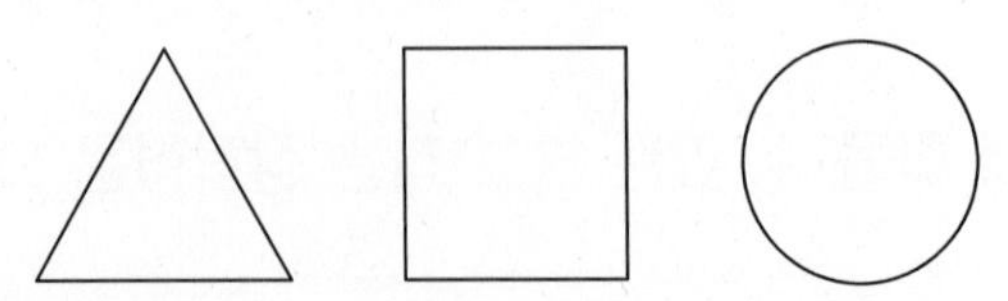

도형	삼각형	사각형	원
변의 수(개)			
꼭짓점의 수(개)			

BASIC CONCEPT 2-2

원이 아닌 도형

➡ 곧은 선이 있습니다.

➡ 보는 방향에 따라 동그란 정도가 다릅니다.

➡ 선이 연결되지 않았습니다.

삼각형이 아닌 도형

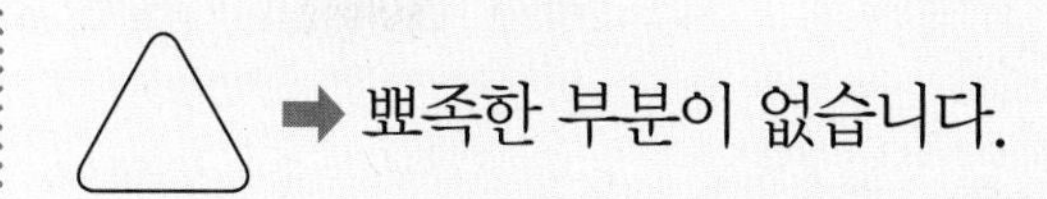

➡ 뾰족한 부분이 없습니다.

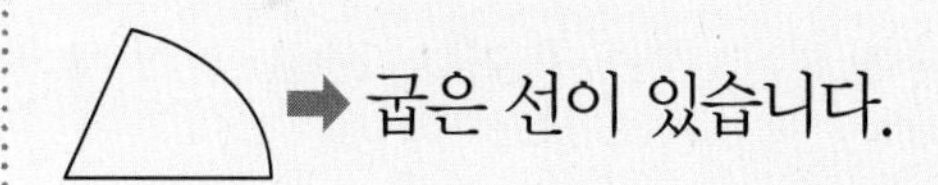

➡ 굽은 선이 있습니다.

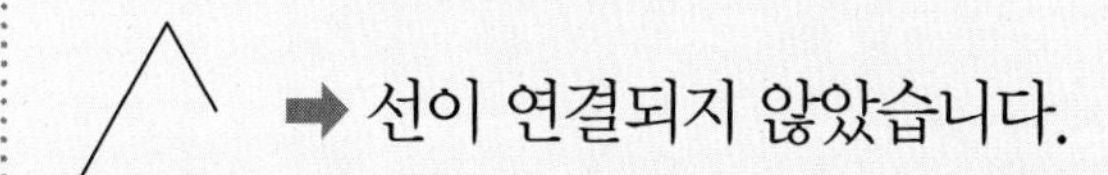

➡ 선이 연결되지 않았습니다.

4 오른쪽 도형은 원이 아닙니다. 그 까닭를 써 보세요.

까닭 ....

....

BASIC CONCEPT 2-3

여러 가지 도형으로 모양 만들기

삼각형, 사각형, 원으로 여러 가지 모양을 만들 수 있습니다.

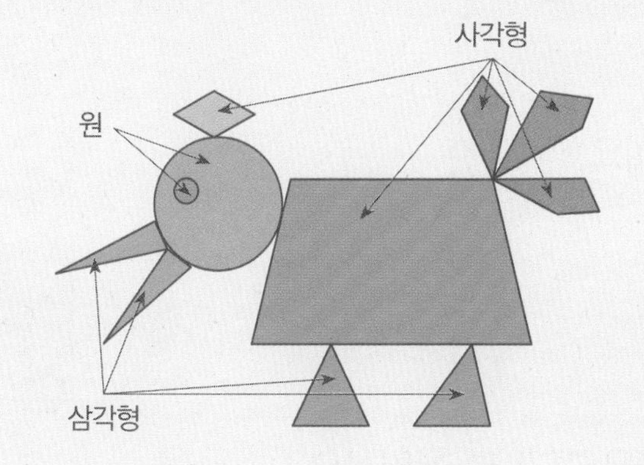

도형	개수(개)
삼각형	4
사각형	5
원	2

5 다음은 여러 가지 도형으로 만든 모양입니다. 가장 많이 사용한 도형의 이름을 써 보세요.

(　　　　　　　　　　)

3 모양 만들기

• 칠교 조각은 모두 7개로 삼각형 조각 5개와 사각형 조각 2개로 이루어져 있습니다.
• 칠교 조각으로 여러 가지 도형을 만들 때 길이가 같은 변끼리 맞닿아야 합니다.

BASIC CONCEPT 3-1

칠교판 알아보기

칠교판은 삼각형 조각 5개와 사각형 조각 2개로 이루어져 있습니다.

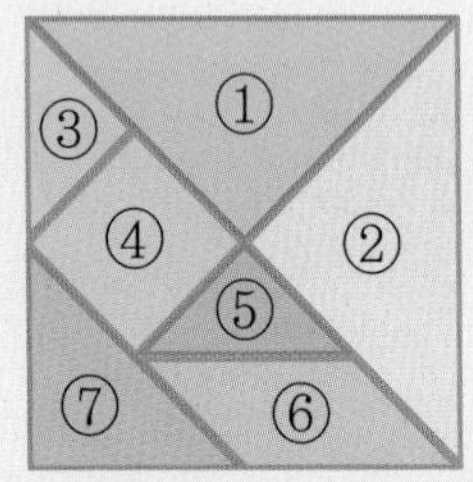

• 삼각형 조각

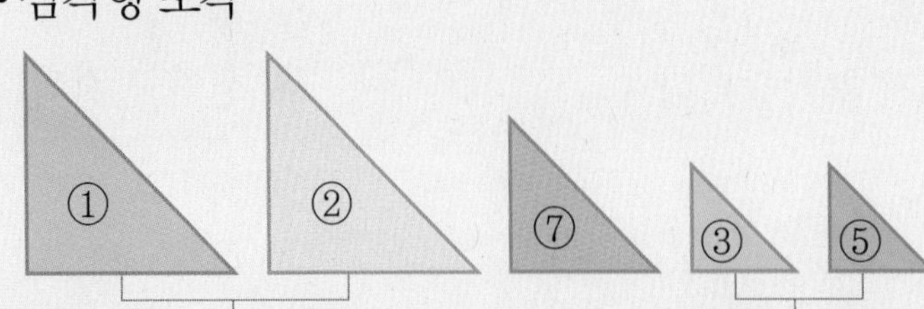

• 사각형 조각

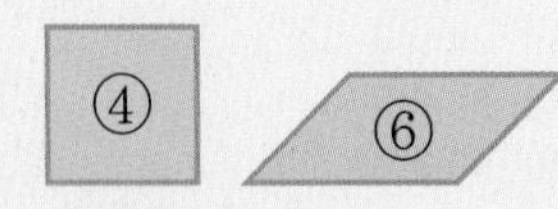

가장 큰 두 삼각형과 가장 작은 두 삼각형은 모양과 크기가 각각 같습니다.

칠교 조각으로 모양 만들기

칠교 조각으로 도형을 만들 때에는 길이가 같은 변끼리 맞닿게 붙여야 합니다.

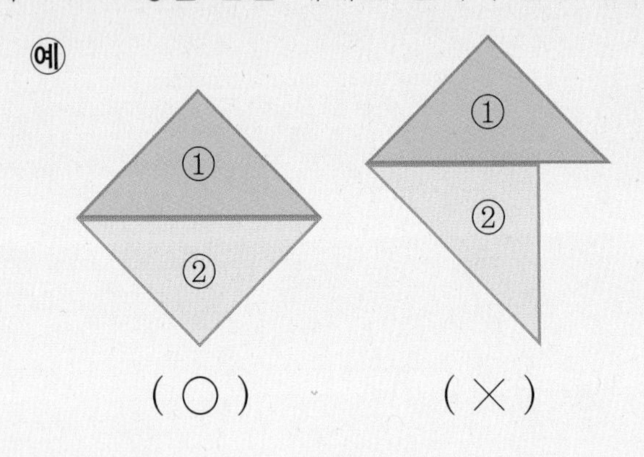

(○) (×)

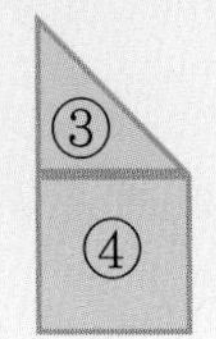

(○) (×)

[1~2] 오른쪽 칠교판을 보고 물음에 답하세요.

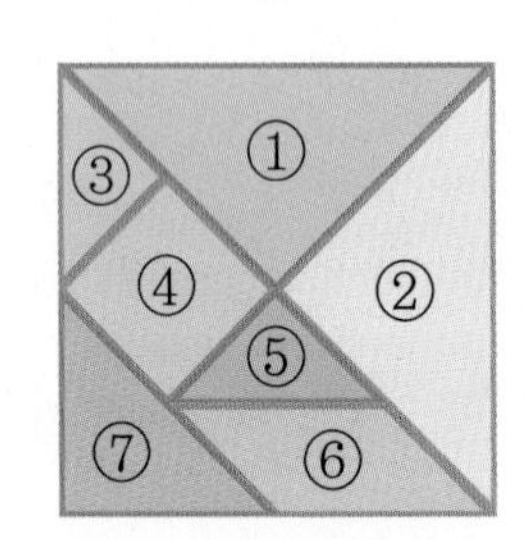

1 칠교 조각 중에서 삼각형과 사각형은 각각 몇 개일까요?

삼각형 ( ), 사각형 ( )

2 칠교 조각 중 ③, ④, ⑤, ⑥, ⑦을 모두 사용하여 다음 모양을 만들어 보세요.

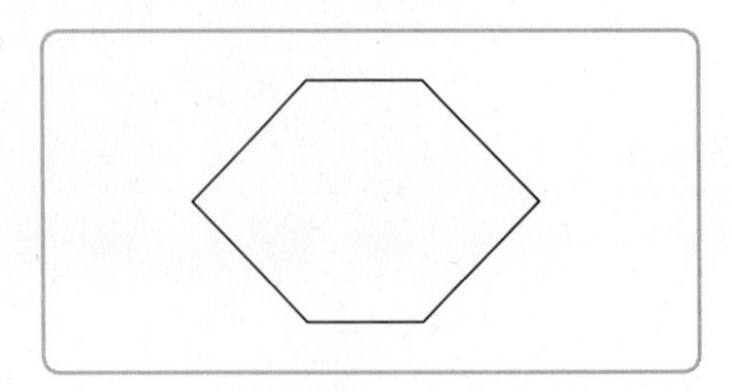

BASIC CONCEPT 3-2

칠교 조각으로 도형 만들기

• 삼각형 만들기 — 길이가 같은 변끼리 맞닿게 붙여 도형을 만듭니다.

예

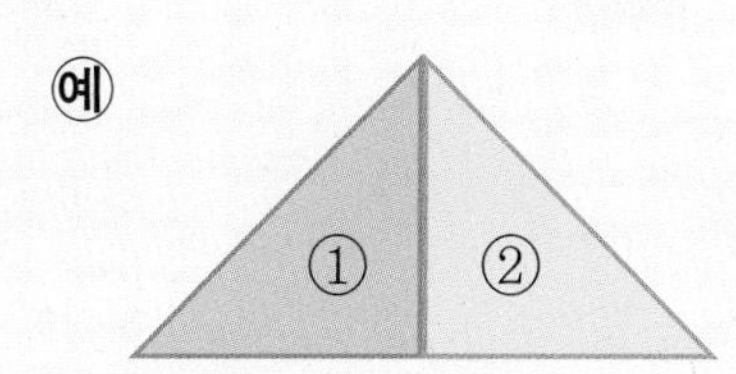

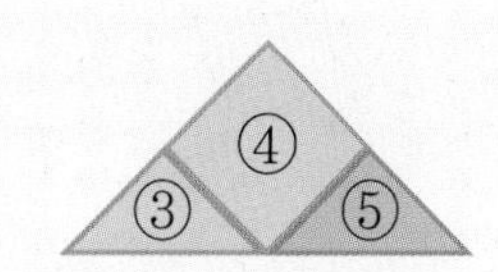

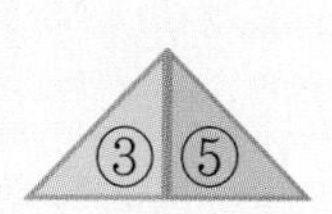

• 사각형 만들기

예

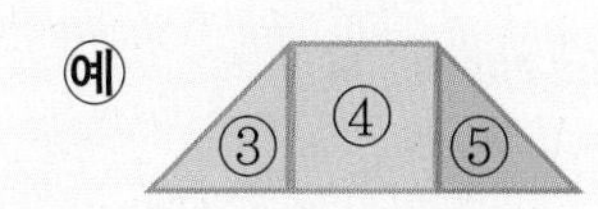

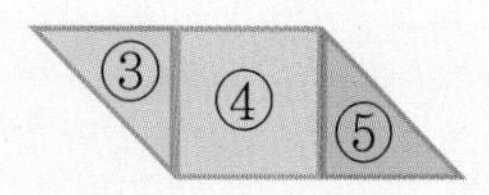

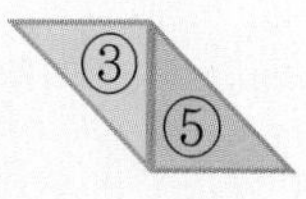

3 주어진 칠교 조각을 모두 사용하여 사각형을 만들어 보세요.

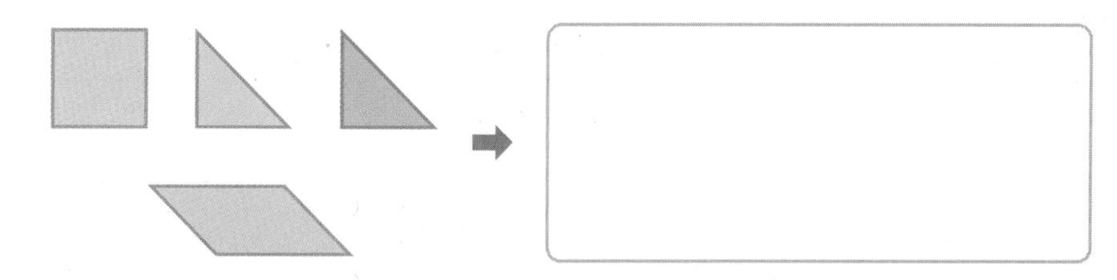

BASIC CONCEPT 3-3

칠교 조각을 다른 조각으로 덮기

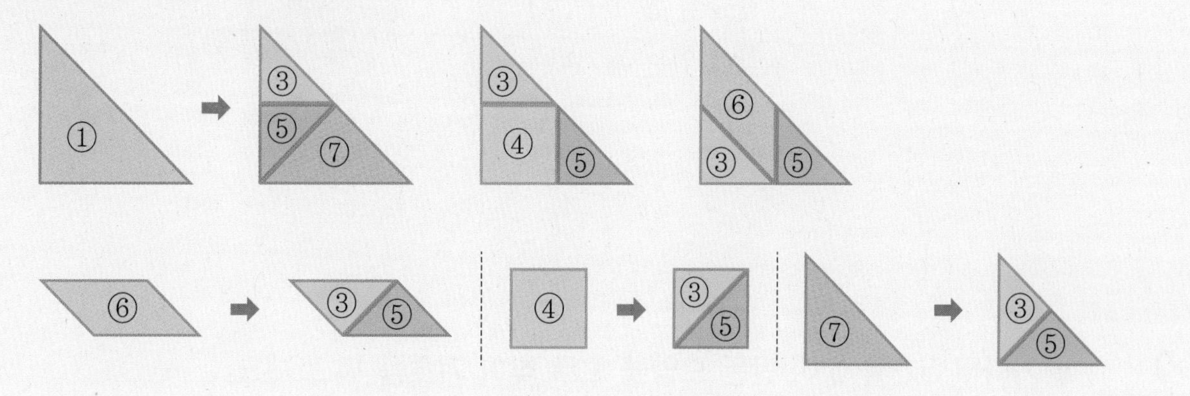

4 칠교 조각 중 가장 큰 삼각형 조각은 가장 작은 삼각형 조각 몇 개로 덮을 수 있을까요?

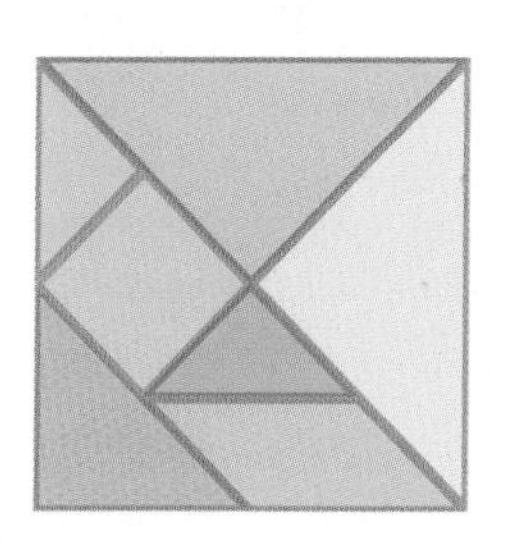

(　　　　　　　　)

4 쌓기나무

- 쌓기나무로 높이 쌓기를 할 때 아래에 놓인 쌓기나무의 바로 위에 맞추어 쌓으면 쓰러지지 않게 쌓을 수 있습니다.
- 쌓기나무의 개수가 많을수록 쌓을 수 있는 모양이 많아집니다.

BASIC CONCEPT 4-1

쌓기나무로 높이 쌓기

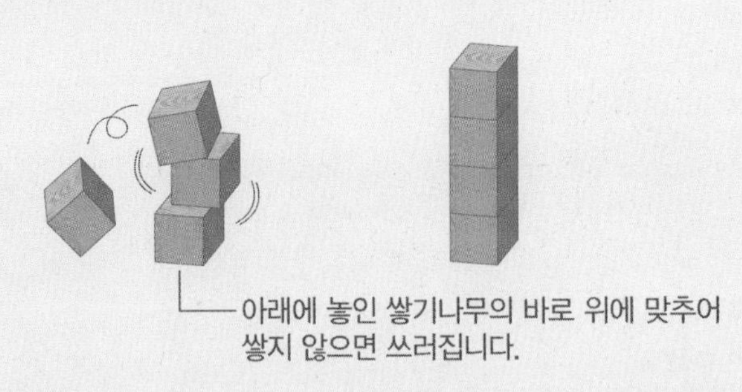

쌓은 모양에서 위치 알아보기 — 내가 보고 있는 쪽이 앞쪽이고 오른손이 있는 쪽이 오른쪽입니다.

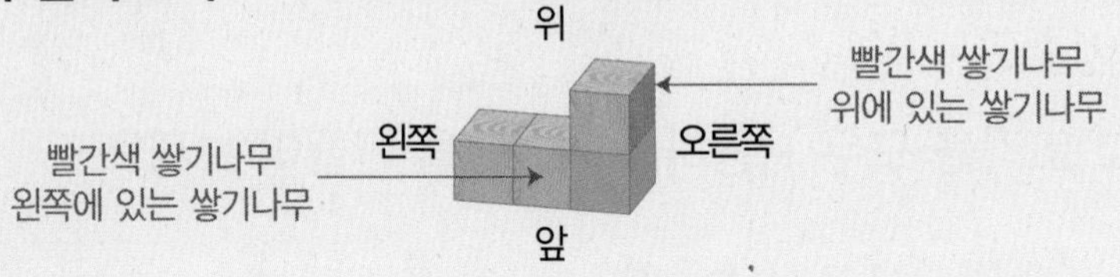

여러 가지 모양으로 쌓기 — 쌓기나무의 수가 늘어날수록 쌓을 수 있는 모양이 많아집니다.

- 쌓기나무 3개로 쌓기

예

- 쌓기나무 5개로 쌓기

예

1 다음에서 설명하는 쌓기나무를 찾아 ○표 하세요.

빨간색 쌓기나무의
앞에 있는 쌓기나무

2 쌓기나무 6개를 쌓아 만든 모양을 모두 찾아 기호를 써 보세요.

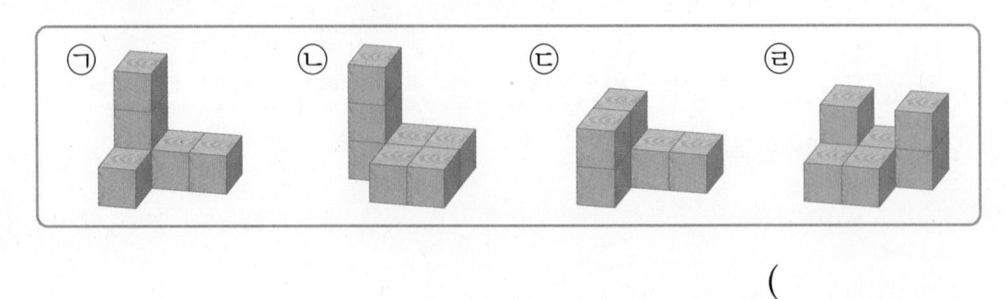

( )

BASIC CONCEPT 4-2

쌓기나무의 개수 세기

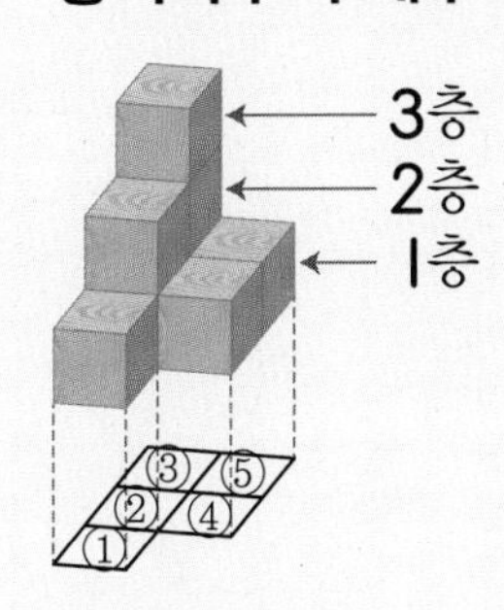

방법1 층별로 개수 세기

➡ 1층에 5개, 2층에 2개, 3층에 1개로 모두 8개입니다.
└ 5+2+1=8(개)

방법2 자리별로 개수 세기

➡ ①번 자리에 1개, ②번 자리에 2개, ③번 자리에 3개, ④번 자리에 1개, ⑤번 자리에 1개로 모두 8개입니다.
└ 1+2+3+1+1=8(개)

3 오른쪽 모양은 쌓기나무 몇 개를 쌓아 만든 모양인지 구해 보세요.

(　　　　　　　　)

BASIC CONCEPT 4-3

쌓은 모양을 앞, 옆에서 본 모양 그리기

쌓은 모양을 앞에서 보았을 때 보이는 부분은 초록색 부분이고, 옆에서 보았을 때 보이는 부분은 빨간색 부분입니다.

• 앞에서 본 모양

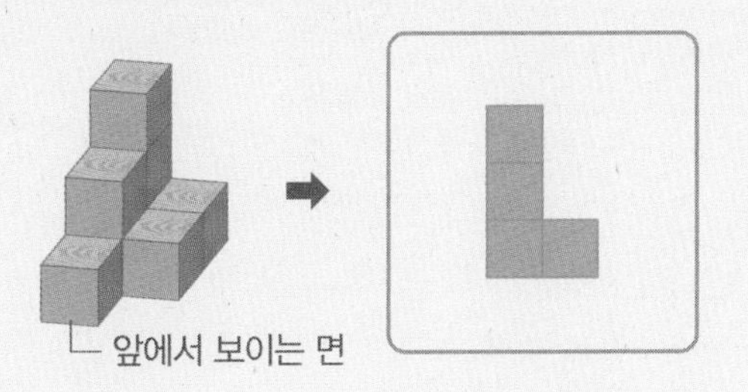

• 옆에서 본 모양

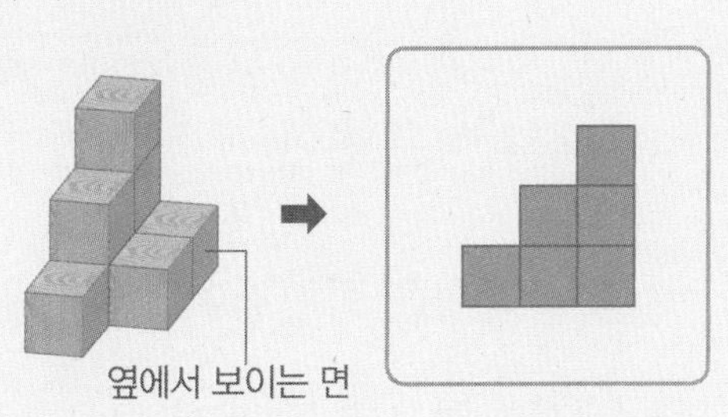

4 쌓기나무 8개로 쌓은 모양입니다. 앞과 옆에서 본 모양을 각각 그려 보세요.

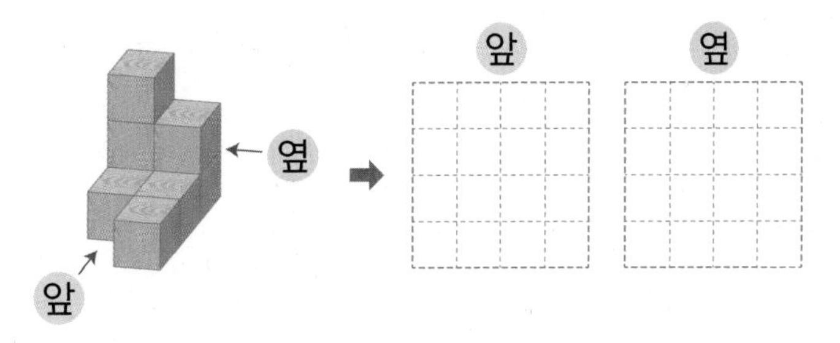

각 도형의 모양을 보고 특징을 찾는다.

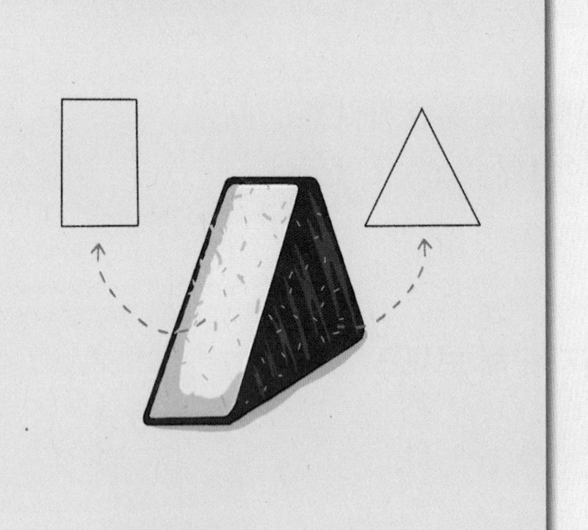

모양	△	□	○
이름	삼각형	사각형	원
변의 수	3개	4개	0개
꼭짓점의 수	3개	4개	0개

대표문제 1

삼각형에 대한 설명으로 잘못된 것을 모두 찾아 기호를 써 보세요.

㉠ 변이 3개입니다.
㉡ 꼭짓점이 4개입니다.
㉢ 모든 선이 굽은 선입니다.
㉣ 곧은 선 3개로 둘러싸여 있습니다.

㉠ 삼각형은 변이 □개입니다.

㉡ 삼각형은 꼭짓점이 □개입니다.

㉢ 삼각형은 모든 선이 곧은 선입니다.

㉣ 삼각형은 곧은 선 □개로 둘러싸여 있습니다.

따라서 삼각형에 대한 설명으로 잘못된 것은 □, □입니다.

1-1 **사각형에 대한 설명으로 잘못된 것을 찾아 기호를 써 보세요.**

㉠ 변이 2개입니다.
㉡ 꼭짓점이 4개입니다.
㉢ 곧은 선으로 둘러싸여 있습니다.
㉣ 변과 꼭짓점의 수를 합하면 모두 8개입니다.

(　　　　　　　　)

1-2 **원에 대한 설명으로 잘못된 것을 모두 찾아 기호를 써 보세요.**

㉠ 변이 없습니다.
㉡ 모양과 크기가 모두 같습니다.
㉢ 굽은 선으로만 되어 있습니다.
㉣ 셀 수 없이 많은 꼭짓점을 가지고 있습니다.

(　　　　　　　　)

1-3 **도형에 대한 설명으로 잘못된 것을 모두 찾아 기호를 써 보세요.**

㉠ 원은 변이 한 개입니다.
㉡ 삼각형은 변과 변이 만나는 점이 항상 4개입니다.
㉢ 사각형은 변이 4개, 꼭짓점이 4개입니다.
㉣ 삼각형의 변과 꼭짓점의 수를 합하면 모두 6개입니다.
㉤ 사각형은 곧은 선 4개를 이용하여 그릴 수 있습니다.
㉥ 삼각형과 사각형의 변의 수를 합하면 모두 8개입니다.

(　　　　　　　　)

최상위 S

잘린 도형의 변과 꼭짓점 수를 센다.

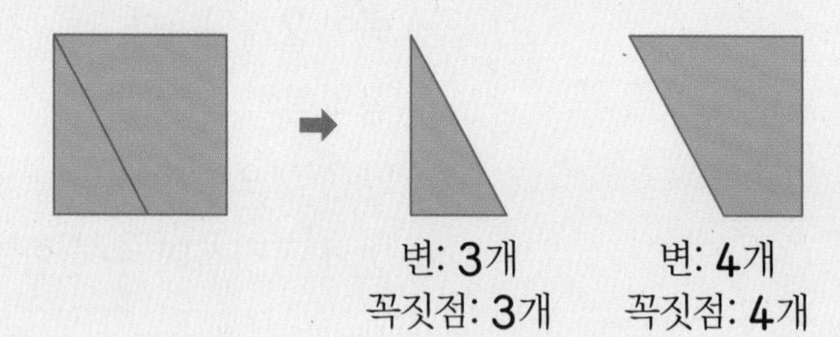

오른쪽 색종이를 점선을 따라 잘랐을 때 생기는 도형의 변과 꼭짓점의 수의 합을 구해 보세요.

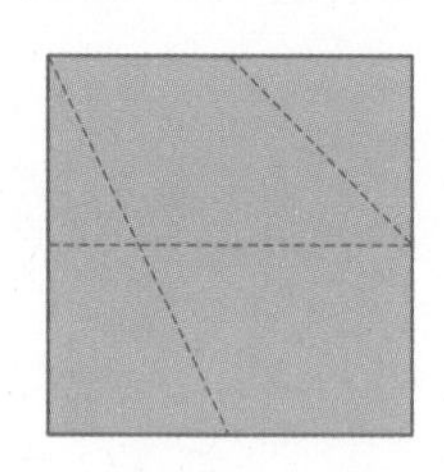

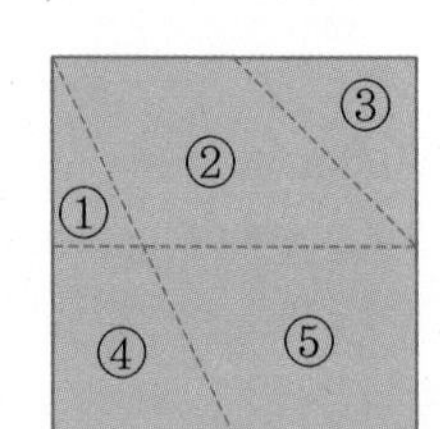

삼각형은 ①, ③으로 2개, 사각형은 ②, ☐, ☐로 ☐개입니다.

- (삼각형의 변의 수)+(삼각형의 꼭짓점의 수)
  =(3+3)+(3+3)
  =6+6=☐(개)
- (사각형의 변의 수)+(사각형의 꼭짓점의 수)
  =(4+4+4)+(4+4+4)
  =☐+☐=☐(개)

➡ 12+☐=☐(개)

2-1 오른쪽 색종이를 점선을 따라 잘랐을 때 생기는 도형의 변과 꼭짓점의 수의 합을 구해 보세요.

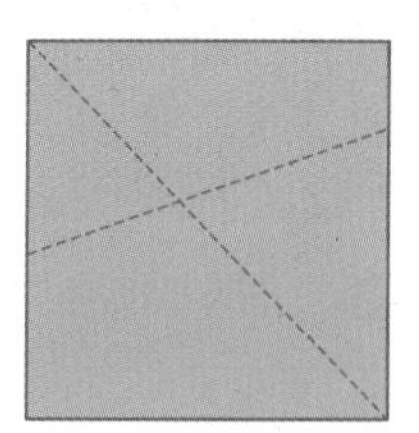

(   )

2-2 오른쪽 색종이를 점선을 따라 잘랐을 때 생기는 도형의 변과 꼭짓점의 수의 합을 구해 보세요.

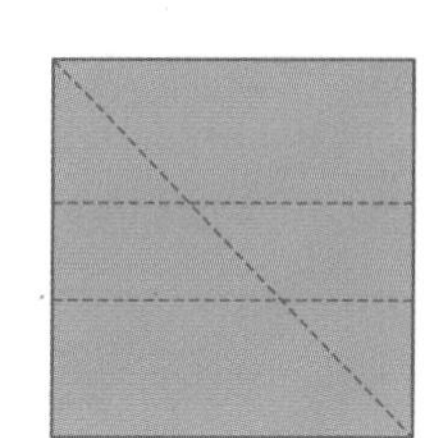

(   )

서술형 **2-3** 오른쪽 색종이를 점선을 따라 잘랐을 때 생기는 삼각형의 변의 수의 합은 사각형의 꼭짓점의 수의 합보다 몇 개 더 적은지 풀이 과정을 쓰고 답을 구해 보세요.

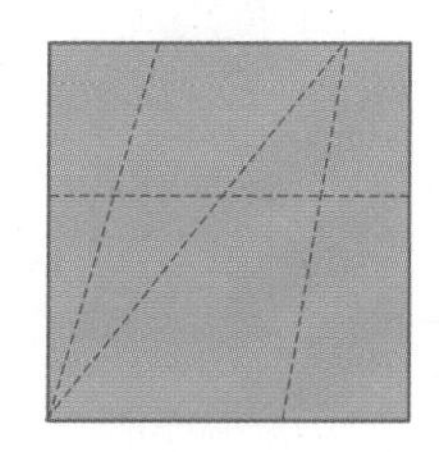

풀이

답

2-4 다음과 같이 색종이를 접은 후 가위로 선을 따라 잘랐을 때 생기는 모든 도형의 변과 꼭짓점의 수의 합을 구해 보세요.

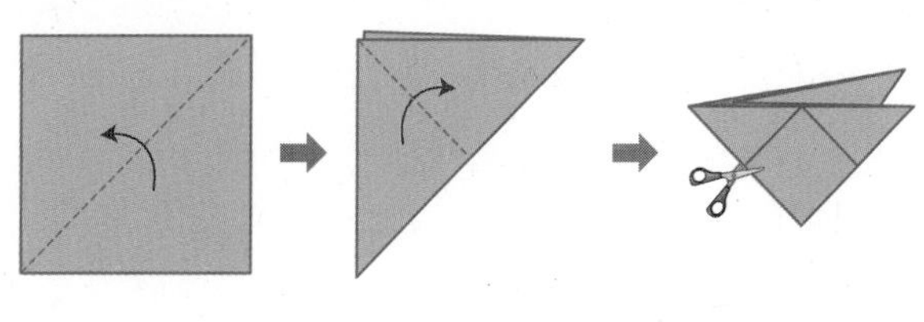

(   )

면끼리 만나도록 쌓기나무를 옮겨 본다.

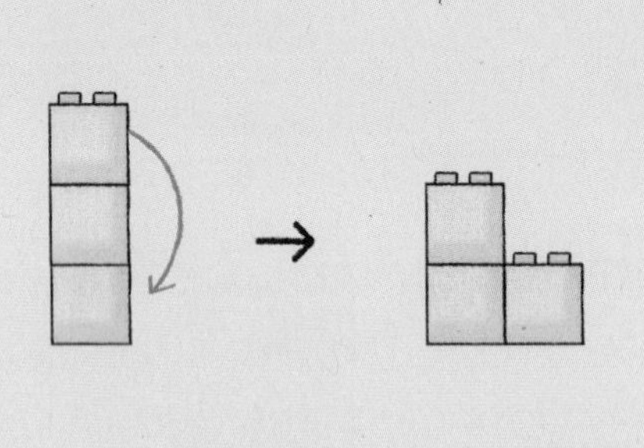

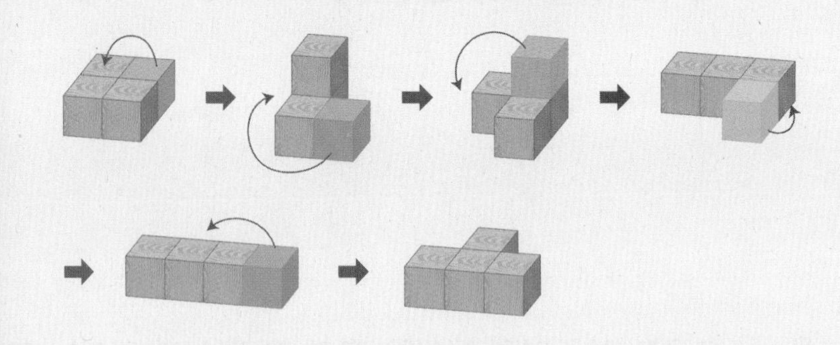

대표문제 3

왼쪽 모양에서 쌓기나무 1개를 옮겨 만들 수 없는 모양을 찾아 기호를 써 보세요.

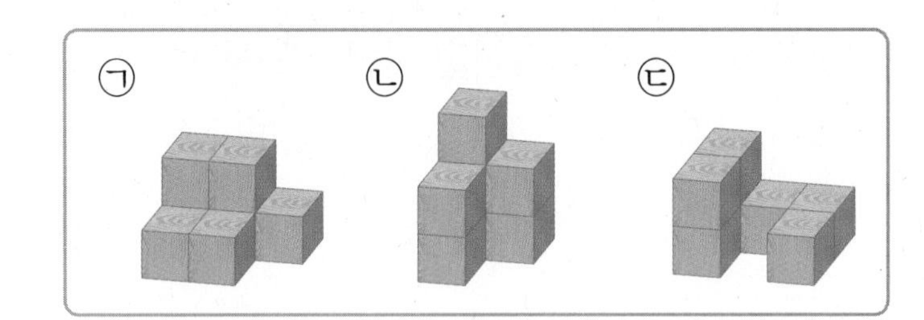

주어진 모양에서 쌓기나무 1개를 옮겨 각 모양을 만들어 봅니다.

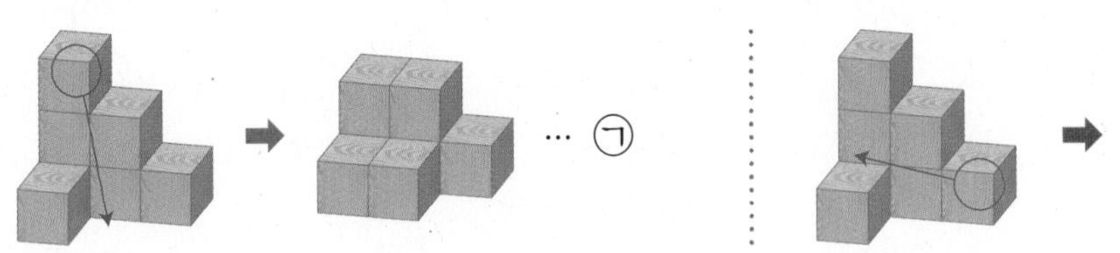

☐ 모양을 만들려면 적어도 2개의 쌓기나무를 옮겨야 합니다.

따라서 쌓기나무 1개를 옮겨 만들 수 없는 모양은 ☐ 입니다.

3-1 왼쪽 모양에서 쌓기나무 1개를 옮겨 오른쪽 모양을 만들려고 합니다. 왼쪽 모양에서 옮겨야 할 쌓기나무를 찾아 번호를 써 보세요.

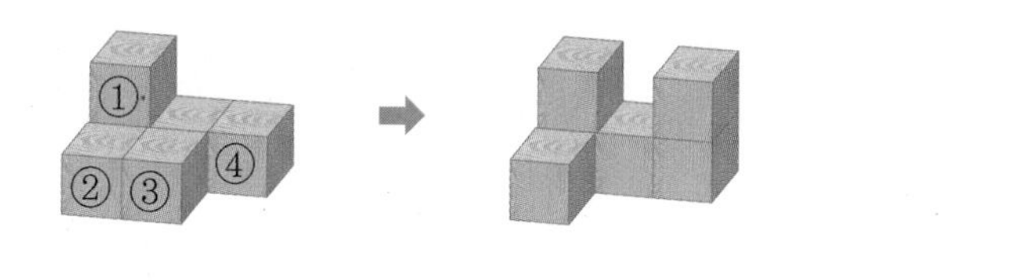

(　　　　　　　　　)

3-2 왼쪽 모양에서 쌓기나무 1개를 옮겨 만들 수 없는 모양을 찾아 기호를 써 보세요.

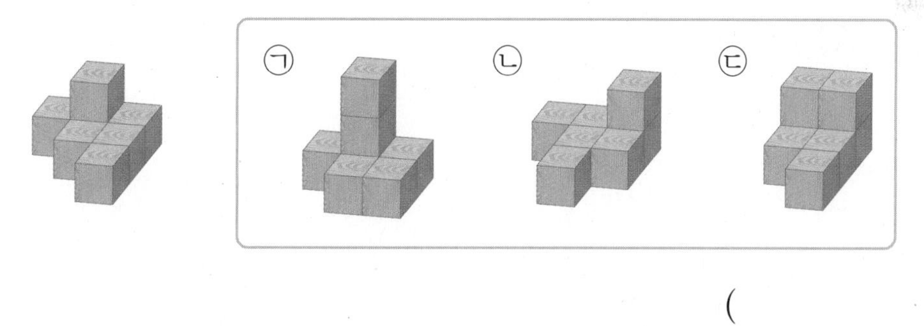

(　　　　　　　　　)

3-3 왼쪽 모양에서 쌓기나무 2개를 옮겨 만들 수 있는 모양을 찾아 기호를 써 보세요.

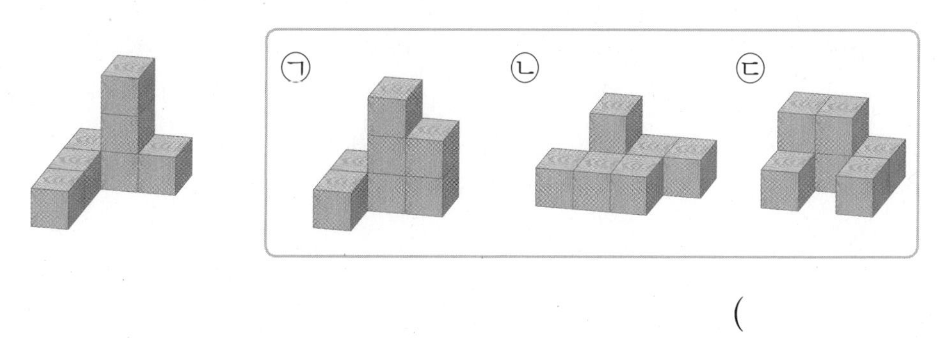

(　　　　　　　　　)

최상위 S

쌓기나무를 쌓은 모양과 사용한 개수를 알아본다.

1층: 2개
2층: 1개
3층: 1개
4층: 1개

1층: 3개
2층: 2개

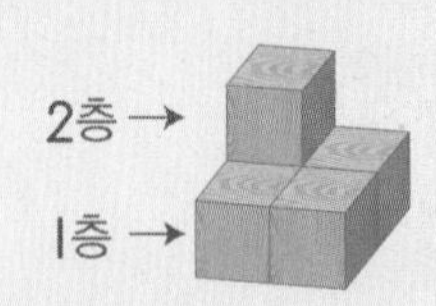

1층에 놓인 쌓기나무 수: 4개
2층에 놓인 쌓기나무 수: 1개
➡ 사용한 쌓기나무 수: 5개

대표문제 4

오른쪽 모양을 보고 쌓은 모양을 바르게 설명한 것을 찾아 기호를 써 보세요.

㉠ 쌓기나무 6개를 사용했습니다.
㉡ 쌓기나무 3개가 옆으로 나란히 있고, 가장 오른쪽 쌓기나무의 위와 뒤에 쌓기나무가 1개씩 있습니다.
㉢ 쌓기나무 3개가 옆으로 나란히 있고, 가장 왼쪽 쌓기나무의 위와 뒤에 쌓기나무가 1개씩 있습니다.

• 1층에 놓인 쌓기나무는 ☐개, 2층에 놓인 쌓기나무는 ☐개이므로 쌓기나무 4+1=☐(개)를 사용했습니다.

• 쌓기나무 3개가 옆으로 나란히 있고, 가장 ☐쪽 쌓기나무의 위와 뒤에 쌓기나무가 ☐개씩 있습니다. … ㉢

따라서 쌓은 모양을 바르게 설명한 것은 ☐입니다.

4-1 오른쪽 모양을 보고 쌓은 모양을 바르게 설명하는 것에 ○표 하여 문장을 완성해 보세요.

쌓기나무 3개가 옆으로 나란히 있고, (왼쪽 , 가운데 , 오른쪽) 쌓기나무의 (위 , 아래)와 (앞 , 뒤)에 쌓기나무가 (1 , 2)개씩 있습니다.

4-2 오른쪽 모양을 보고 쌓은 모양을 바르게 설명한 것을 모두 찾아 기호를 써 보세요.

㉠ 1층에 놓인 쌓기나무는 2개입니다.
㉡ 쌓기나무 5개를 사용했습니다.
㉢ 쌓기나무 2개가 옆으로 나란히 있고, 오른쪽 쌓기나무의 뒤에 쌓기나무 3개를 놓아 3층으로 쌓았습니다.
㉣ 쌓기나무 2개가 옆으로 나란히 있고, 왼쪽 쌓기나무의 뒤에 쌓기나무 2개를 놓아 2층으로 쌓았습니다.

( )

4-3 설명을 읽고 쌓기나무를 바르게 쌓은 사람은 누구인지 써 보세요.

쌓기나무 4개가 옆으로 나란히 있습니다. 가장 왼쪽 쌓기나무의 뒤에 쌓기나무 2개를 2층으로 쌓았고, 가장 오른쪽 쌓기나무의 위로 쌓기나무 2개와 앞으로 쌓기나무 1개를 쌓았습니다.

( )

선을 긋는 방법에 따라 여러 가지 도형이 만들어진다.

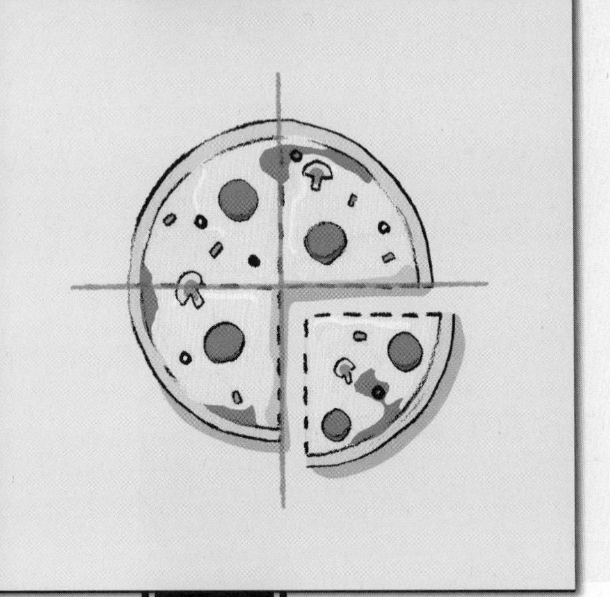

사각형에 선을 1개 긋는 방법

삼각형 2개

사각형 2개

삼각형 1개
사각형 1개

오른쪽 삼각형 모양의 종이에 곧은 선 1개를 그은 후 선을 따라 자르려고 합니다. 잘랐을 때 삼각형 1개와 사각형 1개가 만들어지도록 선을 그어 보세요.

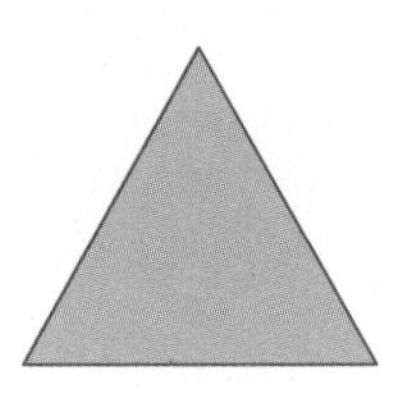

삼각형 1개와 사각형 1개가 만들어지도록 선을 긋는 방법은 다음과 같습니다.

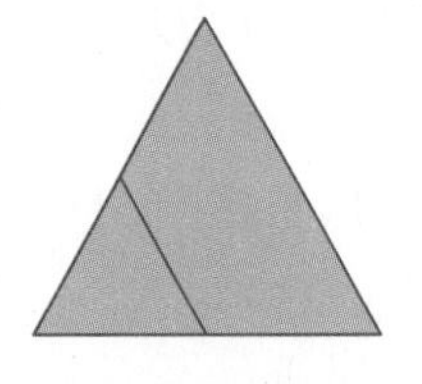 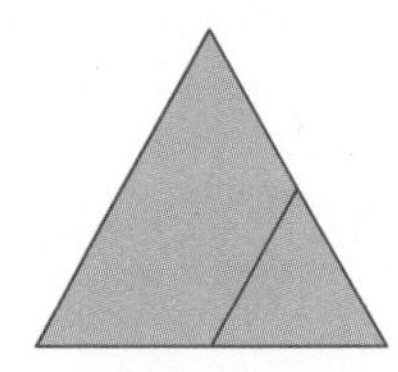 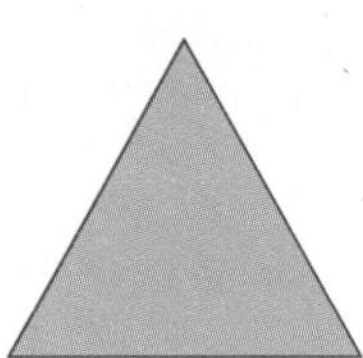

5-1 오른쪽 사각형 모양의 종이에 곧은 선 1개를 그은 후 선을 따라 자르려고 합니다. 잘랐을 때 삼각형 1개와 사각형 1개가 만들어지도록 선을 그어 보세요.

5-2 오른쪽 사각형 모양의 종이에 곧은 선 2개를 그은 후 선을 따라 자르려고 합니다. 잘랐을 때 삼각형 3개와 사각형 1개가 만들어지도록 선을 그어 보세요.

5-3 다음 사각형 모양의 종이에 곧은 선 3개를 그은 후 선을 따라 잘라 삼각형 3개와 사각형 1개를 만들려고 합니다. 2가지 방법으로 선을 그어 보세요.

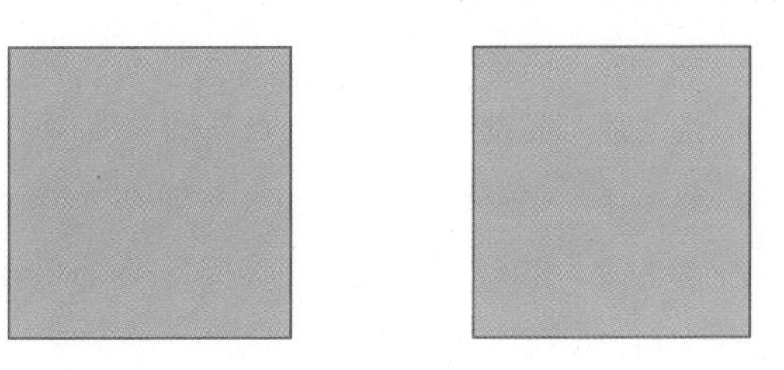

5-4 오른쪽 모양의 종이에 곧은 선 1개를 그은 후 선을 따라 자르려고 합니다. 잘랐을 때 삼각형 1개와 사각형 1개가 만들어지도록 선을 긋는 방법은 모두 몇 가지일까요?

( )

최상위 S

점을 연결하여 여러 가지 도형을 만들 수 있다.

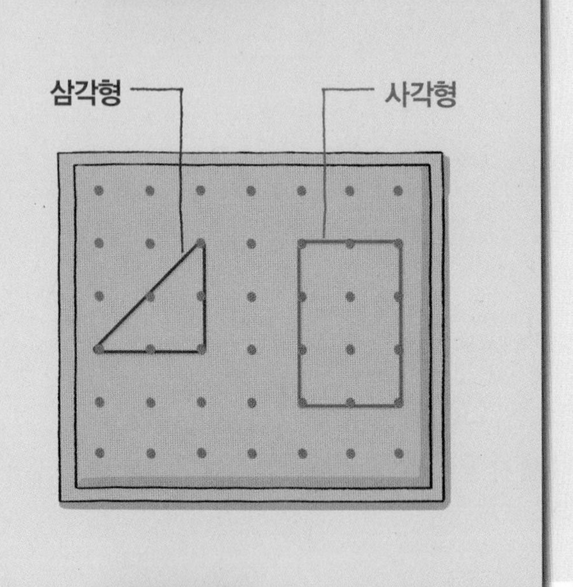

3개의 점을 연결하여 만들 수 있는 삼각형

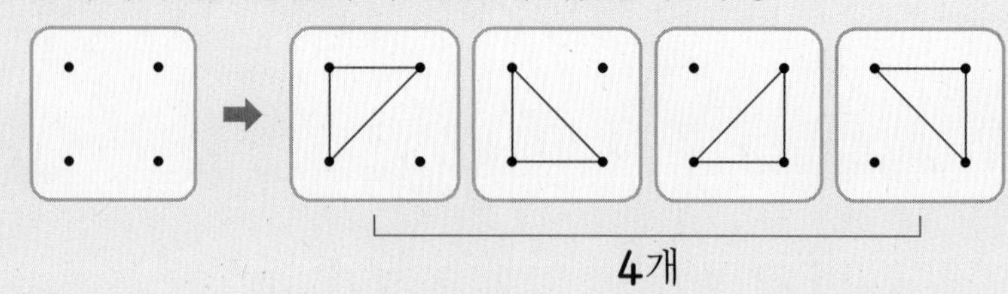

대표문제 6

오른쪽 점 중에서 3개의 점을 꼭짓점으로 하여 그릴 수 있는 삼각형은 모두 몇 개일까요?

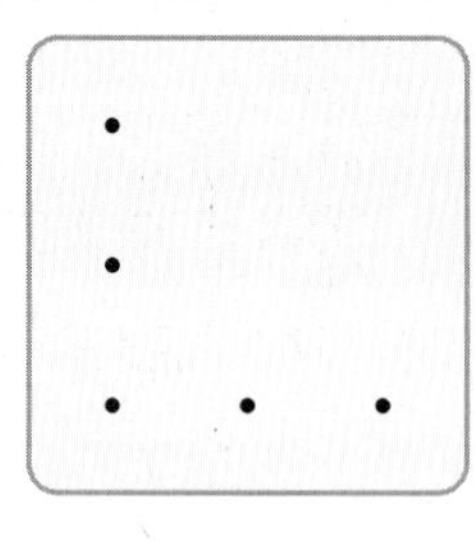

3개의 점을 꼭짓점으로 하여 삼각형을 그려 봅니다.

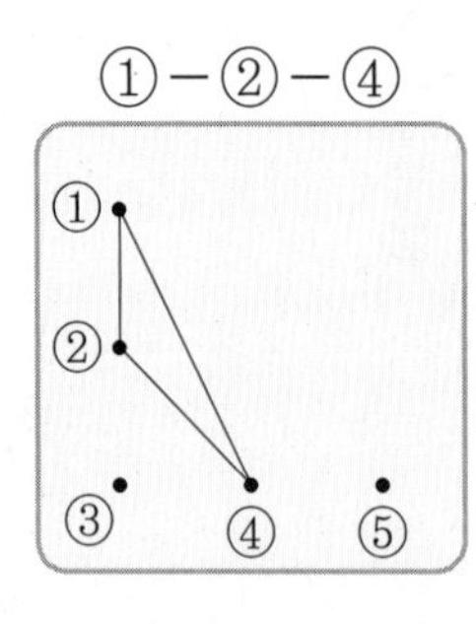

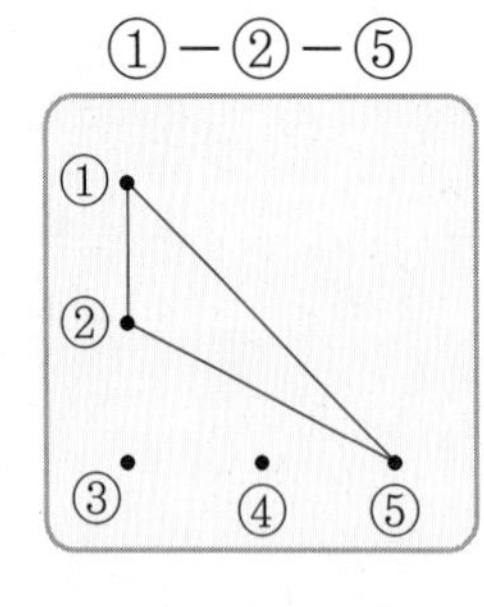

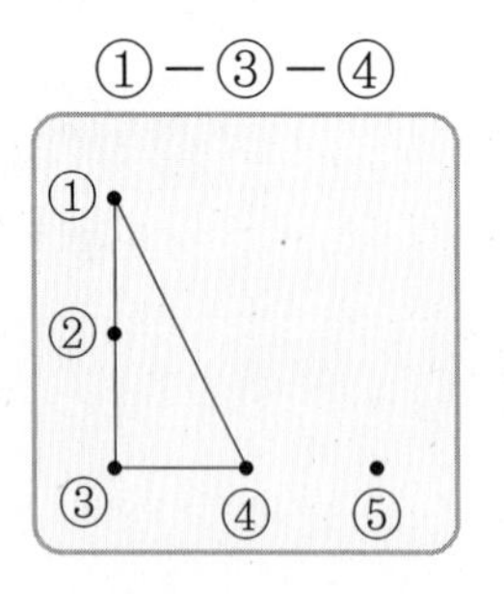

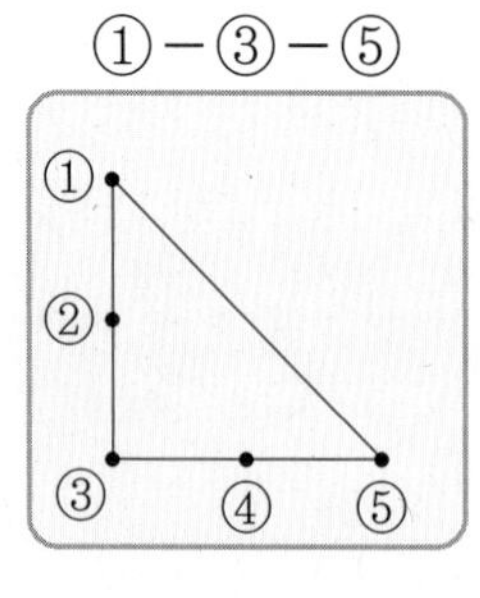

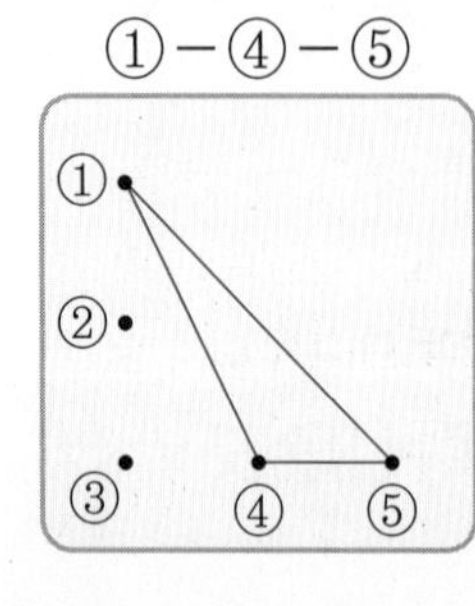

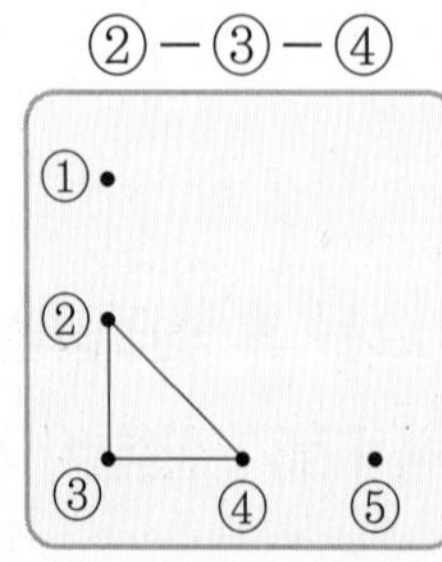

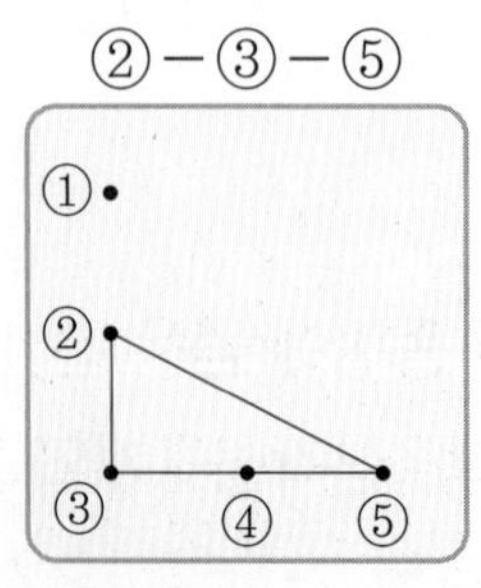

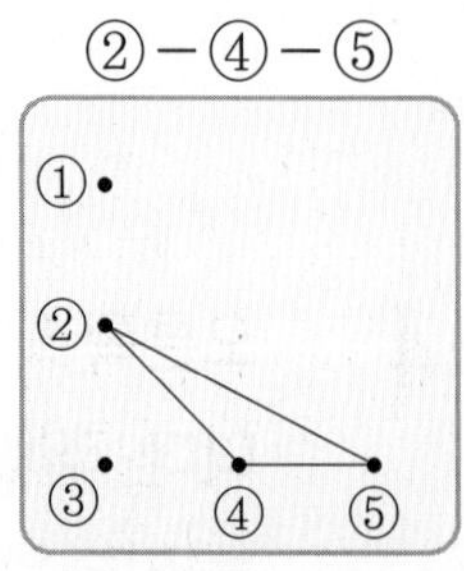

따라서 그릴 수 있는 삼각형은 모두 [ ] 개입니다.

6-1 오른쪽 점 중에서 3개의 점을 꼭짓점으로 하여 그릴 수 있는 삼각형은 모두 몇 개일까요?

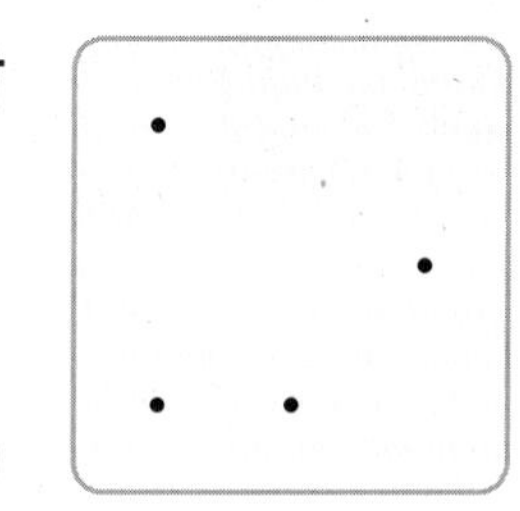

(   )

6-2 오른쪽 점 중에서 4개의 점을 꼭짓점으로 하여 그릴 수 있는 사각형은 모두 몇 개일까요?

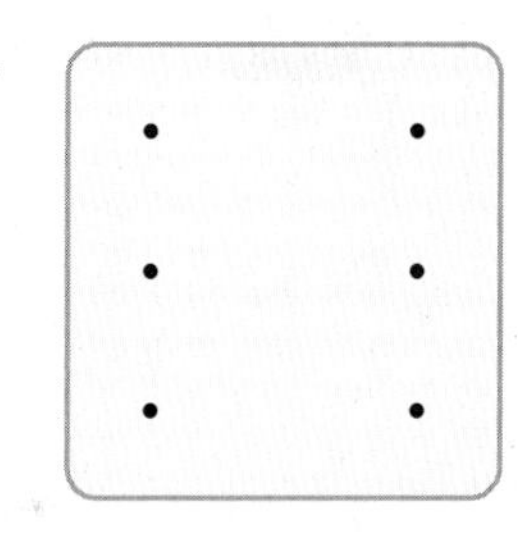

(   )

6-3 오른쪽과 같이 3개의 점을 꼭짓점으로 하여 삼각형을 그렸습니다. 이 삼각형과 똑같은 삼각형을 그린다면 몇 개를 더 그릴 수 있을까요?

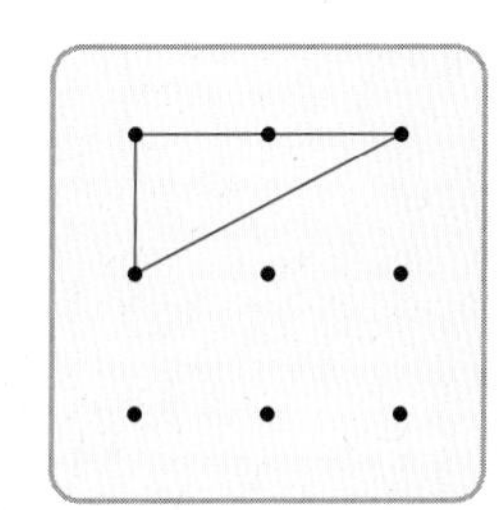

(   )

작은 도형들이 모여 큰 도형이 된다.

도형에서 찾을 수 있는 크고 작은 삼각형의 개수

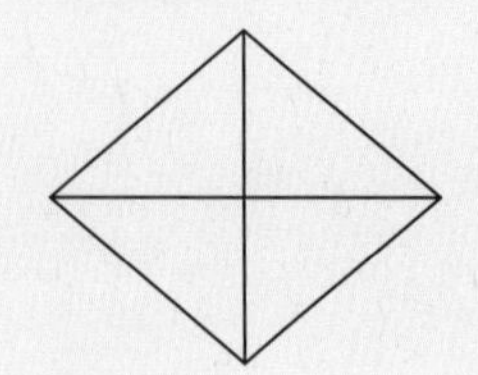

작은 도형 1개로 된 삼각형: 4개
작은 도형 2개로 된 삼각형: 4개

➡ 4+4=8(개)

오른쪽 모양에서 찾을 수 있는 크고 작은 사각형은 모두 몇 개일까요?

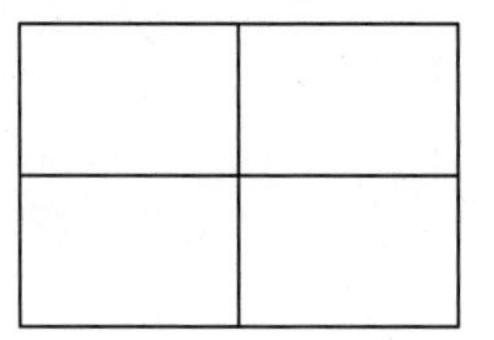

작은 도형 1개, 2개, 4개로 된 사각형을 각각 찾아봅니다.

①	②
③	④

• 작은 도형 1개로 된 사각형: ①, ②, ③, ④ ➡ □개

• 작은 도형 2개로 된 사각형: ①+②, ①+③, ②+④,

□+□ ➡ □개

• 작은 도형 4개로 된 사각형: ①+②+③+④ ➡ □개

따라서 크고 작은 사각형은 모두 4+□+□=□(개)입니다.

7-1 오른쪽 모양에서 찾을 수 있는 크고 작은 삼각형은 모두 몇 개 일까요?

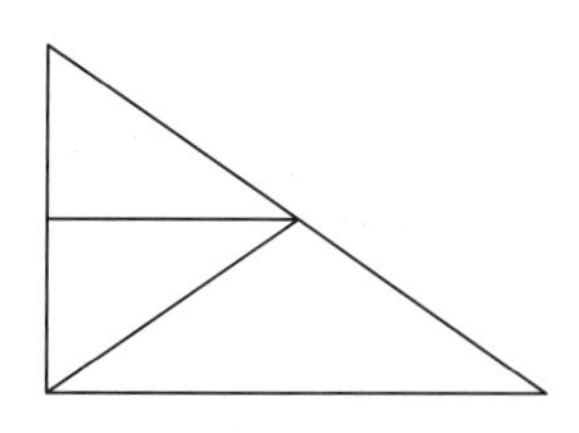

( )

7-2 오른쪽 모양에서 찾을 수 있는 크고 작은 사각형은 모두 몇 개 일까요?

( )

서술형 **7-3** 오른쪽 모양에서 찾을 수 있는 크고 작은 삼각형은 모두 몇 개 인지 풀이 과정을 쓰고 답을 구해 보세요.

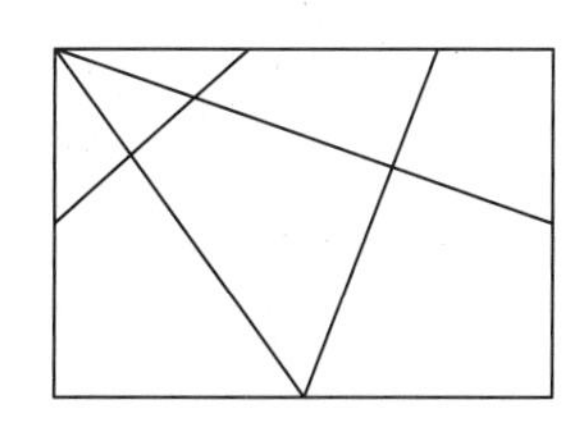

풀이

답

7-4 오른쪽 모양에서 찾을 수 있는 크고 작은 삼각형과 사각형 중 어느 것이 몇 개 더 많을까요?

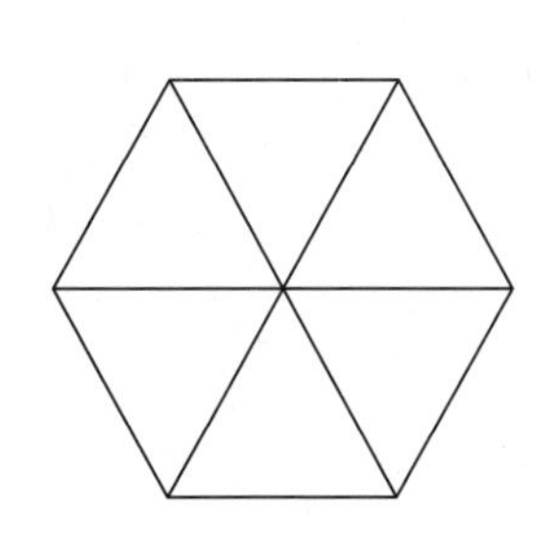

( ), ( )

칠교 조각으로 도형을 만들 때는

길이가 같은 변끼리 맞닿게 붙여서 도형을 만든다.

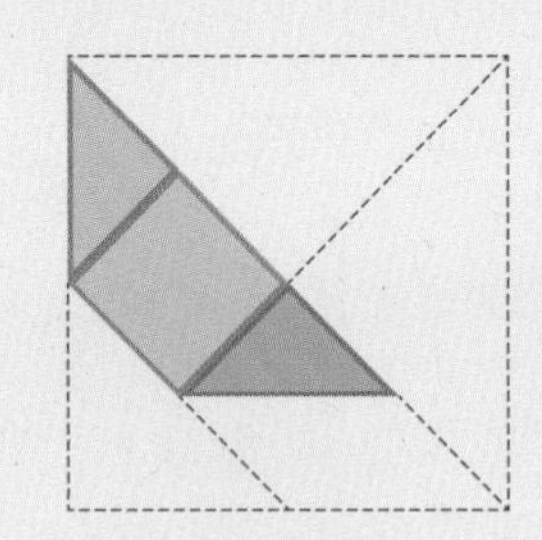

칠교판의 세 조각으로 사각형 만들기

➡ 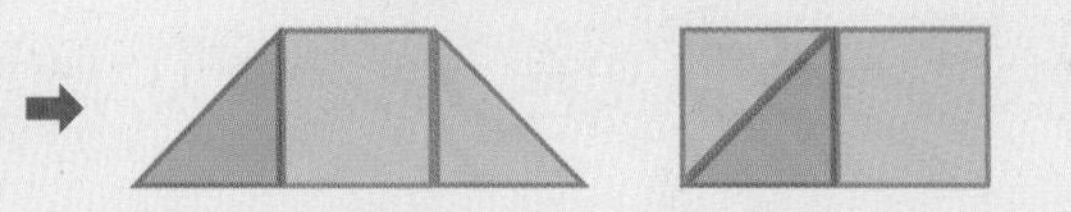  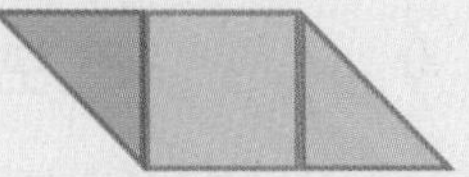

대표문제 8

주어진 칠교판의 세 조각으로 삼각형을 만들 수 없는 것을 찾아 기호를 써 보세요.

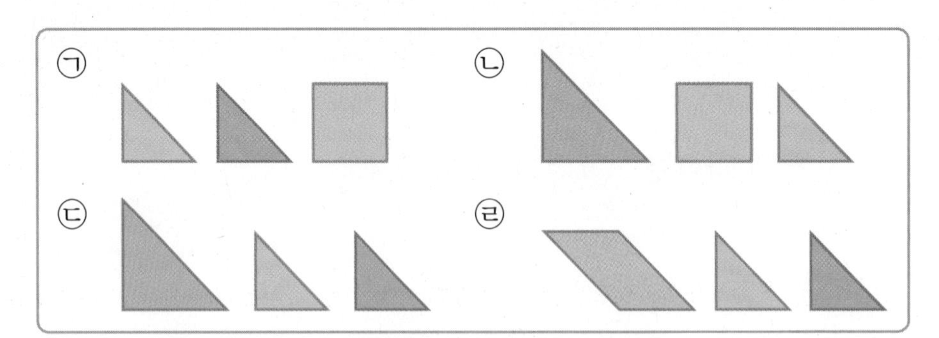

주어진 세 조각 중 길이가 같은 변끼리 맞닿게 붙여서 삼각형을 만듭니다.

㉠ 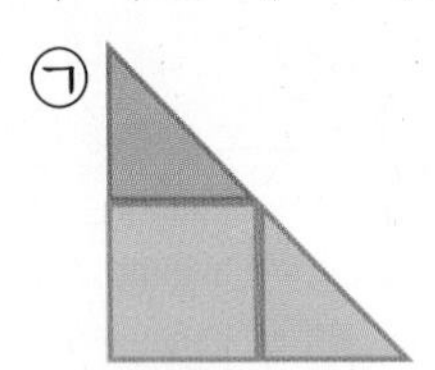 ㉢ 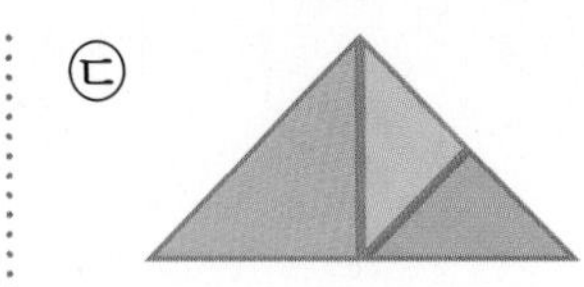 ㉣ 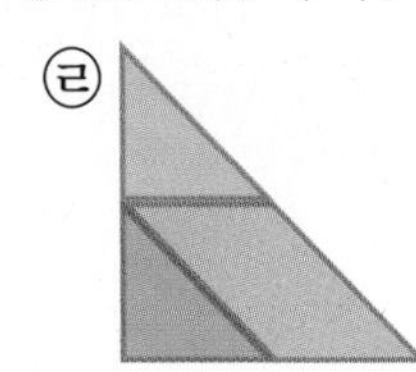

㉡ 길이가 같은 변끼리 맞닿게 붙여서 만들 수 있는 도형은

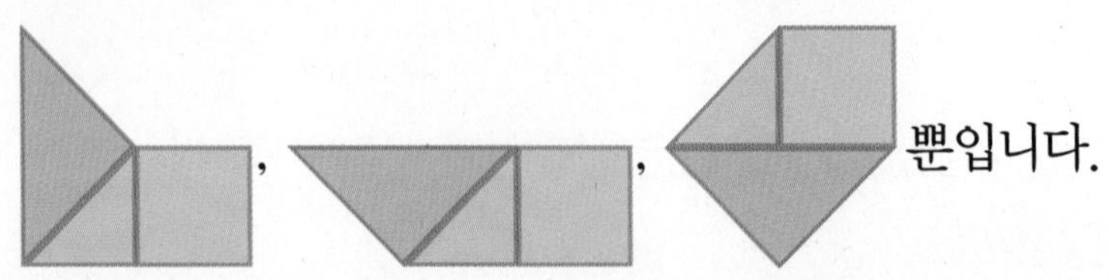 뿐입니다.

따라서 삼각형을 만들 수 없는 것은 [ ] 입니다.

8-1 주어진 칠교판의 다섯 조각으로 오른쪽 모양을 만들어 보세요.

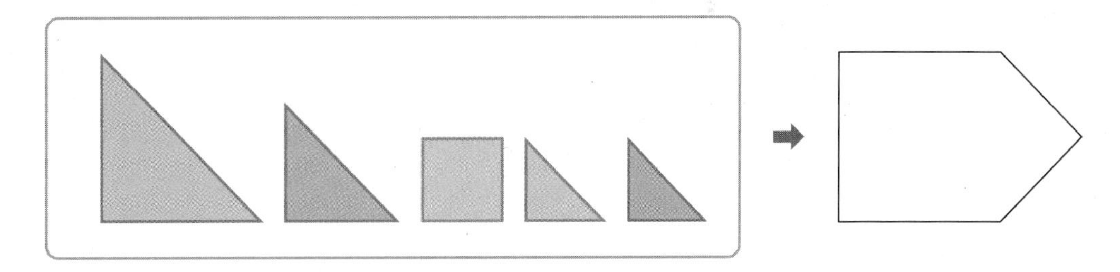

8-2 주어진 칠교 조각으로 사각형을 만들 수 없는 것을 찾아 기호를 써 보세요.

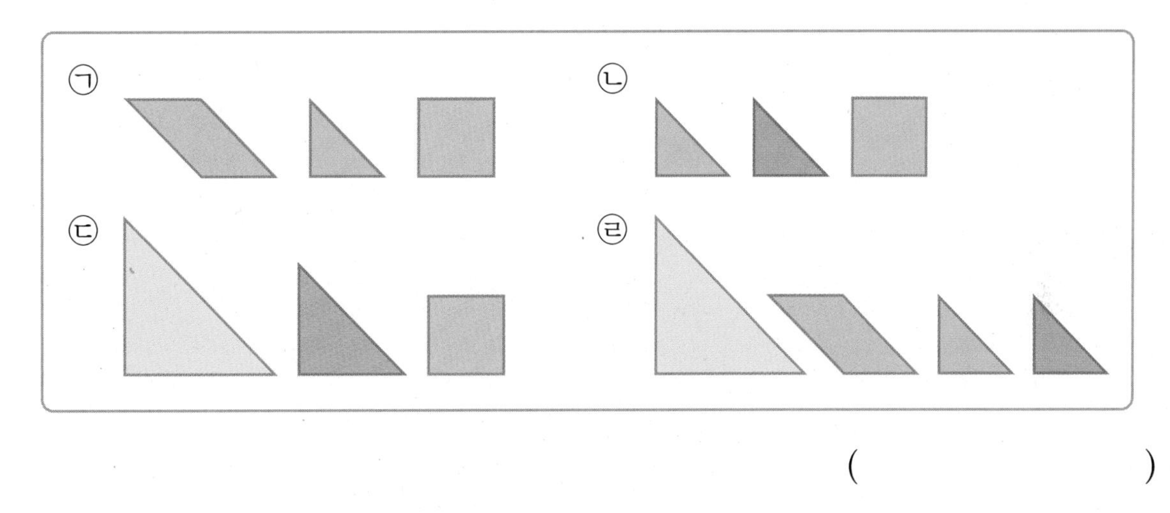

( )

8-3 주어진 칠교 조각으로 다음 도형을 만들 수 없는 것을 찾아 기호를 써 보세요.

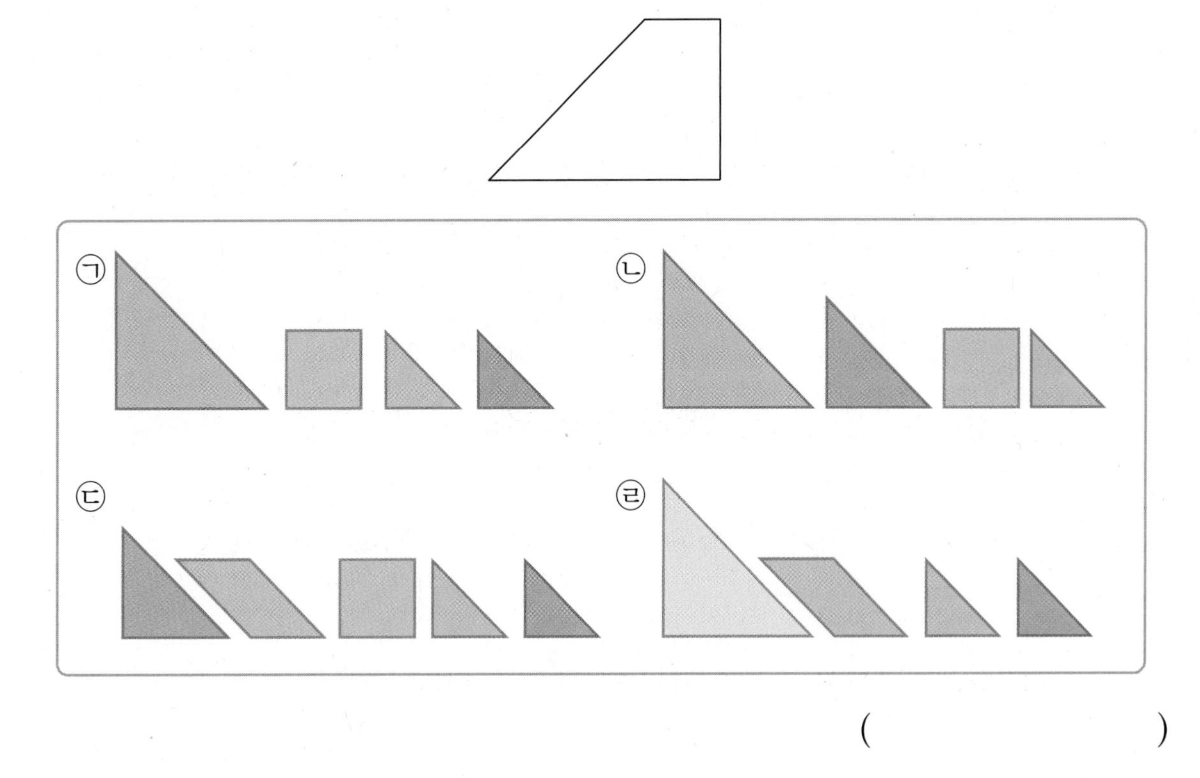

( )

1 다음 여러 가지 도형 중 가장 많은 도형의 모든 변의 수의 합을 구해 보세요.

(　　　　　　　　)

2 ㉠+㉡−㉢의 값을 구해 보세요.

㉠ 사각형의 변의 수　　㉡ 원의 변의 수　　㉢ 삼각형의 꼭짓점의 수

(　　　　　　　　)

서술형 3 왼쪽 모양을 오른쪽 모양과 똑같게 쌓으려고 합니다. 더 필요한 쌓기나무는 몇 개인지 풀이 과정을 쓰고 답을 구해 보세요.

풀이 ....

답 ....

4 오른쪽 칠교판에서 찾을 수 있는 크고 작은 삼각형은 모두 몇 개일까요?

(　　　　　　　　)

5 다음 조건에 맞는 모양을 모두 찾아 기호를 써 보세요.

- 삼각형 안에 원이 있습니다.
- 사각형 안에 삼각형이 있습니다.

㉠ 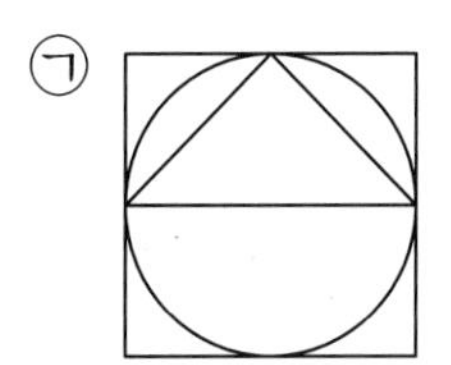 ㉡ 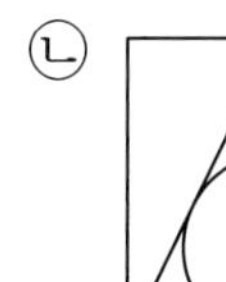  ㉢ 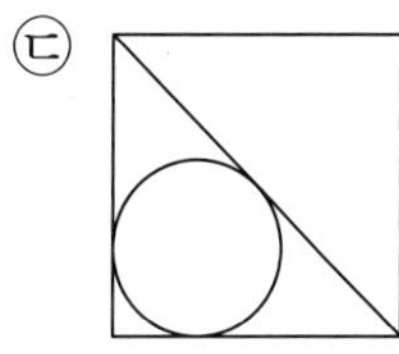 ㉣ 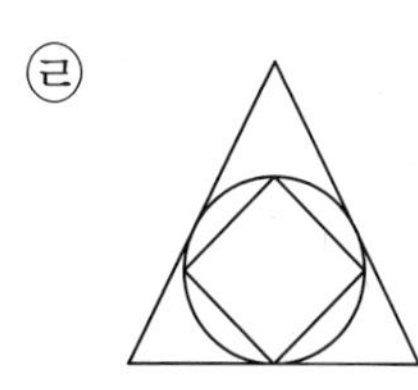

(   )

6 다음 조건에 맞게 쌓기나무를 쌓은 것의 기호를 써 보세요.

- 빨간색 쌓기나무 위에 초록색 쌓기나무가 있습니다.
- 파란색 쌓기나무 왼쪽에 보라색 쌓기나무가 있습니다.
- 노란색 쌓기나무 뒤에 파란색 쌓기나무가 있습니다.

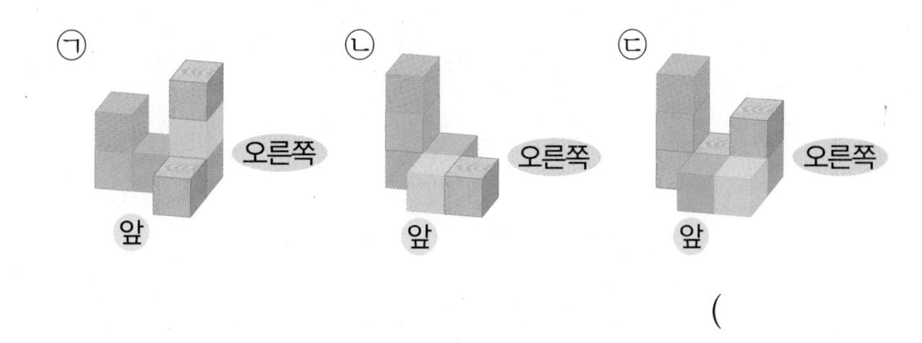

(   )

7 다음 조건에 맞게 점판 위에 도형을 그려 보세요.

- 곧은 선으로 둘러싸여 있습니다.
- 변과 꼭짓점의 수의 합이 8개입니다.
- 도형의 안쪽에 점이 4개 있습니다.

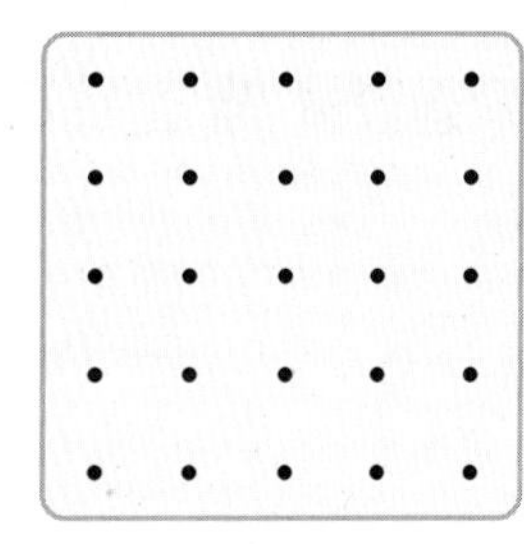

8 다음과 같이 색종이를 3번 접었다가 펼친 후 가위로 접힌 선을 따라 모두 자르면 어떤 도형이 몇 개 만들어지는지 구해 보세요.

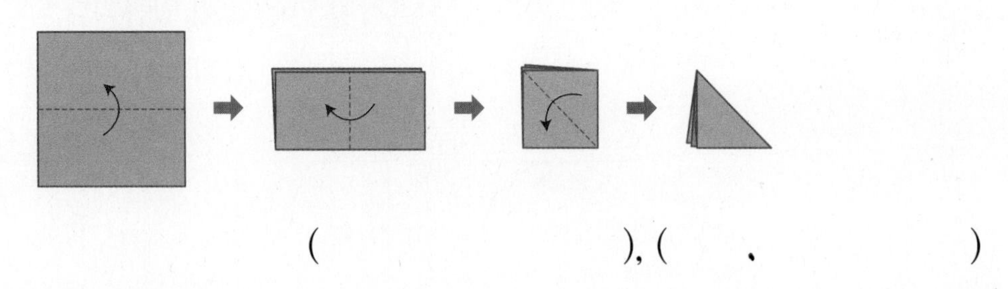

( ), ( )

9 다음과 같은 규칙으로 삼각형과 사각형을 모두 30개 늘어놓았습니다. 늘어놓은 삼각형과 사각형의 수의 차는 몇 개일까요?

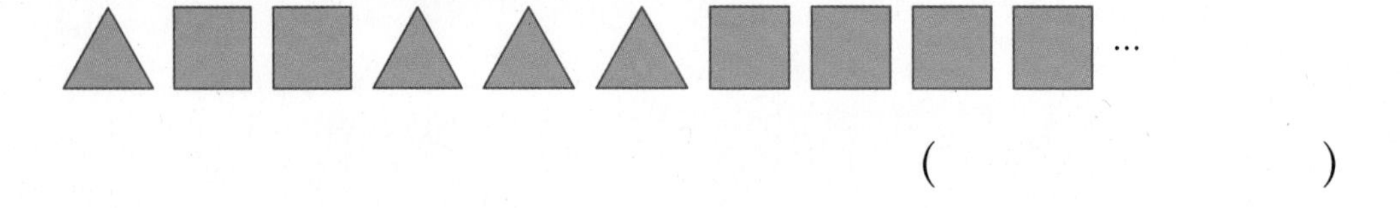

( )

10 주어진 세 조각을 모두 사용하여 사각형을 만들 수 있는 방법은 모두 몇 가지일까요? (단, 돌리거나 뒤집었을 때 같은 모양은 한 가지로 생각합니다.)

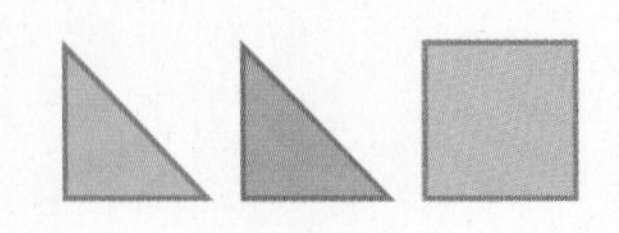

( )

3
덧셈과 뺄셈

1 두 자리 수의 덧셈

• 자리마다 나타내는 수가 다르므로 같은 자리 수끼리 더합니다.
• 같은 자리 수끼리의 합이 10이거나 10보다 크면 바로 윗자리로 1을 받아올림합니다.

1-1 BASIC CONCEPT

받아올림이 있는 두 자리 수의 덧셈

같은 자리 수끼리의 합이 10이거나 10보다 크면 바로 윗자리로 1을 받아올림합니다.

• 25+7의 계산

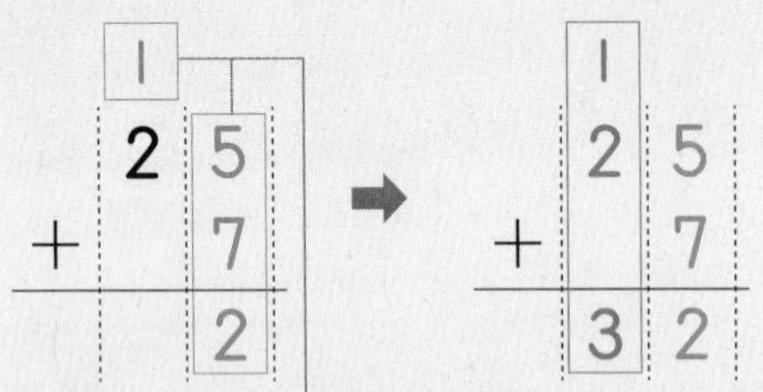

일의 자리 수끼리의 합이 10이거나 10보다 크면 십의 자리로 1을 받아올림합니다.

• 53+84의 계산

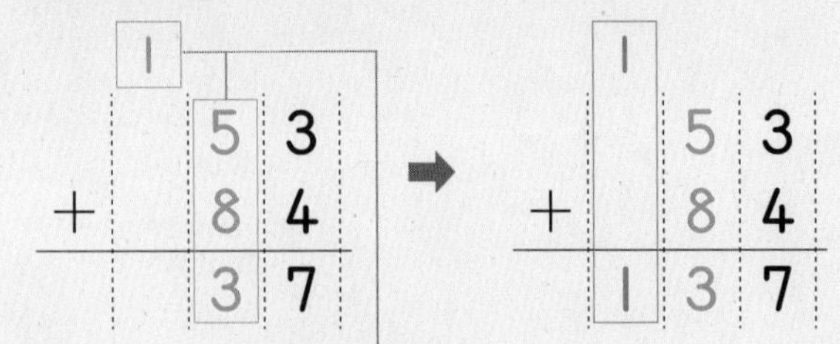

십의 자리 수끼리의 합이 10이거나 10보다 크면 백의 자리로 1을 받아올림합니다.

여러 가지 방법으로 덧셈하기

• 37+16의 계산

방법1 16을 10과 6으로 나누어 더하기

$$37+\underset{10+6}{\underline{16}}=\underline{37+10}+6$$
$$=47+6$$
$$=53$$

16을 10과 6으로 나누어 생각하여 10을 먼저 더한 다음 6을 더합니다.

방법2 37 대신 40을 더하고 3을 빼기

$$\underset{40-3}{\underline{37}}+16=\underline{40+16}-3$$
$$=56-3$$
$$=53$$

37을 40으로 생각하면 3을 더 더하게 되므로 계산한 후 다시 3을 뺍니다.

1 덧셈을 해 보세요.

(1) 46+9

(2) 26+95

2 44+28을 주어진 방법으로 계산하려고 합니다. □ 안에 알맞은 수를 써넣으세요.

28을 30으로 생각하고 계산한 후 2를 뺍니다.

$$44+28=44+\square-2$$
$$=\square-2$$
$$=\square$$

1-2 BASIC CONCEPT

합이 가장 크게 되는 (두 자리 수)+(두 자리 수) 만들기

① 가장 큰 수 7과 둘째로 큰 수 6을 각각 십의 자리에 놓습니다.
└ 자릿값이 큰 곳에 큰 수를 놓습니다.

➡ 7 ▢ + 6 ▢

② 나머지 수 2와 3을 각각 일의 자리에 놓습니다.

➡ 7 2 + 6 3 = 135 또는 7 3 + 6 2 = 135

3 4장의 수 카드를 한 번씩만 사용하여 (두 자리 수)+(두 자리 수)의 덧셈식을 만들려고 합니다. 만들 수 있는 덧셈식의 값 중 가장 큰 값을 구해 보세요.

( )

1-3 BASIC CONCEPT

덧셈식에서 □ 안에 알맞은 수 구하기

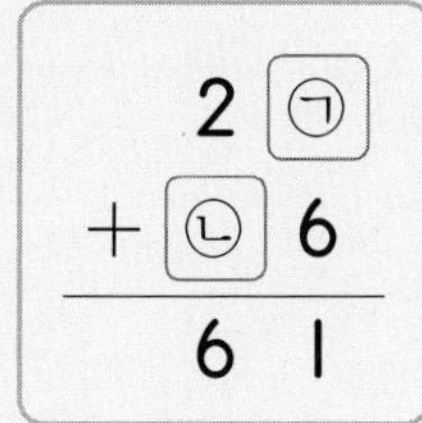

① ㉠+6=11 ➡ ㉠=5
└ ㉠+6=1이 되는 ㉠은 없으므로 십의 자리로 1을 받아올림한 것을 알 수 있습니다.

② 일의 자리 계산에서 1을 받아올림했으므로 십의 자리 계산은 1+2+㉡=6입니다. ➡ ㉡=3
└ 일의 자리에서 받아올림한 1을 함께 더합니다.

③ ㉠과 ㉡에 수를 넣어 계산이 맞는지 확인합니다.

➡ 25+36=61

4 ㉠과 ㉡에 알맞은 수를 구해 보세요.

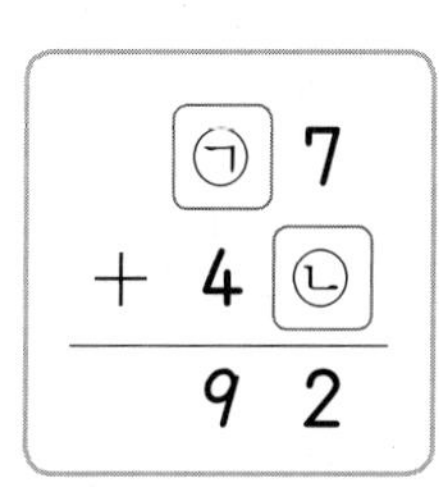

㉠ ( ), ㉡ ( )

2 두 자리 수의 뺄셈

• 자리마다 나타내는 값이 다르므로 같은 자리 수끼리 뺍니다.
• 같은 자리 수끼리 뺄 수 없으면 바로 윗자리에서 10을 받아내림합니다.

2-1 BASIC CONCEPT

받아내림이 있는 두 자리 수의 뺄셈

일의 자리 수끼리 뺄 수 없으면 십의 자리에서 10을 받아내림합니다.

• 54−6의 계산

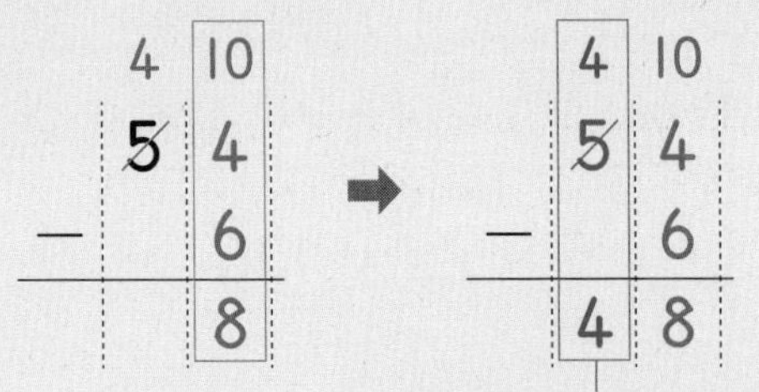

받아내림하고 남은 십의 자리 수를 내려 씁니다.

• 62−35의 계산

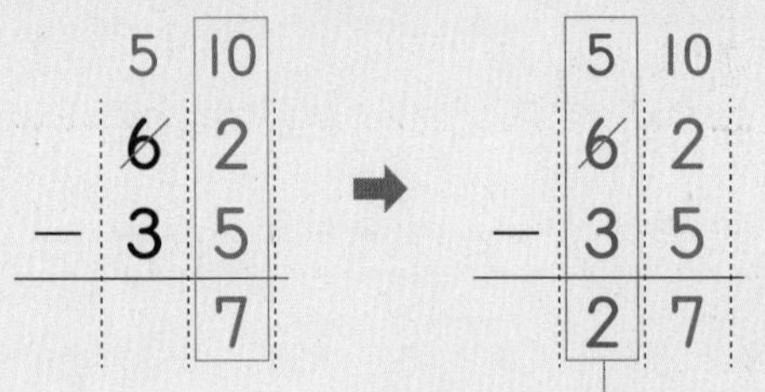

받아내림하고 남은 십의 자리 수에서 십의 자리 수를 뺍니다.

여러 가지 방법으로 뺄셈하기

• 46−28의 계산

방법1 28을 26과 2로 나누어 차례로 빼기

$46-\underset{26+2}{\underline{28}}=\underline{46-26}-2$

$=20-2$

$=18$

일의 자리를 같게 만들기 위해 28을 26과 2로 나누어 생각하여 차례로 뺍니다.

방법2 28 대신 30을 빼고 2를 더하기

$46-\underset{30-2}{\underline{28}}=\underline{46-30}+2$

$=16+2$

$=18$

28을 30으로 생각하면 2를 더 빼게 되므로 계산한 후 다시 2를 더합니다.

1 뺄셈을 해 보세요.

(1) 83−7

(2) 65−48

2 76−59를 여러 가지 방법으로 계산하려고 합니다. □ 안에 알맞은 수를 써넣으세요.

방법1

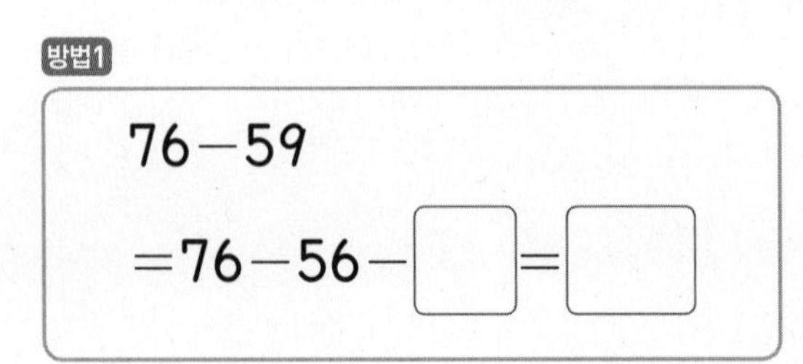

방법2

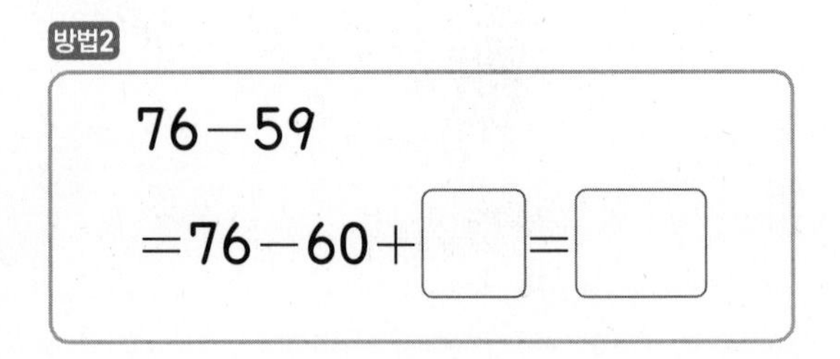

BASIC CONCEPT 2-2

차가 가장 작게 되는 (두 자리 수) − (두 자리 수) 만들기

9 1 5 4

① 차가 가장 작은 두 수 5와 4를 각각 십의 자리에 놓습니다.

➡ 5 ㉠ − 4 ㉡ (차가 가장 작은 두 수 중 큰 수를 빼지는 수의 십의 자리에 놓습니다.)

② 나머지 수 9와 1 중 더 작은 수를 ㉠에 놓고, 더 큰 수를 ㉡에 놓습니다.

➡ 51 − 49 = 2

3 4장의 수 카드를 한 번씩만 사용하여 (두 자리 수) − (두 자리 수)의 뺄셈식을 만들려고 합니다. 만들 수 있는 뺄셈식의 값 중 가장 작은 값을 구해 보세요.

3 2 6 8

(　　　　　　　)

BASIC CONCEPT 2-3

뺄셈식에서 □ 안에 알맞은 수 구하기

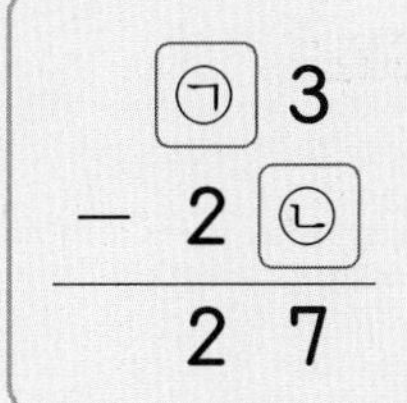

① 10+3−㉡=7 ➡ ㉡=6 (3−㉡=7이 되는 ㉡은 없으므로 십의 자리에서 10을 받아내림한 것을 알 수 있습니다.)

② 일의 자리 계산에서 10을 받아내림했으므로 십의 자리 계산은 ㉠−1−2=2입니다. ➡ ㉠=5 (일의 자리로 받아내림했으므로 1을 뺍니다.)

③ ㉠과 ㉡에 수를 넣어 계산이 맞는지 확인합니다.

➡ 53−26=27

4 ㉠과 ㉡에 알맞은 수를 구해 보세요.

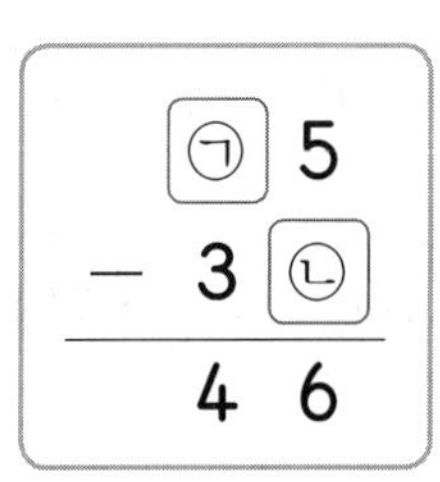

㉠ (　　　　　　), ㉡ (　　　　　　)

3 세 수의 계산

• 세 수의 계산은 두 수의 계산을 연달아 하는 것과 같습니다.
• 세 수의 혼합 계산은 앞에서부터 차례로 계산합니다.

BASIC CONCEPT 3-1

세 수의 계산

세 수의 계산은 앞에서부터 두 수씩 차례로 계산합니다.

• 덧셈 또는 뺄셈

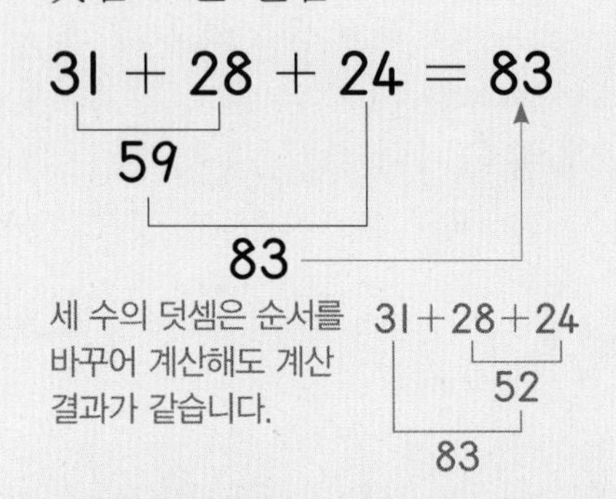

세 수의 덧셈은 순서를 바꾸어 계산해도 계산 결과가 같습니다.

31+28+24 → 52, 83

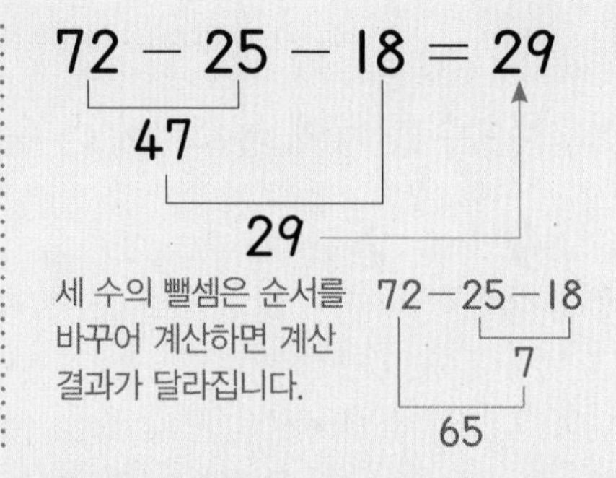

세 수의 뺄셈은 순서를 바꾸어 계산하면 계산 결과가 달라집니다.

72−25−18 → 7, 65

• 덧셈과 뺄셈이 섞여 있는 계산

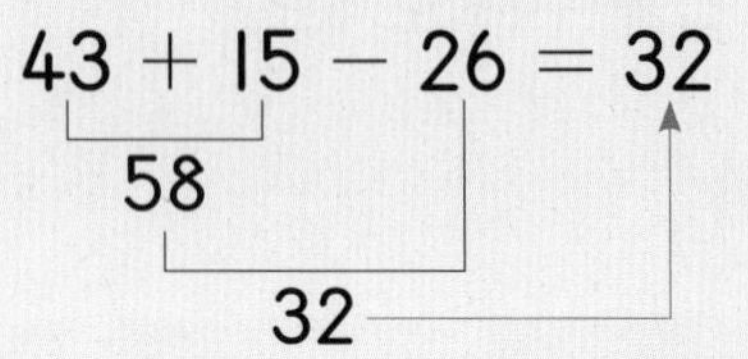

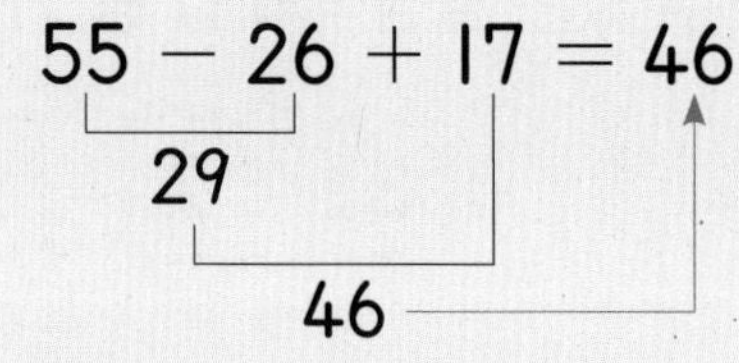

덧셈과 뺄셈이 섞여 있는 세 수의 계산은 세 수의 뺄셈과 마찬가지로 반드시 앞에서부터 두 수씩 차례로 계산합니다.

55−26+17 → 43, 12

1 계산해 보세요.

(1) 18+25+47

(2) 83−36+14

2 계산 결과를 비교하여 ○ 안에 >, =, <를 알맞게 써넣으세요.

(1) 19+28+16 ◯ 24+47−17

(2) 63−18+25 ◯ 87−32+41

3-2 BASIC CONCEPT

편리한 방법으로 세 수의 덧셈하기

• 세로셈으로 한꺼번에 더하기

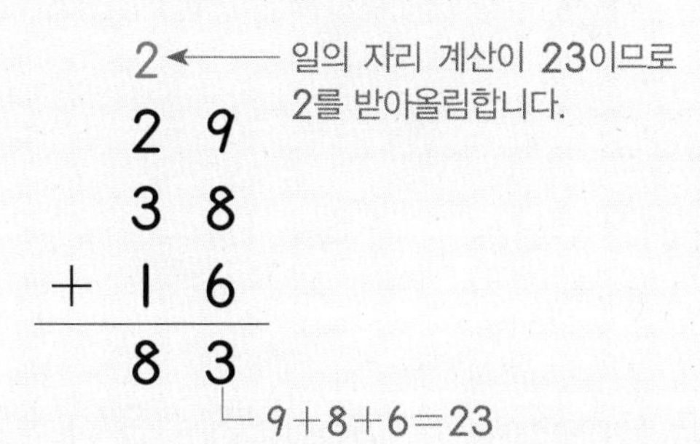

• 더하기 쉬운 두 수를 먼저 더하기

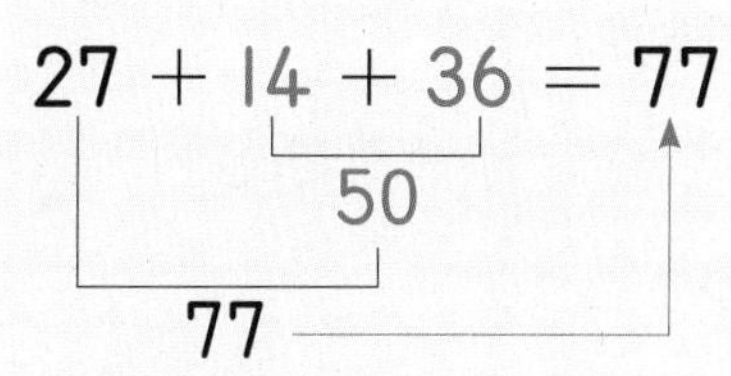

몇십이 되는 두 수를 먼저 더하면 더 쉽게 계산할 수 있습니다.

3 48+37+13을 서로 다른 두 가지 방법으로 계산해 보세요.

방법1

방법2

3-3 BASIC CONCEPT

계산 결과가 가장 큰 세 수의 계산식 만들기

16 17 29 15 ➡ ㉠ + ㉡ − ㉢

① 가장 큰 수 29와 둘째로 큰 수 17을 각각 ㉠과 ㉡에 놓습니다. — 29>17>16>15

➡ 29 + 17 =46

② 나머지 수 16과 15 중 더 작은 수를 ㉢에 놓습니다.

➡ 29 + 17 − 15 =31

4 세 수를 이용하여 계산 결과가 가장 큰 세 수의 계산식을 만들려고 합니다. □ 안에 알맞은 수를 써넣고 답을 구해 보세요.

( )

4 덧셈과 뺄셈의 관계, □의 값 구하기

• 전체와 부분을 나타내는 세 수로 네 가지 식을 만들 수 있습니다.
• □의 값을 구할 때에는 □가 답이 되도록 식을 바꿉니다.

4-1 BASIC CONCEPT

덧셈과 뺄셈의 관계

• 덧셈식을 보고 뺄셈식 만들기

35+27=62 → 62−27=35

35+27=62 → 62−35=27

• 뺄셈식을 보고 덧셈식 만들기

54−18=36 → 18+36=54

54−18=36 → 36+18=54

□를 사용하여 식으로 나타낸 다음 □의 값 구하기

모르는 수를 □, △ 등으로 다양하게 나타낼 수 있습니다.

• 더한 수를 모르는 경우

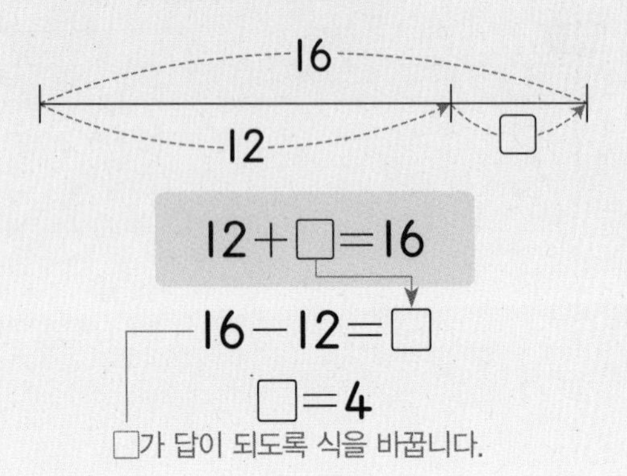

• 뺀 수를 모르는 경우

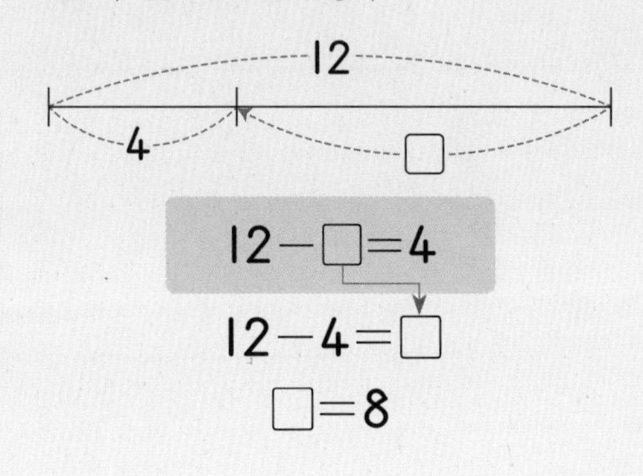

1 다음 세 수를 이용하여 뺄셈식을 완성하고, 덧셈식 2개를 만들어 보세요.

75 48 27

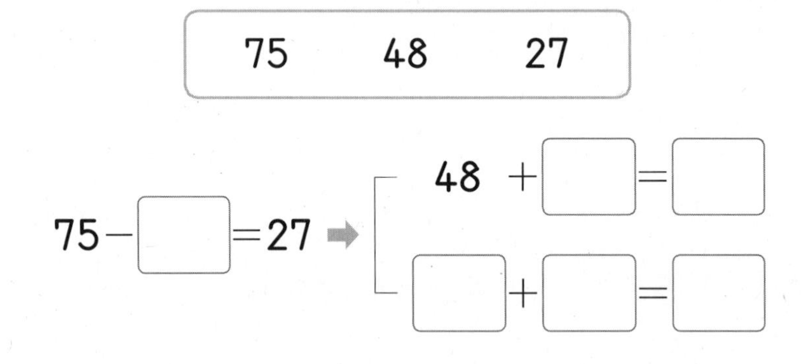

2 주어진 식을 □가 답이 되는 식으로 나타내고 □의 값을 구해 보세요.

67+□=82

식 ....

□의 값 ....

BASIC CONCEPT 4-2

어떤 수 구하기

어떤 수에 29를 더했더니 71이 되었습니다. 어떤 수는 얼마일까요?

① 어떤 수를 □라고 하여 덧셈식 또는 뺄셈식으로 나타냅니다.

➡ □+29=71

② 덧셈과 뺄셈의 관계를 이용하여 어떤 수를 구합니다.

➡ 71−29=□, □=42

3 어떤 수보다 48만큼 더 작은 수는 34와 17의 합과 같습니다. 어떤 수는 얼마일까요?

( )

BASIC CONCEPT 4-3

크기를 비교하여 모르는 수 구하기

46+2■<70에서 ■에 알맞은 수 구하기

① 46+2■=70으로 생각하기

46+2■=70

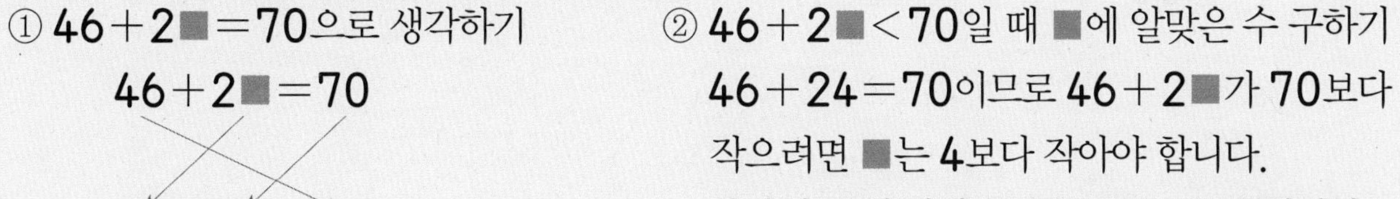

2■=70−46

2■=24

② 46+2■<70일 때 ■에 알맞은 수 구하기

46+24=70이므로 46+2■가 70보다 작으려면 ■는 4보다 작아야 합니다.

따라서 ■에 알맞은 수는 0, 1, 2, 3입니다.

4 0부터 9까지의 수 중에서 □ 안에 들어갈 수 있는 수를 모두 구해 보세요.

24 + 1□ < 39

( )

최상위 S

수를 분해하여 더 쉬운 방법을 찾는다.

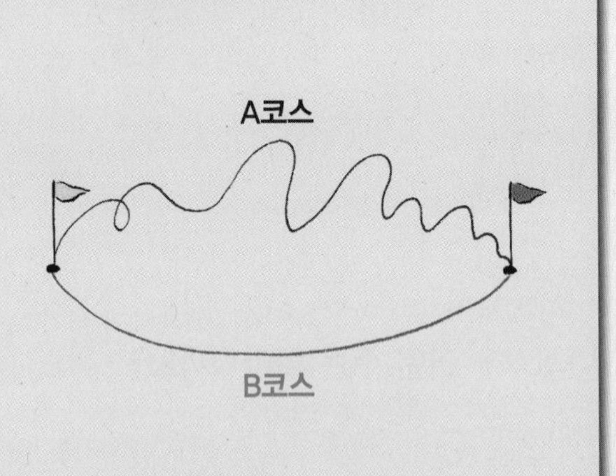

$\underline{19}+27=46$ … ②

↓ +1   ↑ −1

① $\underline{20}+27=47$

$52-\underline{29}=23$ … ②

↓ +1   ↑ +1

① $52-\underline{30}=22$

76−49의 계산 과정입니다. ㉠, ㉡, ㉢에 알맞은 수를 각각 구해 보세요.

> 76−49=76−50+㉠
> =㉡+㉠
> =㉢

49를 50으로 생각하면 1을 더 빼게 되므로 계산한 후 다시 ☐을 더합니다.

➡ ㉠=☐

76−50=26 ➡ ㉡=☐

㉡+㉠=26+☐=☐ ➡ ㉢=☐

따라서 ㉠=☐, ㉡=☐, ㉢=☐입니다.

1-1 26+39의 계산 과정입니다. ㉠, ㉡, ㉢에 알맞은 수를 각각 구해 보세요.

$$26+39=30+39-㉠$$
$$=㉡-㉠$$
$$=㉢$$

㉠ ( ), ㉡ ( ), ㉢ ( )

1-2 13+28의 계산 과정입니다. ㉠, ㉡, ㉢에 알맞은 수를 각각 구해 보세요.

$$13+28=13+30-㉠$$
$$=㉡-㉠$$
$$=㉢$$

㉠ ( ), ㉡ ( ), ㉢ ( )

1-3 55−37의 계산 과정입니다. ㉠, ㉡, ㉢에 알맞은 수를 각각 구해 보세요.

$$55-37=55-40+㉠$$
$$=㉡+㉠$$
$$=㉢$$

㉠ ( ), ㉡ ( ), ㉢ ( )

1-4 75−39의 계산 과정입니다. ㉠, ㉡, ㉢에 알맞은 수를 각각 구해 보세요.

$$75-39=79-39-㉠$$
$$=㉡-㉠$$
$$=㉢$$

㉠ ( ), ㉡ ( ), ㉢ ( )

최상위 S

알 수 있는 것부터 차례로 구한다.

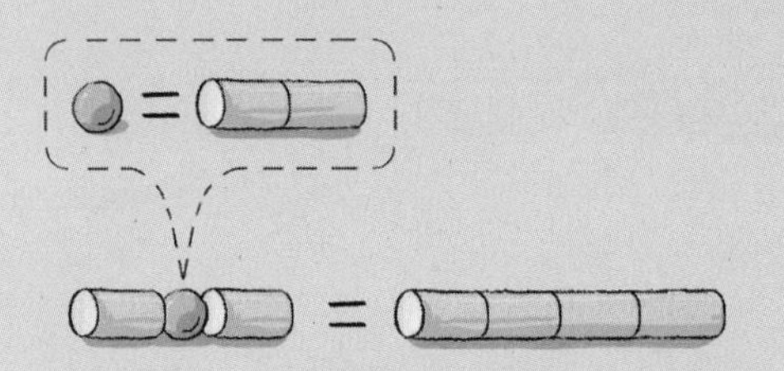

★+★=30
★−◉=5

15+15=30이므로
★=15
★−◉=15−◉=5 (15−10=5)
◉=10

대표문제 2

같은 기호는 같은 수를 나타낼 때 ■와 ●에 알맞은 수를 각각 구해 보세요.

■+■=80
■−●=19

■+■=80에서 40+40=80이므로 ■=[　　]입니다.

■−●=19의 식에 ■ 대신 [　　]을 넣으면 [　　]−●=19입니다.

●가 답이 되는 식으로 나타내면

40−●=19 ➡ 40−[　　]=●, ●=[　　]입니다.

따라서 ■=[　　], ●=[　　]입니다.

2-1 같은 기호는 같은 수를 나타낼 때 ■와 ●에 알맞은 수를 각각 구해 보세요.

■−28=43
●+■=90

■ (   ), ● (   )

2-2 같은 기호는 같은 수를 나타낼 때 ■와 ●에 알맞은 수를 각각 구해 보세요.

■+■=40
■+●=83

■ (   ), ● (   )

2-3 ●가 35일 때 ■와 ▲에 알맞은 수를 각각 구해 보세요. (단, 같은 기호는 같은 수를 나타냅니다.)

■−27=●
▲−■=18

■ (   ), ▲ (   )

2-4 같은 기호는 같은 수를 나타낼 때 ▲에 알맞은 수를 구해 보세요.

■+■=50
81−●=■
●+▲=74

(   )

덧셈과 뺄셈을 이용하여 모르는 수를 구한다.

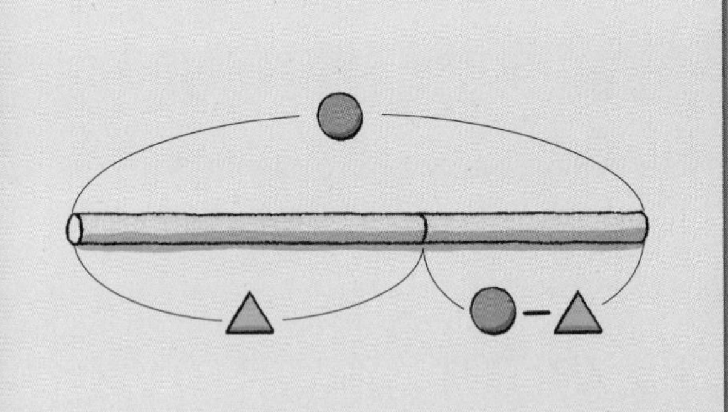

사과	복숭아	합계
?	26개	54개

(사과의 수)+(복숭아의 수)=54이므로
(사과의 수)+26=54,
54−26=(사과의 수)
➡ (사과의 수)=28개

다음은 해 모둠과 달 모둠의 학생 수를 나타낸 것입니다. 남학생은 어느 모둠이 몇 명 더 많을까요?

모둠	남학생	여학생	합계
해		12명	31명
달		17명	33명

(남학생 수)+(여학생 수)=(모둠 전체 학생 수)
➡ (모둠 전체 학생 수)−(여학생 수)=(남학생 수)

• 해 모둠의 남학생은 31−12=☐(명)입니다.

• 달 모둠의 남학생은 33−☐=☐(명)입니다.

따라서 남학생은 ☐ 모둠이 ☐−☐=☐(명) 더 많습니다.

3-1 다음은 가영이와 태호가 접은 종이학과 종이배의 수를 나타낸 것입니다. 종이학을 누가 몇 개 더 많이 접었을까요?

이름	종이학	종이배	합계
가영		36개	84개
태호		28개	85개

( ), ( )

3-2 다음은 정환이네 학교 2학년 1반, 2반, 3반의 학생 수를 나타낸 것입니다. 여학생이 가장 많은 반과 가장 적은 반을 차례로 써 보세요.

반	남학생	여학생	합계
1반	12명		29명
2반	18명		32명
3반	16명		34명

( ), ( )

3-3 다음은 은미와 현우가 가진 구슬 수를 나타낸 것입니다. 은미가 가진 구슬이 현우가 가진 구슬보다 7개 더 적을 때 은미가 가진 파란색 구슬은 몇 개일까요?

구분	은미		현우	
구슬 색깔	빨간색	파란색	빨간색	파란색
구슬 수	37개		74개	19개

( )

최상위 S

모르는 수를 □로 하여 식으로 나타낸다.

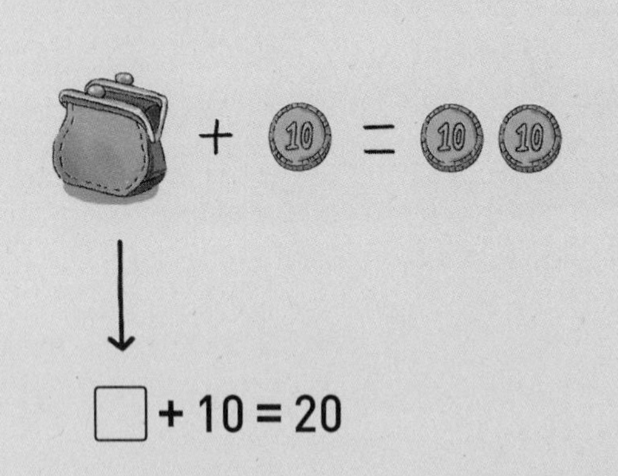

사탕이 40개 있었는데 어제 몇 개 먹고,
오늘 5개 먹었더니 23개가 남았습니다.

➡ $40-\square-5=23$ (□: 어제 먹은 사탕 수)

$40-\square=28$

$40-28=\square$

$\square=12$

대표문제 4

기차에 69명이 타고 있었습니다. 이번 역에서 몇 명이 내리고, 18명이 타서 60명이 되었습니다. 이번 역에서 내린 사람은 몇 명일까요?

이번 역에서 내린 사람 수를 □로 하여 식으로 나타내면

$69-\square+$ [ ] $=60$입니다.

(내린 사람 수는 빼고 탄 사람 수는 더합니다.)

□의 값을 구하면

$69-\square+18=60$, $69-\square=60-$ [ ], $69-\square=$ [ ]

➡ $69-$ [ ] $=\square$, $\square=$ [ ]

따라서 이번 역에서 내린 사람은 [ ] 명입니다.

4-1 규서는 과학책을 한 권 사서 그제와 어제 각각 25쪽과 14쪽을 읽고, 오늘 몇 쪽을 읽었더니 과학책을 모두 읽었습니다. 과학책이 전체 75쪽이라면 규서가 오늘 읽은 과학책은 몇 쪽일까요?

( )

4-2 버스에 42명이 타고 있었습니다. 이번 정류장에서 몇 명이 내리고, 13명이 타서 52명이 되었습니다. 이번 정류장에서 내린 사람은 몇 명일까요?

( )

4-3 정호는 빨간색 종이학을 33개, 파란색 종이학을 19개 접었습니다. 정호가 접은 종이학 중에서 몇 개를 한별이에게 주었더니 정호에게 남은 종이학이 17개였습니다. 한별이에게 준 종이학은 몇 개일까요?

( )

서술형 **4-4** 색종이가 한 상자 있습니다. 이 중에서 예린이가 25장을 사용하고, 소윤이가 32장을 사용하였더니 35장이 남았습니다. 처음 상자에 들어 있던 색종이는 몇 장인지 풀이 과정을 쓰고 답을 구해 보세요.

풀이 ....

....

....

답 ....

최상위 S

부등호를 등호로 바꾸어 □ 안의 수를 먼저 구한다.

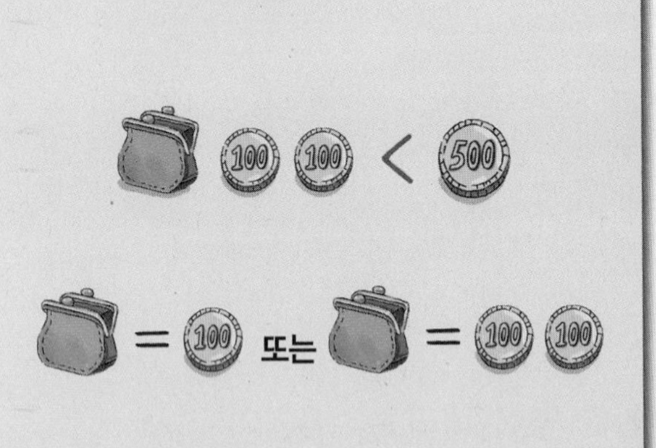

1부터 9까지의 수 중에서 □ 안에 알맞은 수 구하기

$$16 + \square < 23$$

$>$ 또는 $<$를 부등호라 하고, $=$를 등호라고 합니다.

$16+\square=23$일 때 $\square=23-16$, $\square=7$
$16+\square$가 23보다 작아야 하므로
□ 안에는 7보다 작은 수가 들어가야 합니다.
➡ $\square=1, 2, 3, 4, 5, 6$

십의 자리 수가 4인 수 중에서 □ 안에 들어갈 수 있는 두 자리 수를 모두 구해 보세요.

$$35 + \square > 82$$

$35+\square=82$일 때 □ 안에 알맞은 수를 구하면

$35+\square=82$ ➡ $82-\square=\square$, $\square=\square$ 입니다.

$35+\square$가 82보다 커야 하므로 □ 안에는 □ 보다 큰 수가 들어가야 합니다.

따라서 십의 자리 수가 4인 수 중에서 □ 안에 들어갈 수 있는 두 자리 수는

□, □ 입니다.

5-1 십의 자리 수가 1인 수 중에서 □ 안에 들어갈 수 있는 수를 모두 구해 보세요.

$$21 + \square < 35$$

(　　　　　　　　　　)

5-2 십의 자리 수가 2인 수 중에서 □ 안에 들어갈 수 있는 두 자리 수를 모두 구해 보세요.

$$46 + \square > 72$$

(　　　　　　　　　　)

5-3 십의 자리 수가 5인 수 중에서 □ 안에 들어갈 수 있는 수를 모두 구해 보세요.

$$92 - \square < 37$$

(　　　　　　　　　　)

5-4 십의 자리 수가 3인 수 중에서 □ 안에 들어갈 수 있는 수를 모두 구해 보세요.

$$63 - \square > 29$$

(　　　　　　　　　　)

최상위 S

일의 자리, 십의 자리 순서로 수를 찾는다.

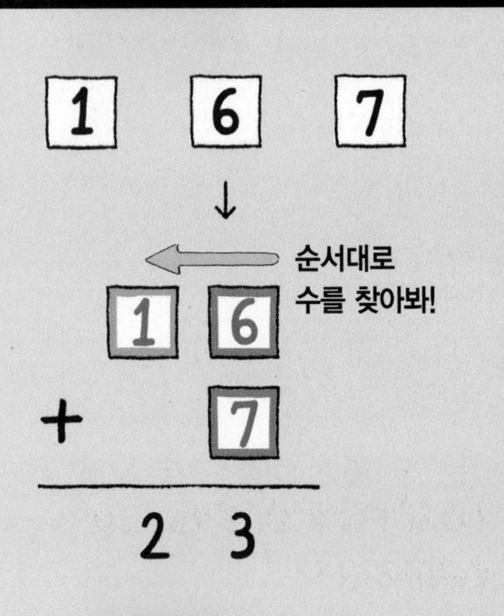

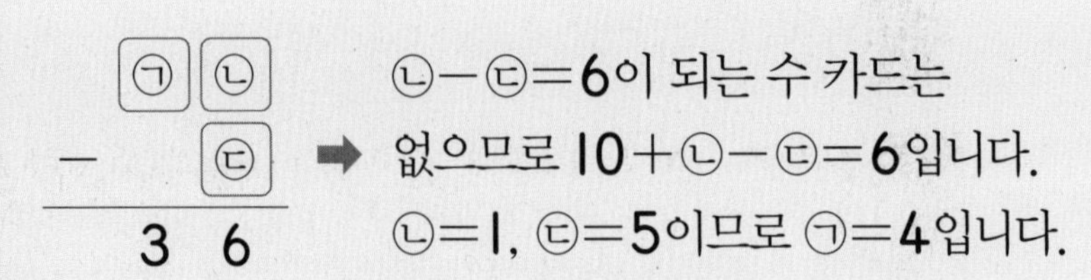

대표문제 6

4장의 수 카드 1, 2, 3, 6 이 있습니다. 이 수 카드를 한 번씩만 사용하여 차가 38이 되는 뺄셈식을 만들었습니다. □ 안에 알맞은 수를 써넣으세요.

□□ − □□ = 38

㉠㉡
− ㉢㉣
3 8

수 카드 중에서 ㉡−㉣=8이 되는 것은 없으므로 십의 자리에서 받아내림한 것을 알 수 있습니다.

10+㉡−㉣=8이 되는 것은 1과 3입니다.

10+1−□=8 ➡ ㉡=□, ㉣=□

남은 수 카드는 2와 6이고 일의 자리로 받아내림하였으므로

㉠−1−㉢=3이 되도록 남은 수 카드를 놓습니다.

6−1−□=3 ➡ ㉠=□, ㉢=□

따라서 차가 38이 되는 뺄셈식은 □□−□□=38입니다.

6-1 4장의 수 카드 2, 3, 4, 8 이 있습니다. 이 수 카드를 한 번씩만 사용하여 합이 62가 되는 덧셈식을 만들었습니다. □ 안에 알맞은 수를 써넣으세요.

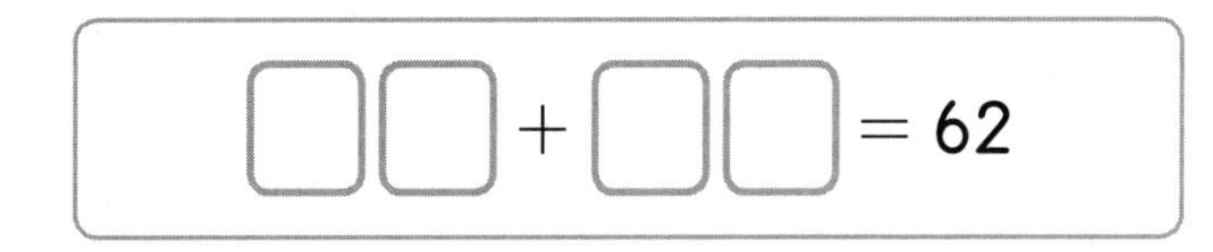

□□ + □□ = 62

6-2 4장의 수 카드 1, 3, 6, 7 이 있습니다. 이 수 카드를 한 번씩만 사용하여 차가 46이 되는 뺄셈식을 만들었습니다. □ 안에 알맞은 수를 써넣으세요.

□□ − □□ = 46

6-3 6장의 수 카드 1, 2, 4, 7, 8, 9 가 있습니다. 이 수 카드를 한 번씩만 사용하여 뺄셈식을 만들었습니다. □ 안에 알맞은 수를 써넣으세요.

□7 − 2□ = □8

최상위 S

전체와 부분을 나타내는 세 수로 식을 만든다.

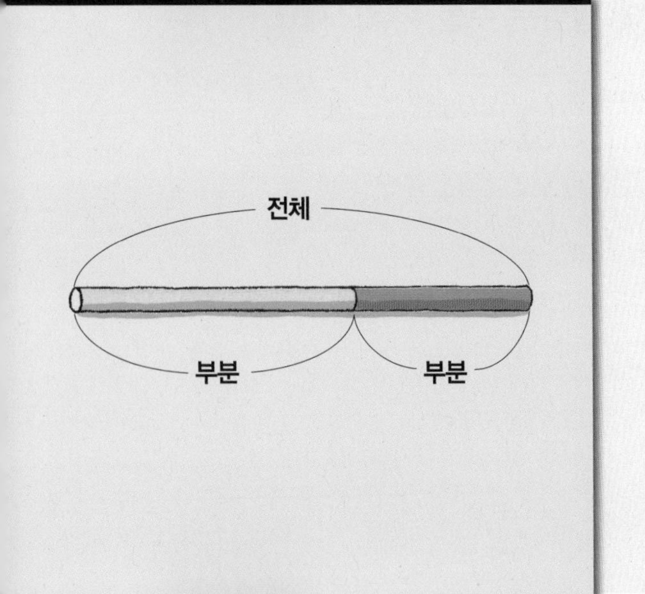

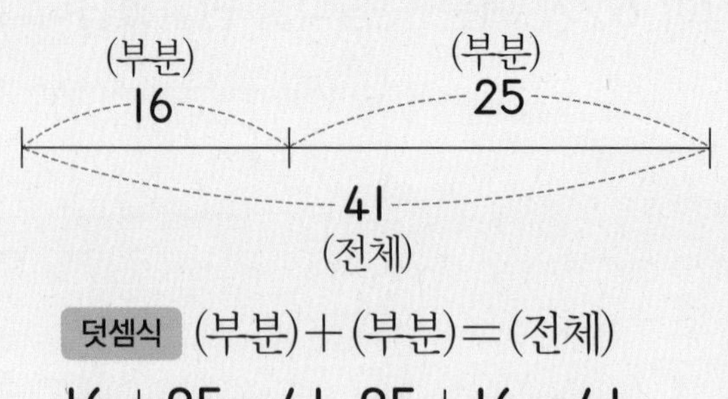

덧셈식 (부분)+(부분)=(전체)

16+25=41, 25+16=41

뺄셈식 (전체)−(부분)=(부분)

41−16=25, 41−25=16

주머니 안에 수가 써 있는 구슬이 5개 들어 있습니다. 이 주머니에서 3개의 구슬을 꺼내어 덧셈식 2개와 뺄셈식 2개를 만들어 보세요.

구슬에 써 있는 수는 모두 두 자리 수이므로 합이 세 자리 수가 되는 경우는 빼고 두 수를 골라 더해 봅니다.

예) 더해지는 수와 더하는 수가 89, 77이 되면 합이 세 자리 수가 됩니다.

➡ 34+42=☐, 34+55=☐, 42+55=☐

89가 써 있는 구슬이 있으므로 덧셈식을 만들 수 있는 세 수는

34, ☐, ☐입니다.

따라서 세 수로 덧셈식 2개와 뺄셈식 2개를 만들면 다음과 같습니다.

덧셈식
- 34+55=☐
- ☐+☐=☐

뺄셈식
- ☐−34=☐
- ☐−☐=☐

7-1 다음 세 수를 사용하여 덧셈식 2개와 뺄셈식 2개를 만들어 보세요.

19	62	43

덧셈식 ……………………… 뺄셈식 ………………………

……………………… ………………………

7-2 주머니 안에 수가 써 있는 구슬이 5개 들어 있습니다. 이 주머니에서 3개의 구슬을 꺼내어 덧셈식 2개와 뺄셈식 2개를 만들어 보세요.

덧셈식 ……………………… 뺄셈식 ………………………

……………………… ………………………

7-3 주머니 안에 수가 써 있는 구슬이 4개 들어 있습니다. 이 주머니에서 3개의 구슬을 꺼내어 만들 수 있는 뺄셈식은 모두 몇 가지일까요?

(   )

전체 개수에서 두 수의 차를 빼서 생각한다.

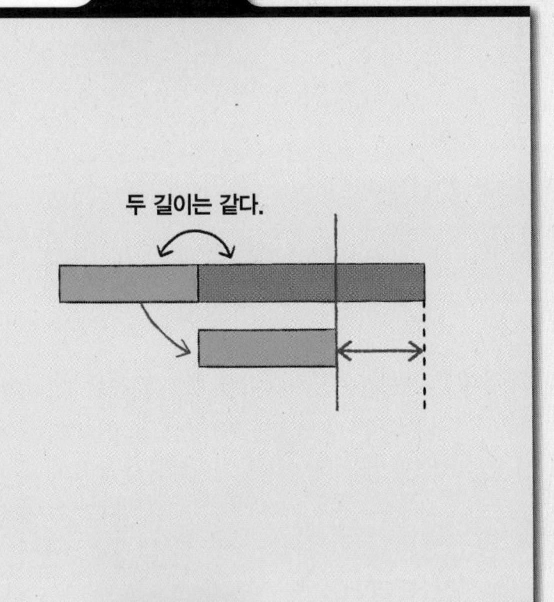

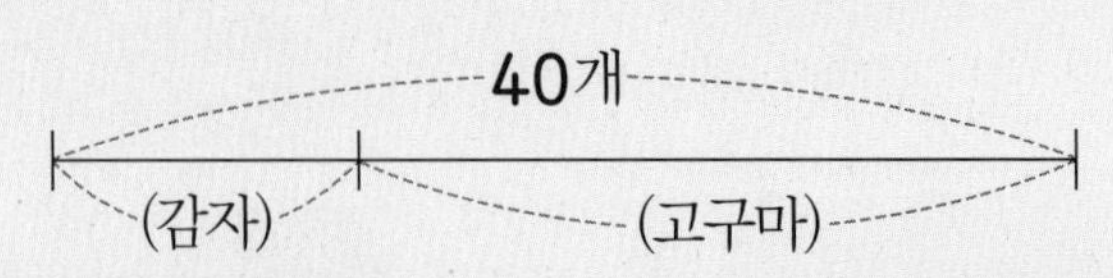

고구마가 감자보다 12개 많다고 할 때 전체 개수에서 고구마 12개를 빼면 감자의 수와 남은 고구마의 수가 같아집니다.

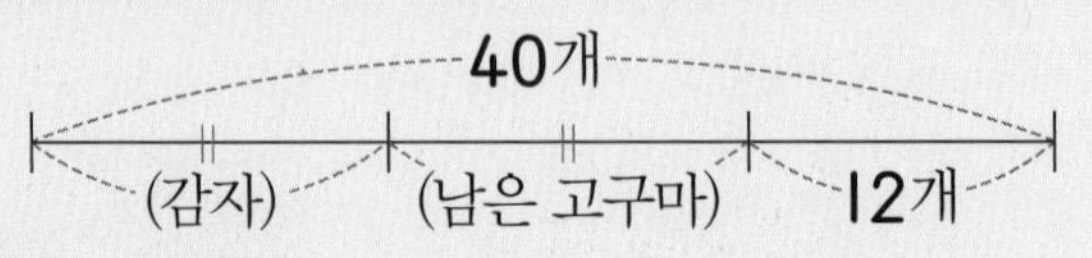

➡ 40－12＝28(개)

28개의 절반이 감자의 수이므로 고구마는
└ 28＝14＋14

14＋12＝26(개)입니다.

동호네 반 학생은 30명입니다. 남학생이 여학생보다 6명 더 많다고 할 때 동호네 반 여학생은 몇 명일까요?

전체 학생 수에서 남학생 6명을 빼면 남은 남학생 수와 여학생 수가 같아집니다.

➡ 30－☐＝☐(명)이고, ☐명의 절반은 여학생 수입니다.

☐＋☐＝☐이므로 동호네 반 여학생은 ☐명입니다.

두 수가 같습니다.

8-1 현주가 가지고 있는 연필은 정희가 가지고 있는 연필보다 9자루 더 많습니다. 현주와 정희가 가지고 있는 연필이 모두 57자루일 때 정희가 가지고 있는 연필은 몇 자루일까요?

( )

8-2 사탕 62개를 준우와 동생이 나누어 가졌습니다. 준우가 동생보다 18개 더 많이 가졌을 때 준우가 가지고 있는 사탕은 몇 개일까요?

( )

서술형 **8-3** 색종이를 민지는 32장, 유라는 48장 가지고 있습니다. 민지와 유라가 가지고 있는 색종이 수를 같게 하려면 유라는 민지에게 색종이를 몇 장 주어야 하는지 풀이 과정을 쓰고 답을 구해 보세요.

풀이

답

8-4 세 친구가 가지고 있는 구슬에 대해 이야기하고 있습니다. 다음을 읽고 준한이가 가지고 있는 구슬은 몇 개인지 구해 보세요.

재화: 나는 13개만 더 모으면 61개가 돼.
홍빈: 나는 재화보다 29개 더 적게 가지고 있어.
준한: 내가 홍빈이에게 6개를 주면 홍빈이와 내 구슬 수가 같아져.

( )

1 지선이네 집에 사과 18개, 키위 21개, 참외 12개, 복숭아 19개가 있습니다. 가장 많은 과일과 가장 적은 과일의 수의 차는 몇 개일까요?

(　　　　　　　　)

2 다음 중 합이 68이 되는 두 수를 찾아 써 보세요.

12	29	37	46	39	41

(　　　　　　　　)

서술형 **3** 방울토마토를 선영이는 어제 26개, 오늘 25개 먹었고, 태민이는 어제 19개, 오늘 41개 먹었습니다. 이틀 동안 방울토마토를 누가 몇 개 더 많이 먹었는지 풀이 과정을 쓰고 답을 구해 보세요.

풀이 ....

....

....

답 .... , ...

4 수 카드 2장을 골라 두 자리 수를 만들어 74에서 빼려고 합니다. 계산 결과가 가장 큰 수가 되도록 뺄셈식을 쓰고 계산해 보세요.

먼저 생각해 봐요!

다음 중 58에서 뺐을 때 계산 결과가 가장 큰 수가 되는 것은?

16　22　30

58 − □

3　5　8

74 − □□ = □

5

십의 자리 수가 2인 수 중에서 □ 안에 들어갈 수 있는 수는 모두 몇 개일까요?

$56 + 17 - \square < 49$

먼저 생각해 봐요!

□ 안에 들어갈 수 있는 수는?

$16 - \square < 10$

(　　　　　　　)

6

구슬을 설아는 효경이보다 15개 더 적게 가지고 있고, 한서보다 12개 더 많이 가지고 있습니다. 한서가 가지고 있는 구슬이 19개일 때 효경이가 가지고 있는 구슬은 몇 개일까요?

(　　　　　　　)

7

소연이와 준성이는 각각 2장의 수 카드를 가지고 있습니다. 소연이가 가지고 있는 카드에 적힌 두 수의 합은 준성이가 가지고 있는 카드에 적힌 두 수의 합과 같습니다. 준성이가 가지고 있는 뒤집어진 카드에 적힌 수는 얼마인지 구해 보세요.

(　　　　　　　)

8 규칙에 따라 수 카드를 늘어놓았습니다. ㉠－㉡＋㉢을 구해 보세요.

㉠	75	64	53	42	㉡	㉢

(　　　　　　　　)

9 수직선을 보고 □ 안에 알맞은 수를 구해 보세요.

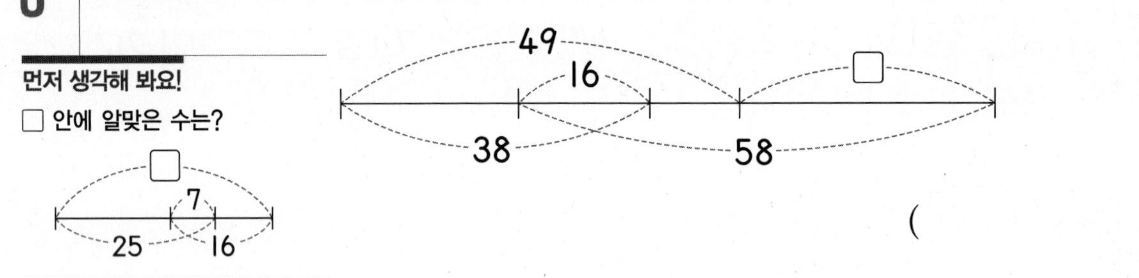

(　　　　　　　　)

10 오른쪽 그림에서 한 원 안에 있는 네 수의 합은 모두 같습니다. ㉠－㉡을 구해 보세요.

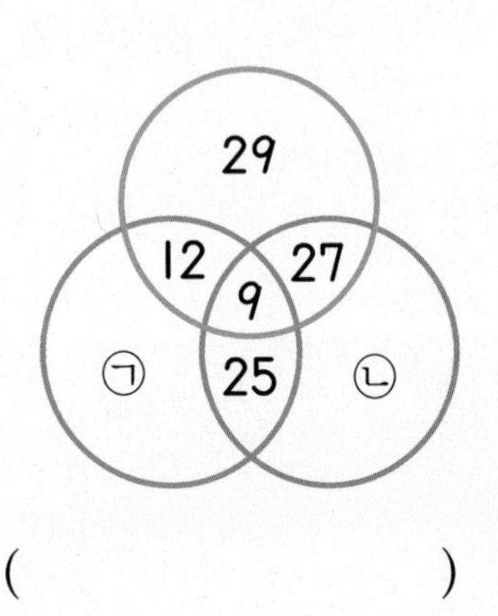

(　　　　　　　　)

4

길이 재기

1 길이 비교하는 방법, 여러 가지 단위로 길이 재기

• 직접 비교할 수 없는 길이는 구체물을 이용하여 비교할 수 있습니다.
• 여러 가지 단위를 활용하여 물건의 길이를 잴 수 있습니다.

1-1 BASIC CONCEPT

길이를 비교하는 방법

• 종이띠를 이용하여 길이 비교하기

직접 맞대어 길이를 비교할 수 없으면 종이띠와 같은 구체물을 이용하여 길이를 본뜬 다음 맞대어 길이를 비교합니다.

└ 실, 막대 등을 이용할 수도 있습니다.

➡ 종이띠의 길이를 비교하면 액자에서 ㉡의 길이가 ㉠의 길이보다 더 깁니다.

1 **어떻게 비교하면 좋을지 알맞은 방법에 ○표 하세요.**

문의 긴 쪽과 짧은 쪽의 길이를 비교할 때

• 직접 맞대어 비교하기 (　　　)
• 막대나 끈을 이용하여 비교하기 (　　　)

2 **더 긴 쪽에 ○표 하세요.**

(1)

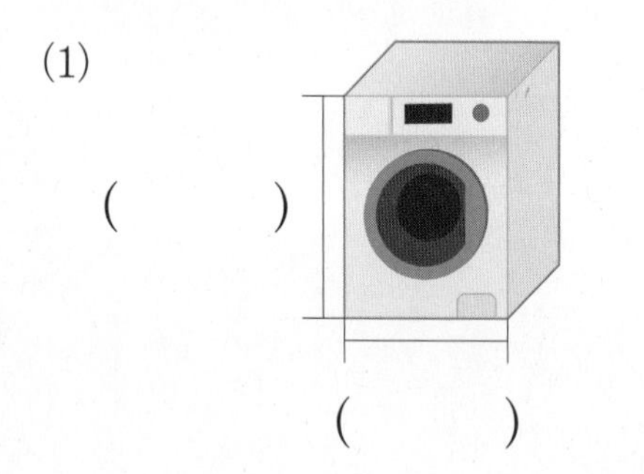

(　　　)

(　　　)

(2)

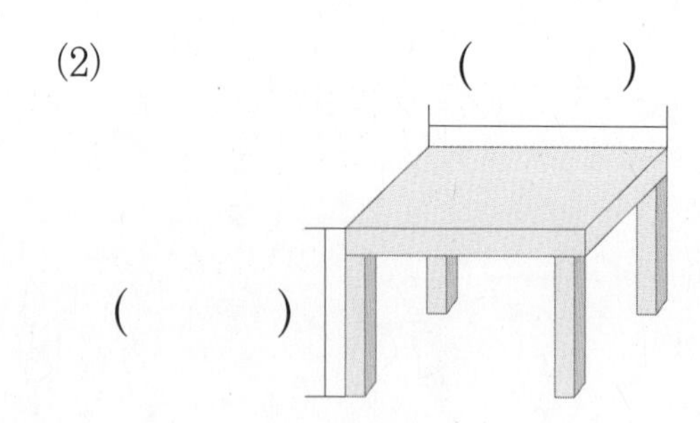

(　　　)

(　　　)

3 **신발장에 신발을 높이별로 정리하려고 합니다. 신발장의 위쪽 칸에는 어떤 신발을 넣어야 할까요?**

(　　　　　　　)

1-2 BASIC CONCEPT

여러 가지 단위로 길이 재기 — 어떤 길이를 재는 데 기준이 되는 길이를 단위길이라고 합니다.

• 몸의 일부분이나 물건을 이용하여 길이 재기

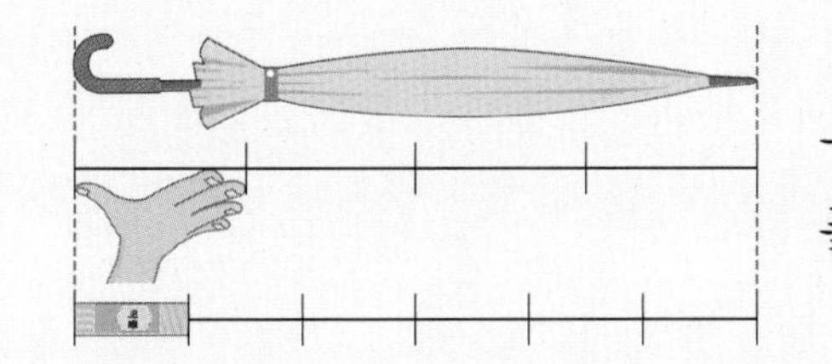

엄지손가락과 다른 손가락을 완전히 펴서 벌렸을 때 두 끝 사이의 거리

우산의 길이는 뼘으로 4번, 풀로 6번입니다.

• 같은 물건의 길이를 여러 가지 단위로 길이 재기

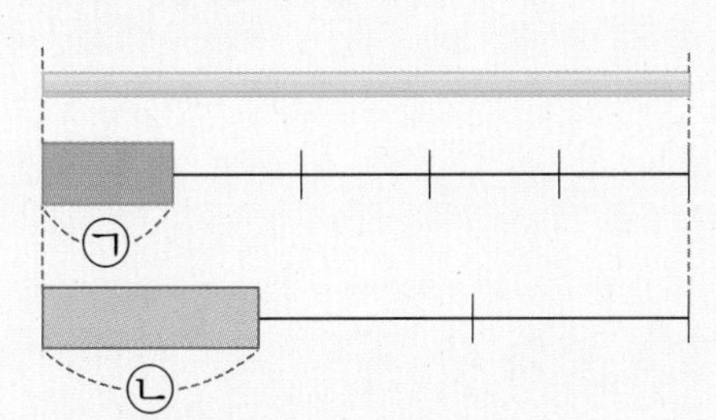

빨대의 길이는 ㉠ 단위로 5번, ㉡ 단위로 3번입니다.

➡ 단위의 길이가 길수록 재는 횟수가 적고, 단위의 길이가 짧을수록 재는 횟수가 많습니다.

4 색 테이프의 길이는 연필과 크레파스로 각각 몇 번일까요?

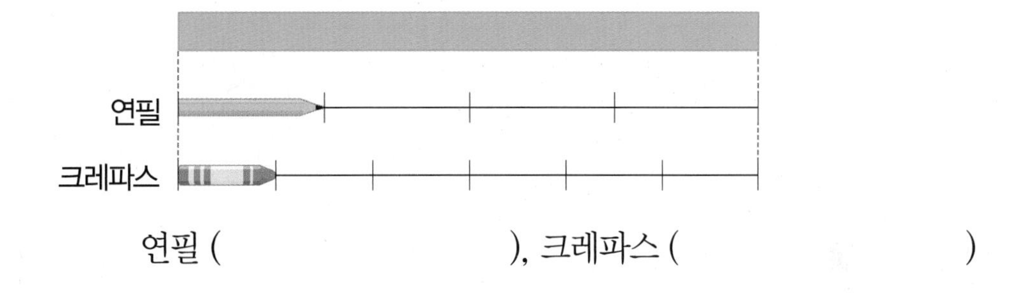

연필 (　　　　　　　　), 크레파스 (　　　　　　　　)

5 길이를 잴 때 사용되는 단위 중에서 가장 긴 것과 가장 짧은 것을 각각 찾아 기호를 써 보세요.

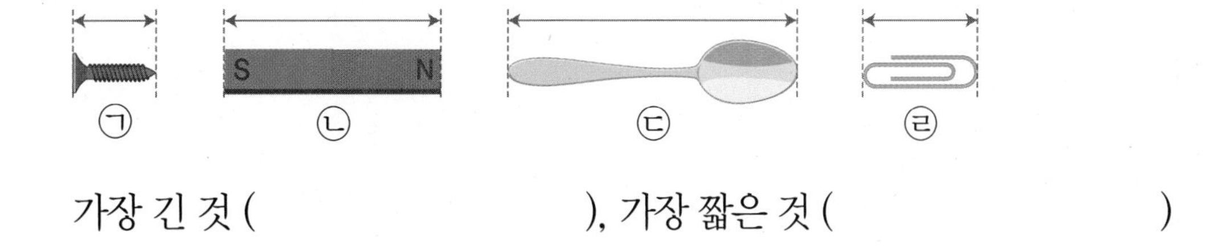

가장 긴 것 (　　　　　　　　), 가장 짧은 것 (　　　　　　　　)

6 길이가 더 긴 색 테이프를 가지고 있는 사람은 누구일까요?

수호: 내 색 테이프의 길이는 익힘책의 긴 쪽으로 5번쯤이야!
은수: 내 색 테이프의 길이는 풀로 5번쯤이야!

(　　　　　　　　)

2 1 cm 알아보기, 자로 길이 재는 방법

• 표준 단위인 cm의 편리함을 알고, 읽고 쓸 수 있습니다.
• 자의 바른 사용법을 알고, 물건의 길이를 바르게 잴 수 있습니다.

2-1 BASIC CONCEPT

1 cm 알아보기

• cm가 필요한 이유

몸의 일부분으로 길이를 재면 재는 사람마다 달라서 길이를 정확히 알 수 없습니다.

• 1 cm 알아보기

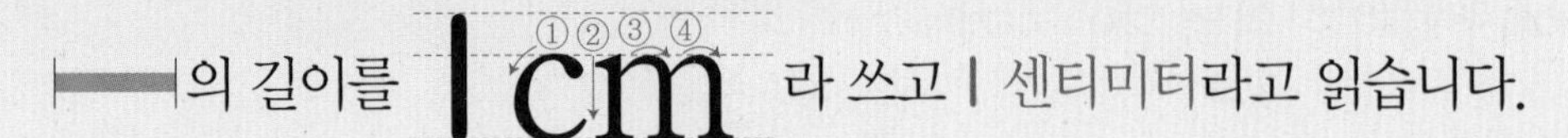

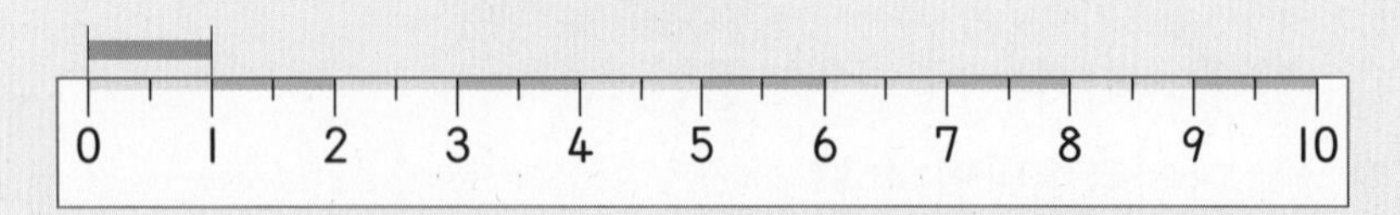

➡ cm는 길이가 일정하므로 누가 재어도 정확한 길이를 말할 수 있습니다.

1 주어진 길이만큼 점선을 따라 자를 사용하여 선을 그어 보세요.

(2) 1 cm가 3번

(3) 1 cm가 6번

2 유미와 인호가 각자의 뼘으로 책상의 긴 쪽의 길이를 재었습니다. 책상의 긴 쪽의 길이를 cm로 나타내면 어떤 점이 좋은지 설명해 보세요.

유미	인호
8뼘쯤	7뼘쯤

설명

자로 길이 재는 방법

• 자를 사용하여 길이 재는 방법(1)

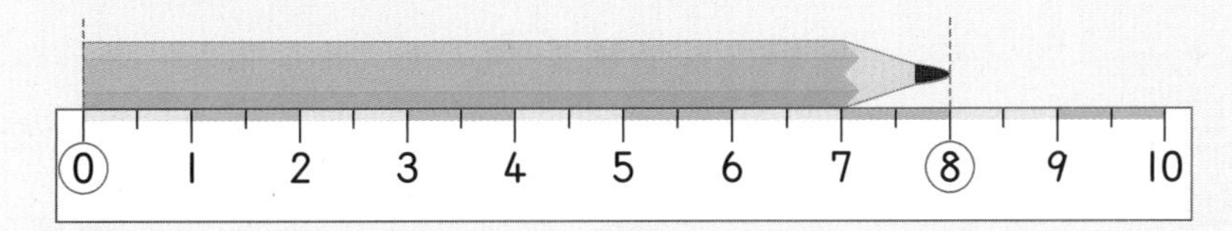

연필의 한쪽 끝을 자의 눈금 0에 맞추고 연필의 다른 쪽 끝에 있는 자의 눈금을 읽습니다.

➡ 연필의 길이는 8 cm입니다.

• 자를 사용하여 길이 재는 방법(2)

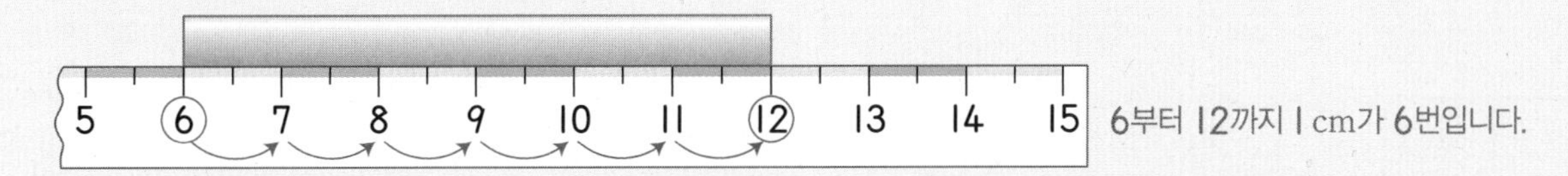

6부터 12까지 1 cm가 6번입니다.

분필의 한쪽 끝을 자의 한 눈금에 맞추고 그 눈금에서 다른 쪽 끝까지 1 cm가 몇 번 들어가는지 셉니다.

➡ 분필의 길이는 6 cm입니다.

오른쪽 눈금 숫자에서 왼쪽 눈금 숫자를 빼서 구할 수도 있습니다.

➡ $12-6=6$(cm)

3 머리핀의 길이는 몇 cm일까요?

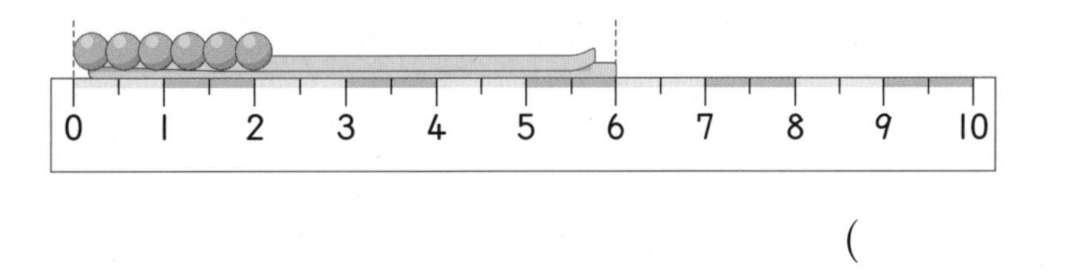

(　　　　　　　)

4 클립과 옷핀 중에서 길이가 더 긴 것은 어느 것일까요?

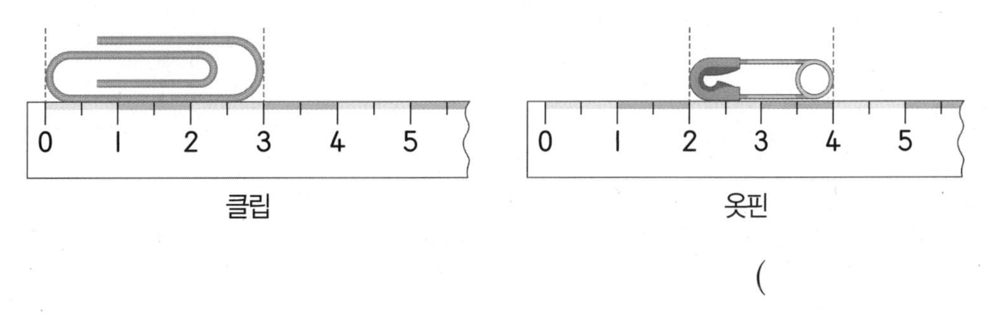

(　　　　　　　)

3 자로 길이 재기, 길이 어림하기

• 자로 여러 가지 물건의 길이를 어림하여 잴 수 있습니다.
• 길이를 어림하여 '약'으로 표현할 수 있습니다.

BASIC CONCEPT 3-1

자로 길이 재기

• 눈금 사이에 있는 값 어림하기

길이가 자의 눈금 사이에 있을 때는 눈금과 가까운 쪽에 있는 수를 읽으며, 수 앞에 약을 붙여 말합니다.

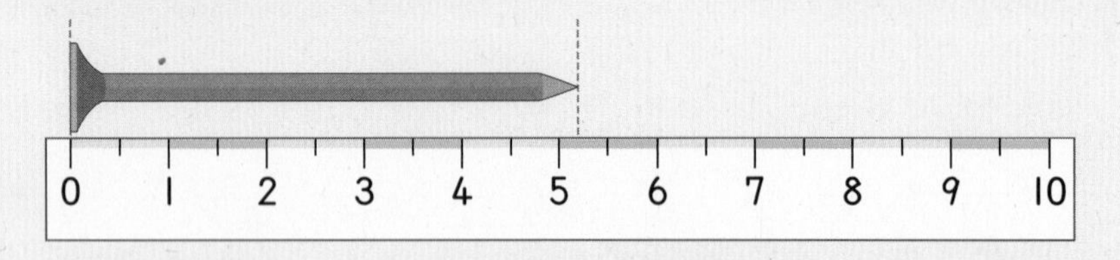

➡ 못의 길이는 5 cm에 가깝기 때문에 약 5 cm입니다.

물건의 한쪽 끝이 눈금 사이에 있을 때 '약 cm'라고 합니다.

1 **크레파스의 길이는 약 몇 cm일까요?**

(1)

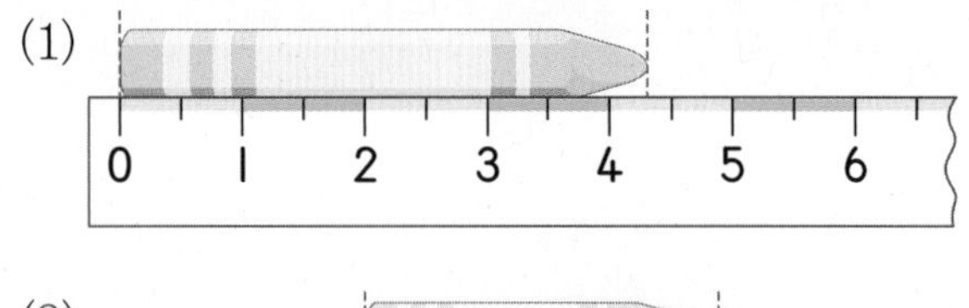

(   )

(2)

(   )

2 **옷핀의 길이를 수지는 약 4 cm, 민석이는 약 5 cm라고 재었습니다. 물음에 답하세요.**

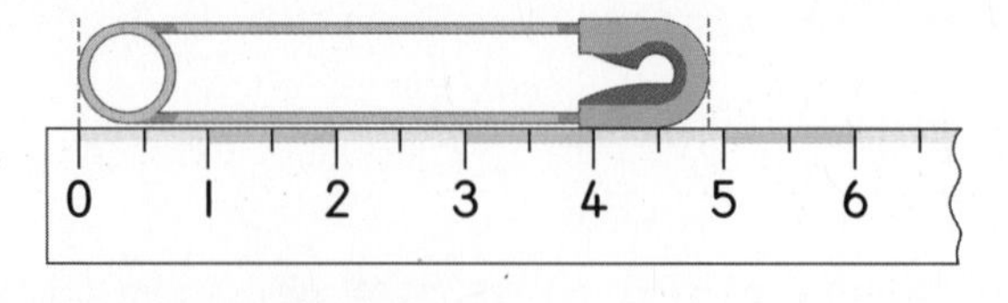

(1) 길이를 바르게 잰 사람은 누구일까요?

(   )

(2) 그렇게 생각한 까닭을 써 보세요.

까닭 ....

길이 어림하기 — 자를 사용하지 않고 물건의 길이가 얼마쯤인지 어림할 수 있습니다.

• 실제 길이에 더 가깝게 어림한 사람

실제 길이와 어림한 길이의 차가 작을수록 더 가깝게 어림한 것입니다.

어림한 길이를 말할 때는 '약 □cm'라고 합니다.

	어림한 길이	실제 길이	실제 길이와 어림한 길이의 차
진우	약 3 cm	4 cm	4−3=1(cm)
지아	약 6 cm	4 cm	6−4=2(cm)

➡ 진우가 실제 길이에 더 가깝게 어림했습니다.

3 지우개의 긴 쪽의 길이를 어림하고 자로 재어 확인해 보세요.

어림한 길이 (　　　　　　)

자로 잰 길이 (　　　　　　)

4 윤아와 서진이는 약 8 cm를 어림하여 다음과 같이 색 테이프를 잘랐습니다. 8 cm에 더 가깝게 어림한 사람은 누구일까요?

윤아

서진

(　　　　　　)

5 보기 에서 알맞은 길이를 골라 문장을 완성해 보세요.

보기

1 cm　　7 cm　　40 cm　　130 cm

(1) 내 친구인 정연이의 키는 약 □ 입니다.

(2) 풀의 길이는 약 □ 입니다.

최상위 S

연결 모형의 수를 세어 길이를 비교한다.

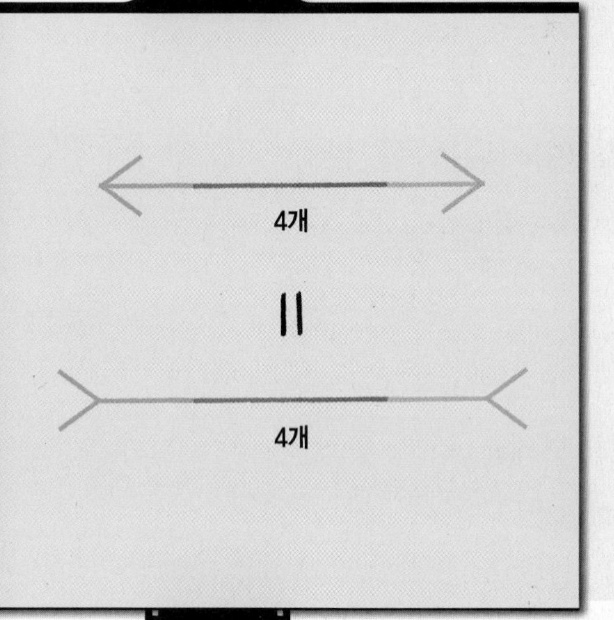

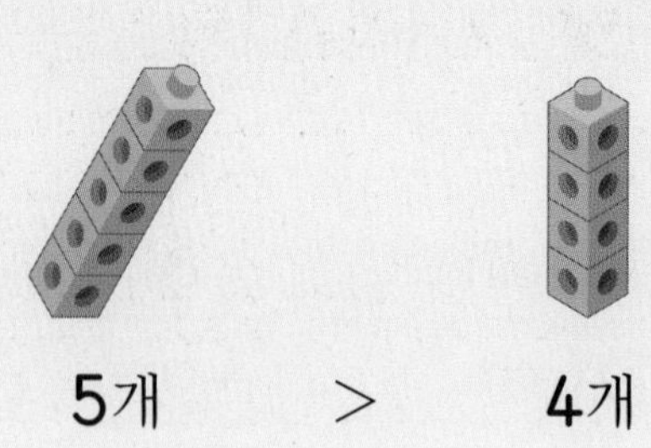

대표문제 1

서아, 민수, 인호, 은희는 연결 모형으로 모양 만들기를 하였습니다. 길게 연결한 사람부터 차례로 이름을 써 보세요.

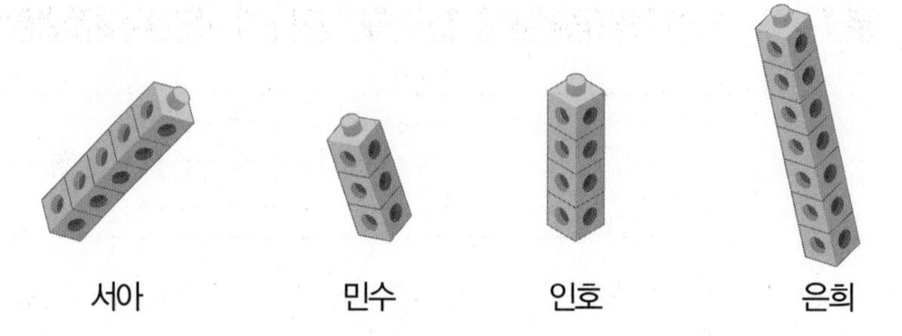

사용한 연결 모형의 수는

서아가 ☐개, 민수가 ☐개, 인호가 ☐개, 은희가 ☐개이므로

길게 연결한 사람부터 차례로 이름을 쓰면

☐, ☐, ☐, ☐입니다.

1-1 연결 모형을 가장 길게 연결한 모양을 찾아 기호를 써 보세요.

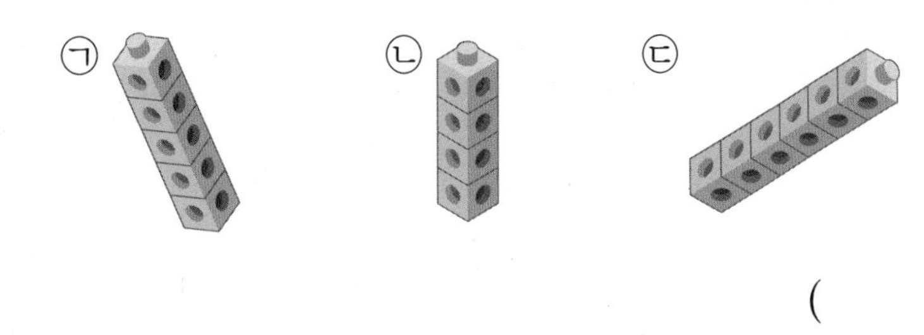

(　　　　　　)

1-2 진아가 연결 모형으로 모양 만들기를 하였습니다. 가장 길게 연결한 곳을 찾아 기호를 써 보세요.

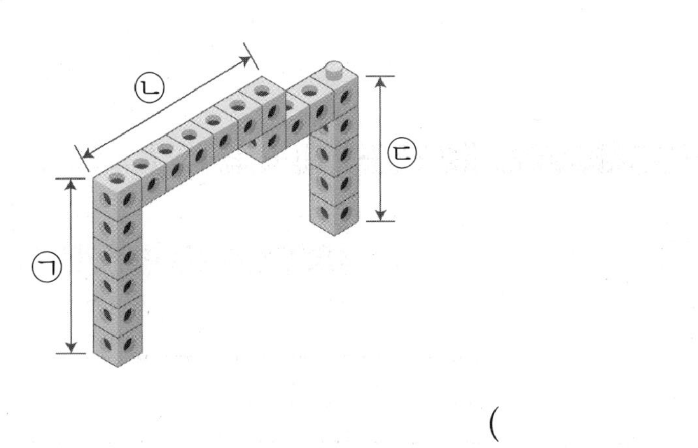

(　　　　　　)

1-3 유라, 형우, 민지, 은우는 연결 모형으로 모양 만들기를 하였습니다. 짧게 연결한 사람부터 차례로 이름을 써 보세요.

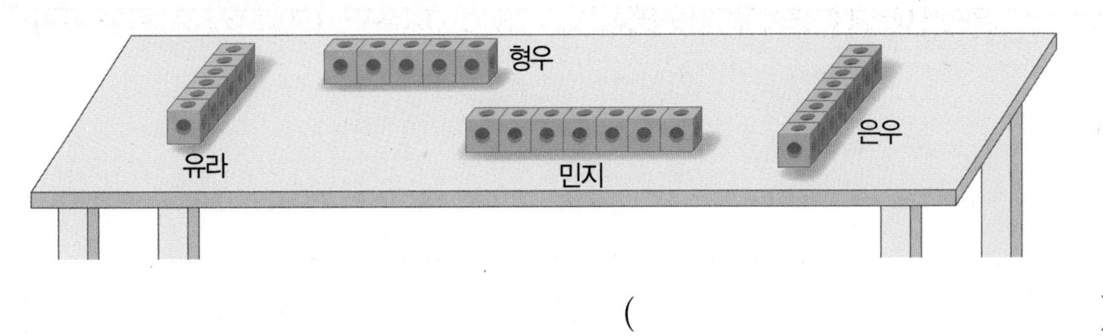

(　　　　　　)

| cm가 몇 번 들어가는지 센다.

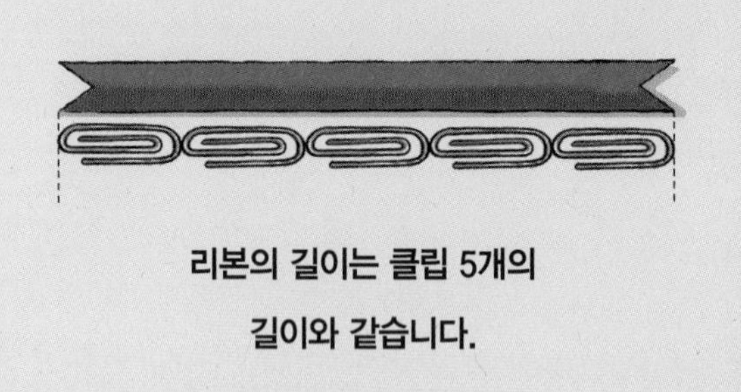

리본의 길이는 클립 5개의 길이와 같습니다.

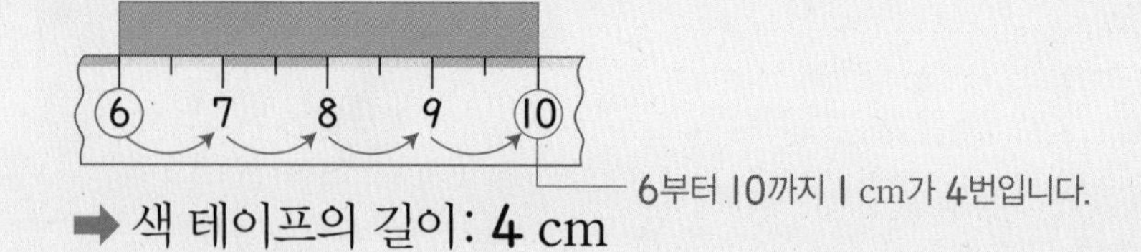

➡ 색 테이프의 길이: 4 cm

색 테이프의 길이가 긴 것부터 차례로 기호를 써 보세요.

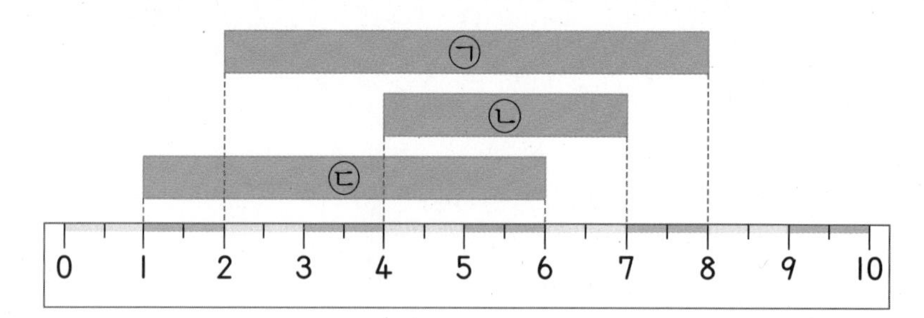

㉠은 | cm가 ☐ 번이므로 ☐ cm,

㉡은 | cm가 ☐ 번이므로 ☐ cm,

㉢은 | cm가 ☐ 번이므로 ☐ cm입니다.

따라서 색 테이프의 길이가 긴 것부터 차례로 기호를 쓰면

☐, ☐, ☐ 입니다.

2-1 실의 길이가 가장 짧은 것을 찾아 기호를 써 보세요.

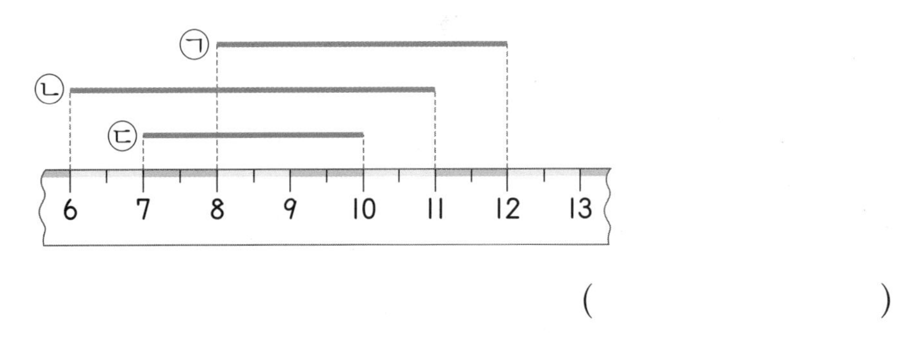

(　　　　　　　　)

2-2 연필보다 길이가 더 긴 것을 찾아 기호를 써 보세요.

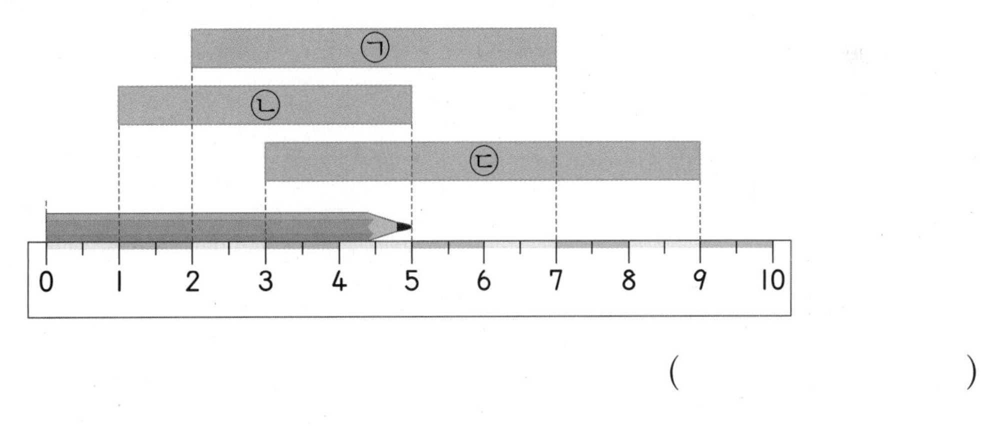

(　　　　　　　　)

2-3 가장 긴 색 테이프와 가장 짧은 색 테이프를 겹치지 않게 이어 붙이면 몇 cm가 되는지 구해 보세요.

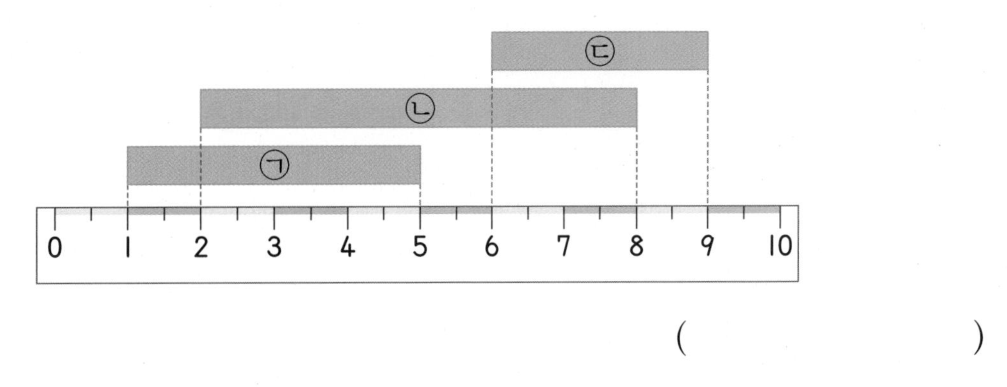

(　　　　　　　　)

단위가 짧을수록 많이 재어야 한다.

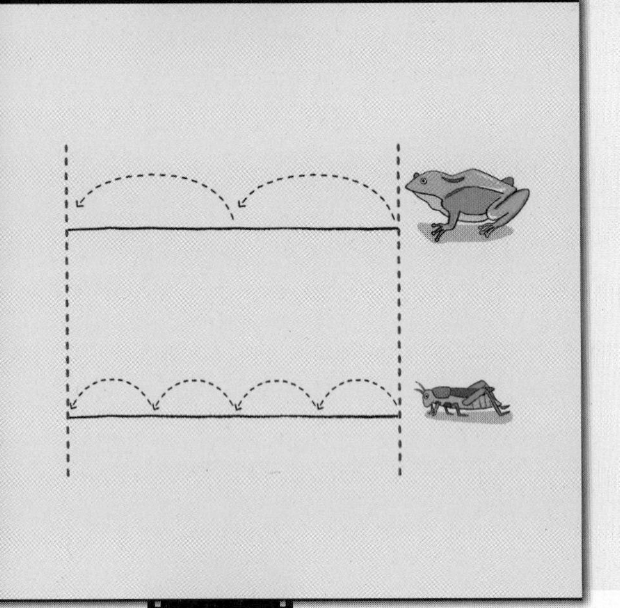

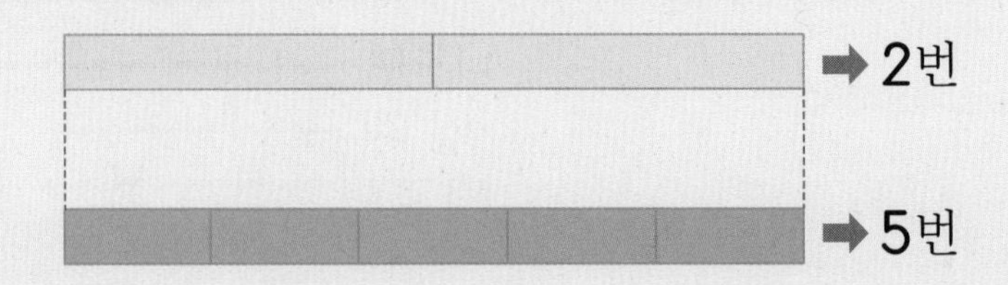

다음 물건을 각각 단위로 하여 칠판의 긴 쪽의 길이를 재어 보았습니다. 길이가 가장 긴 물건은 무엇일까요?

물건	우산	줄넘기	빗자루
잰 횟수	12번쯤	10번쯤	11번쯤

같은 길이를 잴 때 잰 횟수가 적을수록 물건의 길이가 □.

잰 횟수를 비교해 보면 □ < □ < □ 이므로

□ 가 가장 적습니다.

따라서 길이가 가장 긴 물건은 □ 입니다.

3-1 지수와 태수가 각자의 뼘으로 사물함의 높이를 재어 보았더니 지수는 21뼘쯤, 태수는 19뼘쯤이었습니다. 한 뼘의 길이가 더 긴 사람은 누구일까요?

( )

3-2 다음 색 테이프를 각각 단위로 하여 책상의 긴 쪽의 길이를 재어 보았습니다. 잰 횟수가 가장 적은 것을 찾아 기호를 써 보세요.

( )

3-3 다음 물건을 각각 단위로 하여 스케치북의 긴 쪽의 길이를 재어 보았습니다. 길이가 가장 짧은 물건은 무엇일까요?

물건	클립	지우개	못
잰 횟수	15번쯤	13번쯤	16번쯤

( )

3-4 미호, 연우, 수아, 은수는 각자의 걸음으로 교실의 긴 쪽의 길이를 재어 보았습니다. 한 걸음의 길이가 짧은 사람부터 차례로 이름을 써 보세요.

미호	연우	수아	은수
17걸음쯤	16걸음쯤	18걸음쯤	15걸음쯤

( )

실제 길이와 어림한 길이의 차가 작은 것을 찾는다.

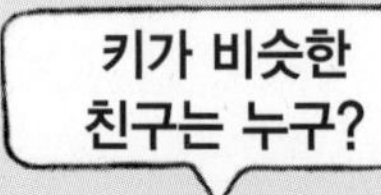

• 실제 길이: 17 cm

	어림한 길이	실제 길이와 어림한 길이의 차
㉠	약 19 cm	19－17＝2(cm)
㉡	약 15 cm	17－15＝2(cm)
㉢	약 18 cm	18－17＝1(cm)

➡ 실제 길이에 가장 가깝게 어림한 것은 ㉢입니다.

대표문제 4

길이가 13 cm인 물감이 있습니다. 이 물감의 길이를 주아는 약 11 cm, 은수는 약 14 cm, 윤미는 약 15 cm라고 어림하였습니다. 실제 길이에 가장 가깝게 어림한 사람은 누구일까요?

물감의 실제 길이는 13 cm입니다.
실제 길이와 어림한 길이의 차를 구하면
주아는 13－11＝□(cm),
은수는 14－13＝□(cm),
윤미는 15－13＝□(cm)입니다.
따라서 실제 길이에 가장 가깝게 어림한 사람은 □입니다.

4-1 민우와 은지는 길이가 15 cm인 막대 과자의 길이를 어림하였습니다. 실제 길이에 더 가깝게 어림한 사람은 누구일까요?

민우: 약 14 cm
은지: 약 17 cm

(　　　　　　　　)

서술형 **4-2** 긴 쪽의 길이가 29 cm인 공책이 있습니다. 이 공책의 긴 쪽의 길이를 동하는 약 31 cm, 유미는 약 28 cm, 선희는 약 32 cm라고 어림하였습니다. 실제 길이에 가장 가깝게 어림한 사람은 누구인지 풀이 과정을 쓰고 답을 구해 보세요.

풀이 ....

....

....

답 ....

4-3 길이가 52 cm인 끈의 길이를 어림한 것입니다. 실제 길이에 가장 가깝게 어림한 것을 찾아 기호를 써 보세요.

㉠ 약 54 cm	㉡ 약 56 cm
㉢ 약 51 cm	㉣ 약 49 cm

(　　　　　　　　)

전체의 길이를 먼저 구한다.

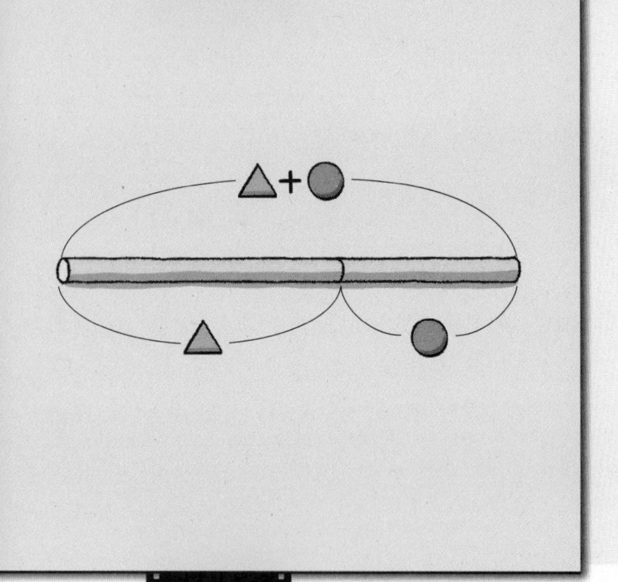

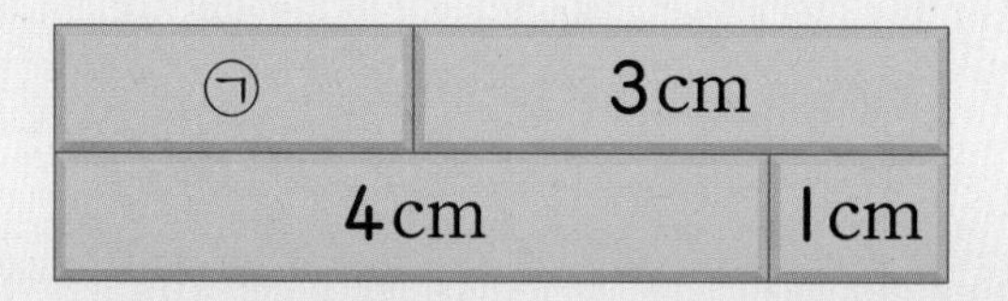

➡ 전체의 길이가 $4+1=5$(cm)이므로
㉠의 길이는 $5-3=2$(cm)입니다.

벽돌 6개를 쌓아 벽을 만들었습니다. 벽돌 ㉠과 ㉡의 길이의 합은 몇 cm인지 구해 보세요.

㉠	5cm
4cm	10cm
7cm	㉡

벽의 긴 쪽의 길이는 $4+10=$ ☐ (cm)입니다.

벽돌 ㉠의 길이는 ☐ (전체의 길이) $-5=$ ☐ (cm)이고,

벽돌 ㉡의 길이는 ☐ (전체의 길이) $-7=$ ☐ (cm)입니다.

따라서 벽돌 ㉠과 ㉡의 길이의 합은 ☐ $+$ ☐ $=$ ☐ (cm)입니다.

5-1 벽돌 6개를 쌓아 벽을 만들었습니다. 벽돌 ㉠과 ㉡의 길이는 각각 몇 cm인지 구해 보세요.

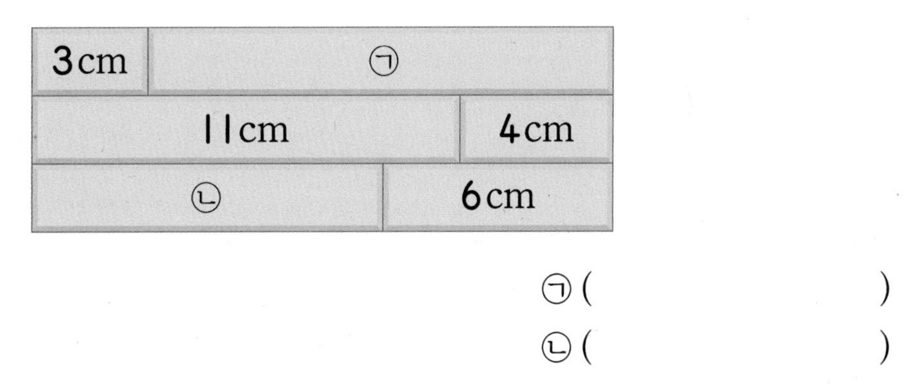

㉠ (　　　　　　　　)

㉡ (　　　　　　　　)

5-2 벽돌 6개를 쌓아 벽을 만들었습니다. 벽돌 ㉠과 ㉡의 길이의 차는 몇 cm인지 구해 보세요.

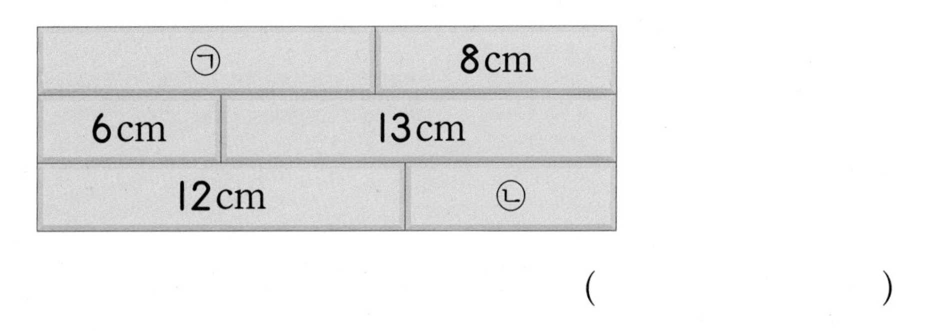

(　　　　　　　　)

5-3 형우는 세 가지 길이의 벽돌 가, 나, 다를 쌓아 벽을 만들었습니다. 벽돌 가의 길이가 3 cm일 때 벽돌 나와 다의 길이의 합은 몇 cm인지 구해 보세요.

가	가	가	다
나	나	가	가

(　　　　　　　　)

단위의 길이를 이용해 길이를 잴 수 있다.

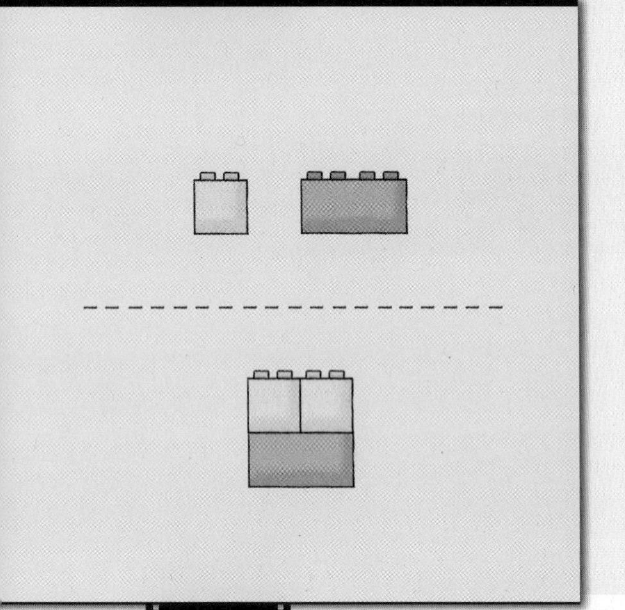

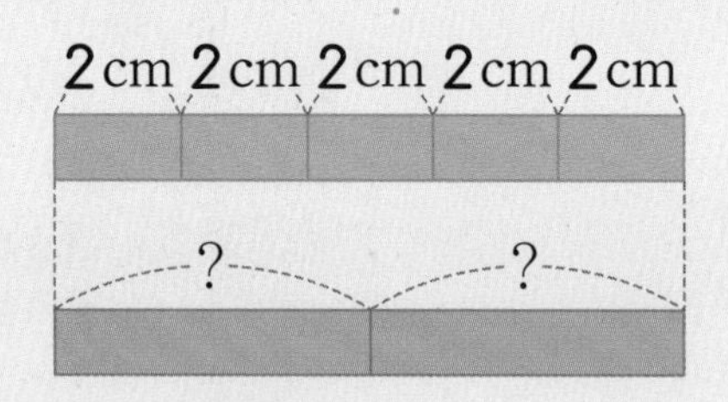

➡ 2 cm가 5번이면 10 cm입니다.
10=5+5이므로 ?=5 cm입니다.

길이가 각각 같은 풀 3개의 길이와 지우개 5개의 길이가 같습니다. 지우개의 길이가 6 cm일 때 풀의 길이는 몇 cm인지 구해 보세요.

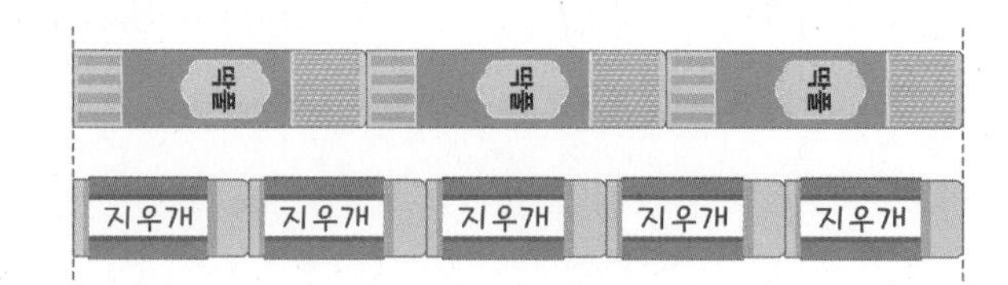

지우개 5개의 길이는 6+6+6+6+6=☐(cm)이므로

풀 3개의 길이는 ☐cm입니다.

☐=☐+☐+☐이므로
3번

풀의 길이는 ☐cm입니다.

6-1 길이가 각각 같은 연필과 형광펜 여러 개를 다음과 같이 길이가 같도록 놓았습니다. 연필의 길이가 7 cm일 때 형광펜의 길이는 몇 cm인지 구해 보세요.

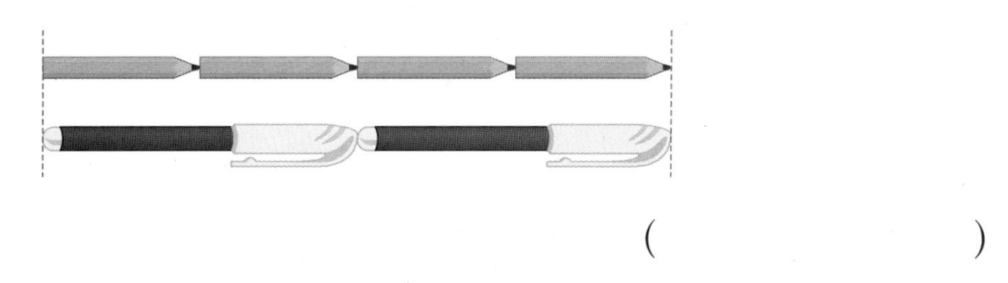

(　　　　　　　　)

6-2 초록색 테이프로 6번 잰 길이와 파란색 테이프로 4번 잰 길이가 같습니다. 초록색 테이프의 길이가 2 cm일 때 파란색 테이프의 길이는 몇 cm인지 구해 보세요.

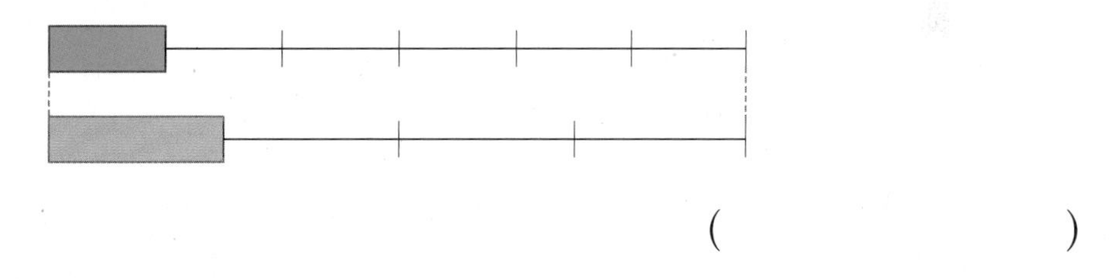

(　　　　　　　　)

6-3 서랍장의 높이는 길이가 9 cm인 볼펜으로 4번 잰 길이와 같습니다. 이 길이는 크레파스로 6번 잰 길이와 같을 때 크레파스의 길이는 몇 cm인지 구해 보세요.

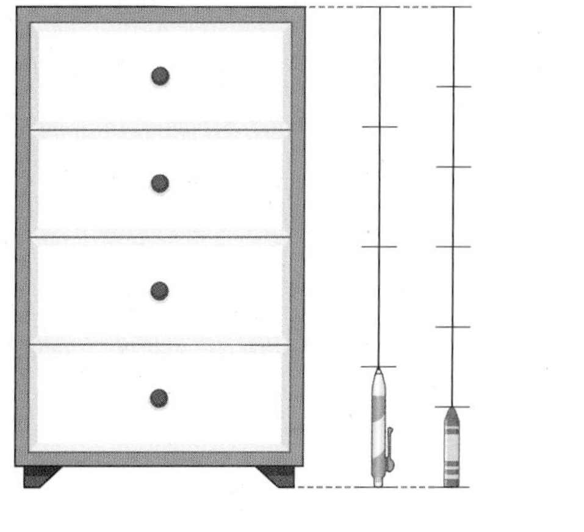

(　　　　　　　　)

합과 차만큼 길이를 잴 수 있다.

3 5

3 + 5 = 8

5 − 3 = 2

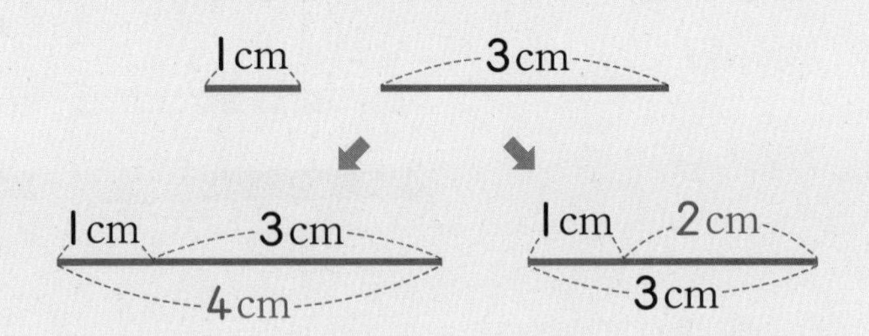

➡ 두 길이를 겹치지 않게 이어 붙이거나 겹쳐서 잴 수 있는 길이는 2 cm, 4 cm입니다.

길이가 2 cm, 3 cm, 4 cm인 세 개의 철사가 있습니다. 이 중 두 개의 철사를 겹치지 않게 이어 붙이거나 겹쳐서 잴 수 있는 길이는 모두 몇 가지인지 구해 보세요. (단, 철사를 접거나 구부리지 않습니다.)

2 cm ————

3 cm ——————

4 cm ————————

두 철사를 겹치지 않게 이어 붙이면 길이의 합만큼의 길이를 잴 수 있고,
한쪽 끝을 맞춰 겹치면 길이의 차만큼의 길이를 잴 수 있습니다.

2 cm짜리와 3 cm짜리로 잴 수 있는 길이 ➡ $2+3=$ □(cm), $3-2=$ □(cm)

2 cm짜리와 4 cm짜리로 잴 수 있는 길이 ➡ $2+4=$ □(cm), $4-2=$ □(cm)

3 cm짜리와 4 cm짜리로 잴 수 있는 길이 ➡ $3+4=$ □(cm), $4-3=$ □(cm)

따라서 두 개의 철사를 겹치지 않게 이어 붙이거나 겹쳐서 잴 수 있는 길이는
모두 □가지입니다.

7-1 길이가 2 cm, 4 cm, 5 cm인 세 개의 나무 막대가 있습니다. 이 중 두 개의 나무 막대를 겹치지 않게 이어 붙이거나 겹쳐서 잴 수 있는 길이를 모두 찾아 기호를 써 보세요.

㉠ 3 cm	㉡ 8 cm	㉢ 9 cm	㉣ 10 cm

(　　　　　　)

7-2 길이가 3 cm, 4 cm, 8 cm인 세 개의 철사가 있습니다. 이 중 두 개의 철사를 겹치지 않게 이어 붙이거나 겹쳐서 잴 수 없는 길이를 모두 찾아 기호를 써 보세요. (단, 철사를 접거나 구부리지 않습니다.)

㉠ 2 cm	㉡ 5 cm	㉢ 9 cm	㉣ 11 cm

(　　　　　　)

7-3 길이가 1 cm, 3 cm, 6 cm인 세 개의 실이 있습니다. 이 중 두 개의 실을 겹치지 않게 이어 붙이거나 겹쳐서 잴 수 있는 길이는 모두 몇 가지인지 구해 보세요. (단, 실을 팽팽하게 당겨서 사용합니다.)

1 cm ——
3 cm ——————
6 cm ————————————

(　　　　　　)

단위의 길이를 비교한다.

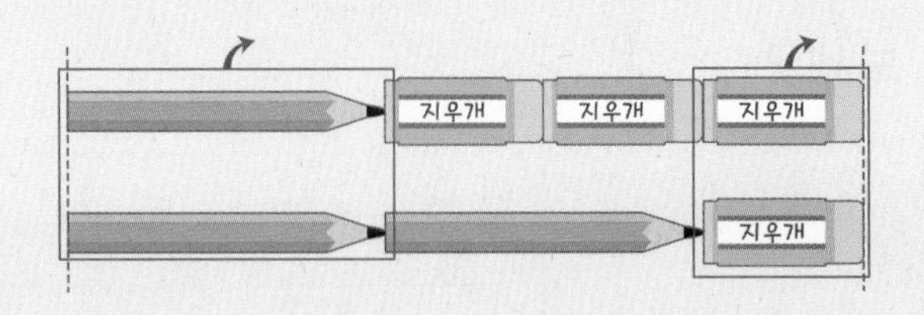

➡ (연필 1자루의 길이)=(지우개 2개의 길이)

지수는 길이가 각각 같은 지우개와 클립 여러 개를 준비했습니다. 지우개 4개와 클립 6개를 합한 길이는 지우개 2개와 클립 9개를 합한 길이와 같습니다. 장난감 기차의 길이가 지우개 6개와 클립 15개를 합한 길이와 같을 때 장난감 기차의 길이는 클립 몇 개의 길이와 같은지 구해 보세요.

(지우개 4개의 길이)+(클립 6개의 길이)=(지우개 2개의 길이)+(클립 9개의 길이)의 양쪽에서 지우개 2개의 길이와 클립 6개의 길이를 빼면

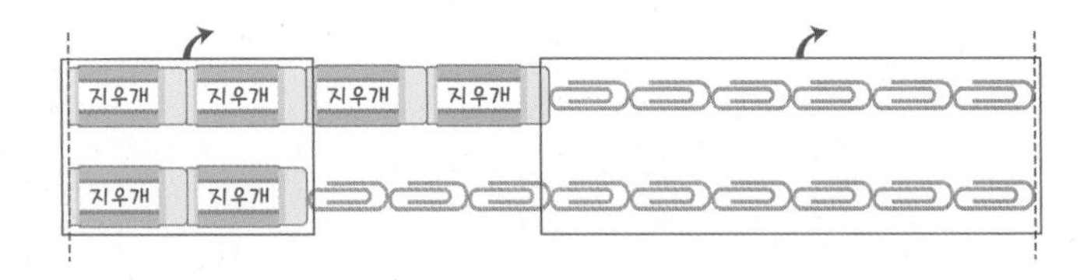

지우개 ☐개의 길이는 클립 ☐개의 길이와 같으므로

지우개 6개의 길이는 클립 ☐개의 길이와 같습니다.

따라서 장난감 기차의 길이는

(클립 ☐개의 길이)+(클립 15개의 길이)=(클립 ☐개의 길이)입니다.

지우개 6개의 길이

8-1 민수는 길이가 각각 같은 옷핀과 못 여러 개를 준비했습니다. 옷핀 5개와 못 3개를 합한 길이는 옷핀 2개와 못 7개를 합한 길이와 같습니다. 옷핀과 못 중 길이가 더 긴 것은 어느 것일까요?

(　　　　　　　　)

서술형 **8-2** 은희는 길이가 각각 같은 빗과 머리핀 여러 개를 준비했습니다. 빗 8개와 머리핀 2개를 합한 길이는 빗 3개와 머리핀 5개를 합한 길이와 같습니다. 빗과 머리핀 중 길이가 더 짧은 것은 어느 것인지 풀이 과정을 쓰고 답을 구해 보세요.

풀이 ....

....

....

답 ....

8-3 영우는 길이가 각각 같은 빨대와 건전지 여러 개를 준비했습니다. 빨대 5개와 건전지 2개를 합한 길이는 빨대 3개와 건전지 7개를 합한 길이와 같습니다. 책상의 긴 쪽의 길이가 빨대 4개와 건전지 13개를 합한 길이와 같을 때 책상의 긴 쪽의 길이는 건전지 몇 개의 길이와 같은지 구해 보세요.

(　　　　　　　　)

1 반으로 접혀 있는 종이를 펼쳤을 때 긴 쪽의 길이는 지우개로 몇 번인지 구해 보세요.

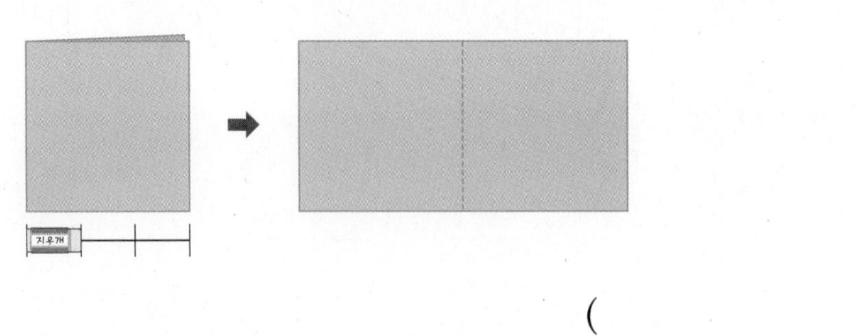

(　　　　　　　)

2 다음에서 설명하는 색연필의 길이만큼 막대를 색칠해 보세요.

색연필의 길이는 클립으로 7번입니다.

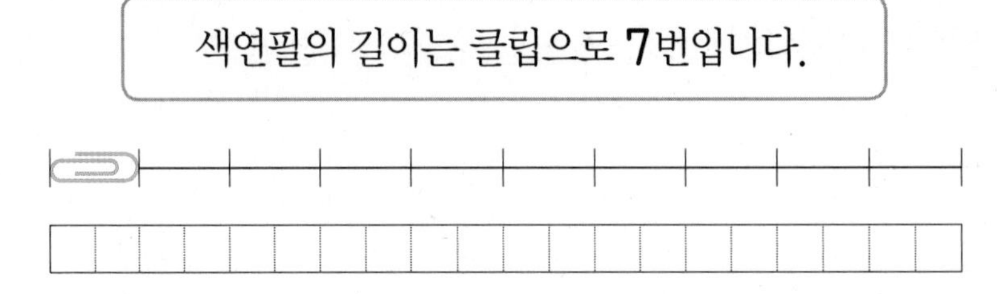

3 삼각형의 세 변의 길이를 자로 재어 가장 긴 변의 길이는 몇 cm인지 구해 보세요.

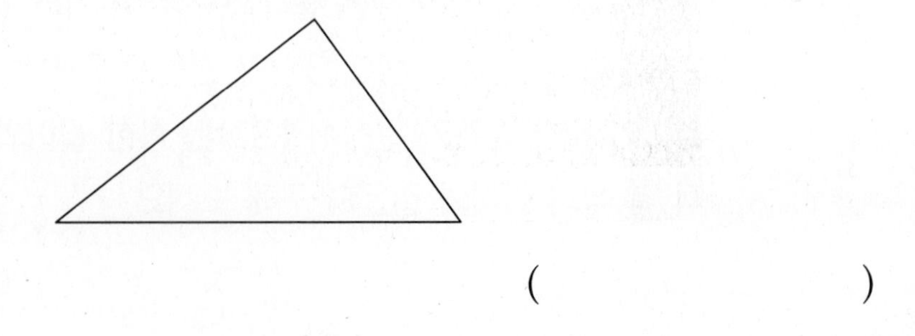

(　　　　　　　)

4 볼펜의 길이는 1 cm로 14번, 가위의 길이는 1 cm로 16번, 샤프의 길이는 1 cm로 13번일 때 길이가 긴 것부터 차례로 써 보세요.

( )

서술형 **5** ㉠의 길이가 4 cm일 때 ㉡의 길이는 몇 cm인지 풀이 과정을 쓰고 답을 구해 보세요.

㉠

㉡

풀이 ......

답 ......

6 색 테이프의 길이는 약 몇 cm인지 구해 보세요.

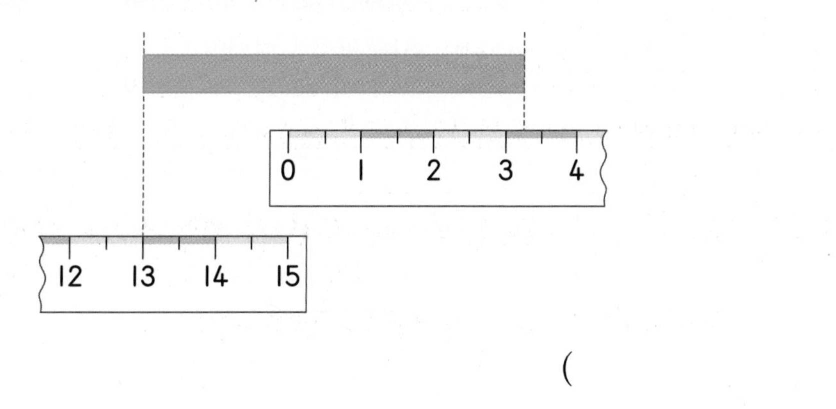

( )

7 색 테이프의 길이를 자로 재어 ㉠과 ㉡에 알맞은 수의 합을 구해 보세요.

• 초록색 테이프의 길이는 약 ㉠ cm입니다.
• 노란색 테이프의 길이는 약 ㉡ cm입니다.

( )

8 분홍색과 보라색 테이프를 겹쳐 붙인 것을 자로 잰 그림입니다. 분홍색과 보라색 테이프의 길이가 같을 때 겹쳐진 부분의 길이는 몇 cm인지 구해 보세요.

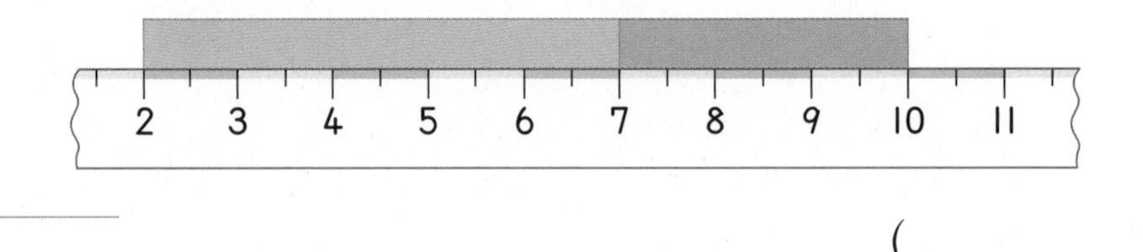

( )

먼저 생각해 봐요!

길이가 각각 7 cm인 두 색 테이프를 겹쳐 붙였을 때 겹쳐진 부분은 몇 cm?

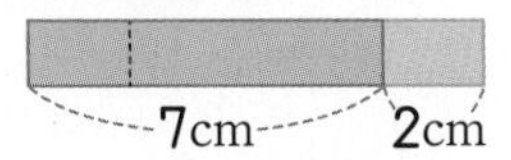

9 지수, 연우, 수호는 모니터의 긴 쪽의 길이를 각자 어림해 보았습니다. 모니터의 긴 쪽의 길이를 자로 재었더니 55 cm이었습니다. 대화를 보고 실제 길이에 가장 가깝게 어림한 사람의 이름을 써 보세요.

지수: 모니터의 긴 쪽의 길이는 약 53 cm인 것 같아.
연우: 내 생각에는 지수가 어림한 길이보다 5 cm만큼 더 긴 것 같아.
수호: 모니터의 긴 쪽의 길이는 1 cm로 약 56번인 것 같아.

( )

서술형 **10**

게시판의 긴 쪽의 길이는 빨대로 재면 3번이고, 이 빨대의 길이는 3 cm인 지우개로 재면 7번입니다. 게시판의 긴 쪽의 길이는 몇 cm인지 풀이 과정을 쓰고 답을 구해 보세요.

풀이

답

11

길이가 1 cm, 3 cm, 5 cm인 세 개의 막대가 있습니다. 이 세 개의 막대로 잴 수 있는 길이는 모두 몇 가지인지 구해 보세요. (단, 막대를 모두 사용할 필요는 없습니다.)

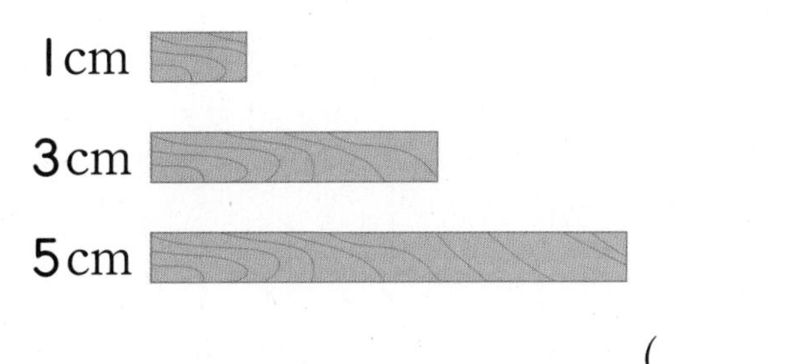

(　　　　　　　　)

Brain

모든 칸을 한 번씩만 지나도록 같은 과일끼리 선으로 연결해 보세요.

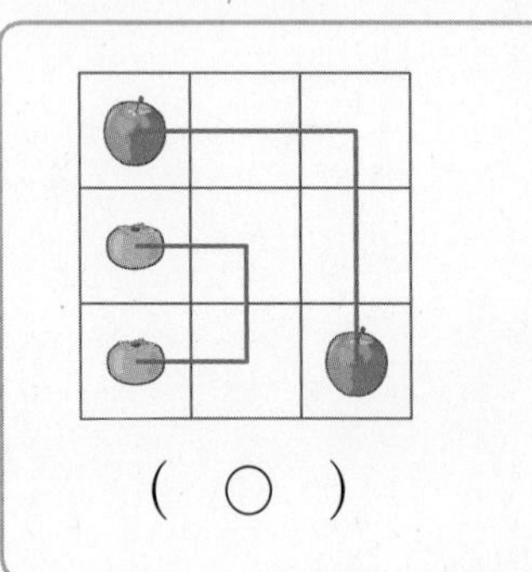

(○)

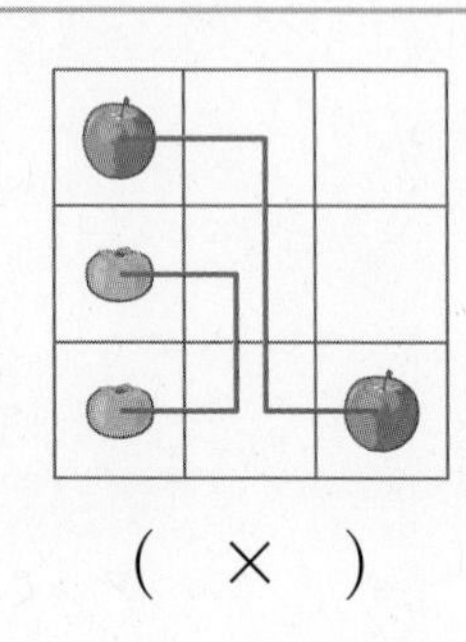

(×)

- 남는 칸이 있으면 안 돼요.
- 모든 칸은 한 번씩만 지나갈 수 있어요.

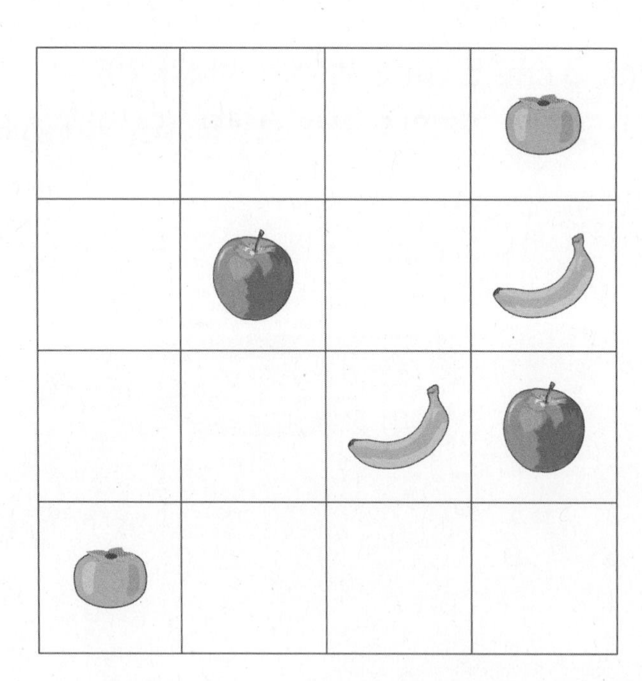

5
분류하기

1 기준에 따라 분류하기

• 분명한 기준에 따라 분류할 수 있습니다.
• 정해진 기준에 따라 분류할 수 있습니다.

BASIC CONCEPT 1-1

분류하기

분명한 기준을 정해서 누가 분류를 하더라도 같은 결과가 나오도록 합니다.
➡ 색깔, 모양, 길이 등으로 분류합니다.

분류 기준 정하기

• 색깔, 모양, 구멍의 수 등과 같이 어느 누가 분류하더라도 결과가 같으면 분류 기준이 될 수 있습니다.
• 좋은 것, 예쁜 것, 맛있는 것 등과 같이 사람에 따라 결과가 달라지면 분류 기준이 될 수 없습니다.

1 **그림을 분류할 수 있는 기준 두 가지를 써 보세요.**

기준 1 ....

기준 2 ....

2 **분류 기준으로 가능한 것을 모두 찾아 기호를 써 보세요.**

㉠ 지폐와 동전
㉡ 우리 나라 돈과 외국 돈
㉢ 금액이 큰 돈과 작은 돈
㉣ 사각형 모양과 원 모양

(　　　　　　　)

1-2 BASIC CONCEPT

기준에 따라 분류하기

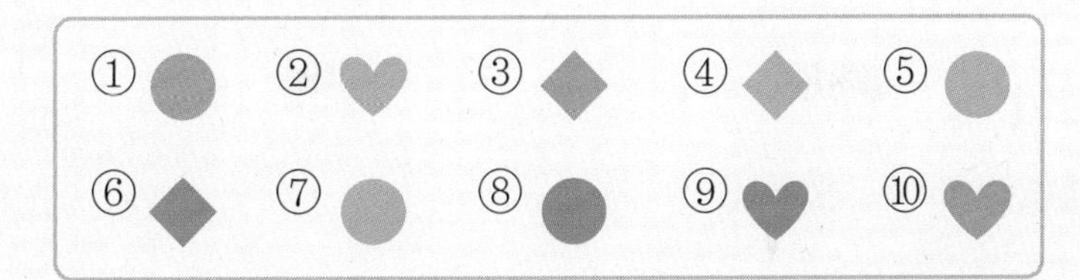

• 분류 기준: 색깔

분홍색	파란색	초록색
②, ④, ⑤, ⑦	⑥, ⑧, ⑨	①, ③, ⑩

기준이 다르면 분류 결과도 달라집니다.

• 분류 기준: 모양

○	♡	◇
①, ⑤, ⑦, ⑧	②, ⑨, ⑩	③, ④, ⑥

[3~5] 여러 가지 사탕이 있습니다. 물음에 답하세요.

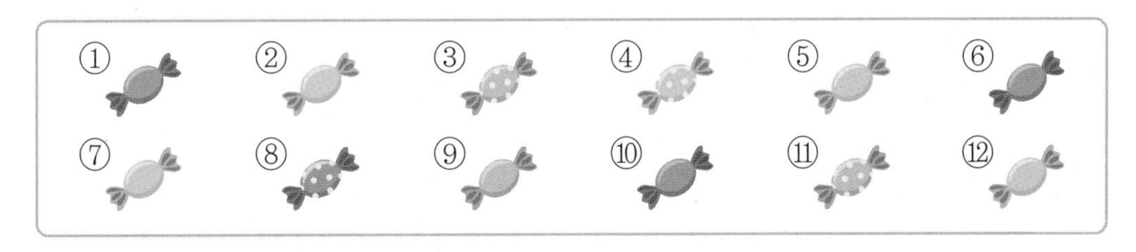

3 사탕의 색깔에 따라 분류해 보세요.

분홍색	보라색	초록색

4 사탕을 맛있는 것과 맛없는 것으로 분류하려고 합니다. 분류 기준이 알맞은지 알맞지 않은지 쓰고 그 까닭을 써 보세요.

기준 ....

까닭 ....

....

5 분류 기준이 될 수 있는 다른 기준을 쓰고, 분류해 보세요.

분류 기준: [ ]

2 분류하여 세고 말하기

• 분류한 결과를 셀 수 있습니다.
• 분류한 결과를 말할 수 있습니다.

BASIC CONCEPT 2-1

분류한 결과 세어 보기

분류 기준에 따라 분류하고 그 수를 세기

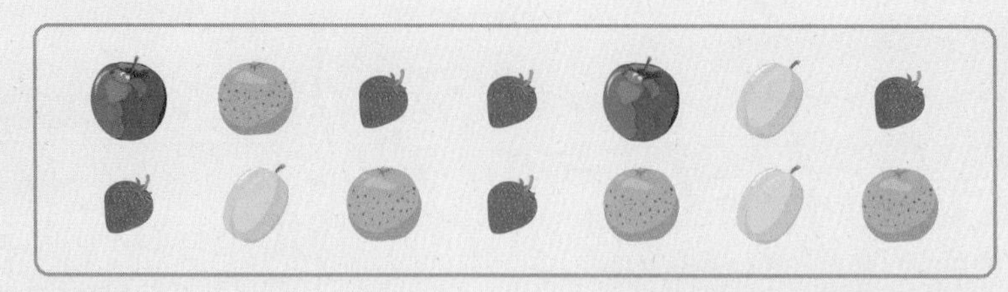

자료를 빠뜨리지 않고 모두 세기 위해서 /, ○, ×, ∨ 등 다양한 기호를 사용하여 표시하며 셉니다.

• 분류 기준: 과일 종류

과일	사과	오렌지	딸기	참외
수(개)	2	4	5	3

분류한 개수의 합과 자료의 개수가 같은지 확인합니다.

• 분류 기준: 색깔

색깔	빨강	주황	노랑
수(개)	7	4	3

[1~2] 여러 가지 물건들이 있습니다. 물음에 답하세요.

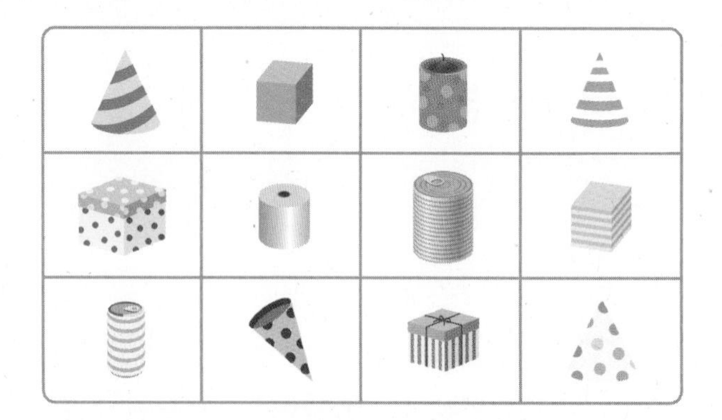

1 물건의 모양에 따라 분류하고 그 수를 세어 보세요.

모양	(상자 모양)	(원기둥 모양)	(원뿔 모양)
세면서 표시하기	////		
수(개)			

2 물건의 무늬에 따라 분류하고 그 수를 세어 보세요.

무늬	줄무늬	점무늬	무늬 없음
수(개)			

분류한 결과 말하기

기준에 따라 분류하면 다양한 정보를 얻을 수 있습니다.

모둠 학생들이 좋아하는 간식

종류	음료수	아이스크림	팥빙수	쿠키
수(개)	3	6	4	3

➡ 모둠의 학생 수는 $3+6+4+3=16$(명)입니다.

➡ 가장 많은 학생들이 좋아하는 간식은 아이스크림으로 6명입니다.

➡ 간식을 준비한다면 가장 많은 학생들이 좋아하는 아이스크림을 준비하는 것이 좋습니다.

[3~4] 어느 빵집에서 오전에 판매한 제품입니다. 물음에 답하세요.

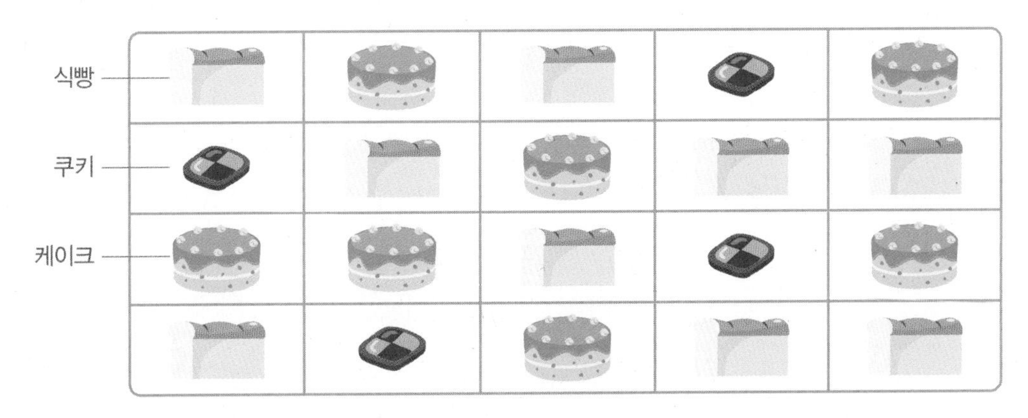

3 종류에 따라 분류하고 그 수를 세어 보세요.

종류	식빵	케이크	쿠키
수(개)			

4 오후에 판매할 제품을 준비하려고 합니다. 어느 제품을 가장 많이 준비하는 것이 좋을지 까닭을 쓰고 답을 구해 보세요.

까닭 ....

....

답 ....

분류 결과가 같아야 기준이다.

분류 기준이 될 수 있는 것	분류 기준이 될 수 없는 것
색깔, 모양, 개수 등 누가 분류해도 결과가 같은 것	좋은 것, 예쁜 것, 어려운 것 등 사람에 따라 분류 결과가 달라지는 것

대표문제 1

분류 기준이 될 수 있는 것을 모두 찾아 기호를 써 보세요.

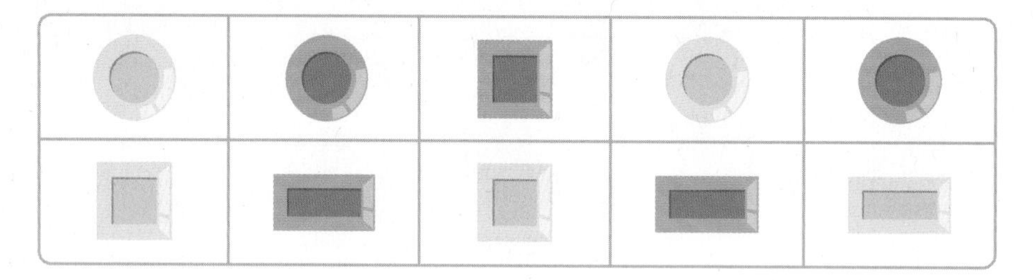

㉠ 예쁜 것과 예쁘지 않은 것
㉡ 노란색과 파란색
㉢ 좋은 것과 좋지 않은 것
㉣ 원 모양과 사각형 모양

분류 기준은 사람에 따라 분류 결과가 달라지지 않도록 분명한 것으로 정하는 것이 좋습니다.

□과 □은 사람에 따라 분류 결과가 달라지므로 분류 기준이 될 수 없습니다.

□과 □은 사람에 따라 분류 결과가 달라지지 않으므로 분류 기준이 될 수 있습니다.

1-1 여러 가지 기호가 있습니다. 분류 기준이 될 수 있는 것을 모두 찾아 기호를 써 보세요.

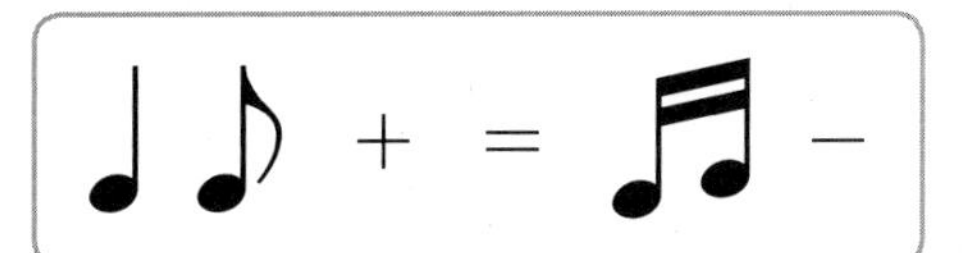

㉠ 그리기 쉬운 것과 어려운 것
㉡ 음표와 연산 기호
㉢ 수학과 음악
㉣ 마음에 드는 기호와 마음에 들지 않는 기호

( )

1-2 여러 가지 악기가 있습니다. 분류 기준이 될 수 있는 것을 모두 찾아 기호를 써 보세요.

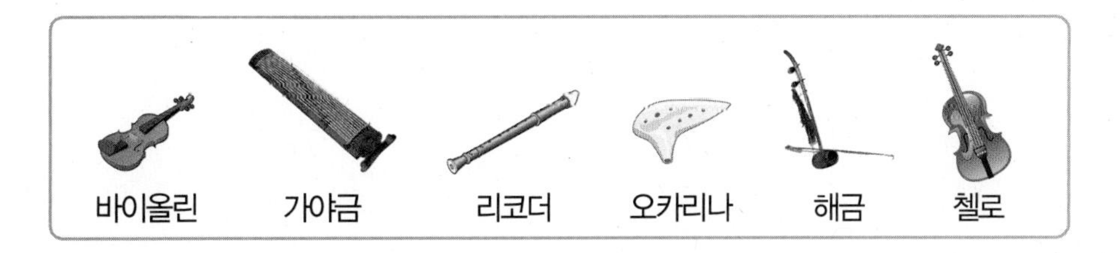

㉠ 소리가 좋은 악기와 좋지 않은 악기
㉡ 크기가 큰 악기와 작은 악기
㉢ 우리나라 전통 악기와 외국 악기
㉣ 부는 악기와 켜는 악기

( )

1-3 위의 1-2에서 분류 기준이 될 수 없는 것을 모두 찾아 기호를 쓰고, 그 까닭을 써 보세요.

( )

까닭 ....

....

표로 나타내면 분류한 값을 한눈에 알 수 있다.

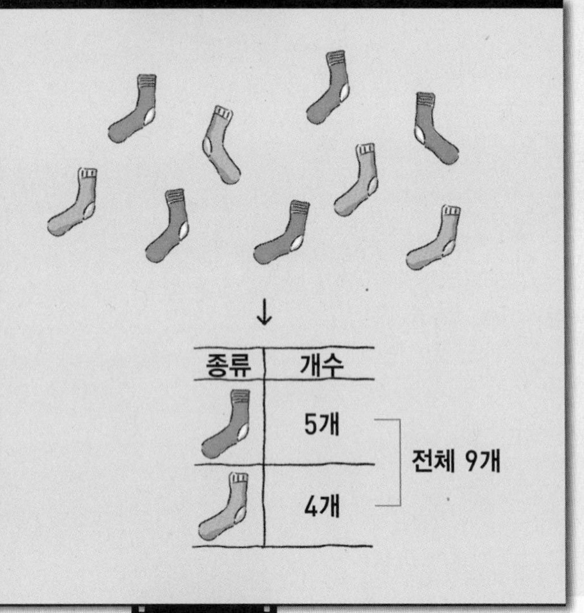

색깔	노란색	빨간색	초록색
수(개)	6	5	7

대표문제 2

여러 가지 도형이 있습니다. 기준을 정하여 도형을 분류해 보세요.

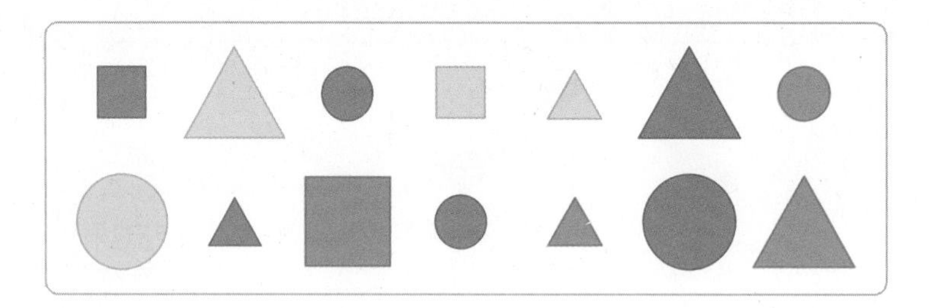

도형을 분류할 수 있는 분명한 기준을 정하고 분류합니다.

• 분류 기준 1: ☐

모양			
수(개)			

• 분류 기준 2: ☐

색깔			
수(개)			

2-1 주석이네 모둠 학생들이 좋아하는 음료수입니다. 기준을 정하여 음료수를 분류해 보세요.

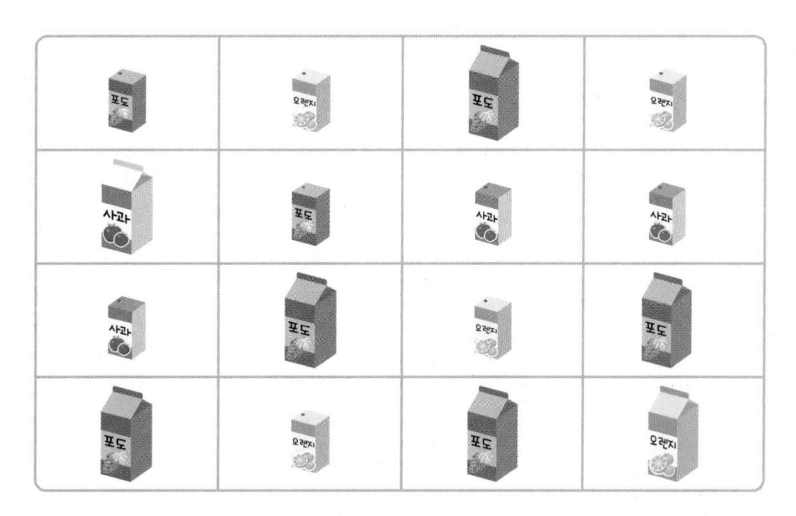

• 분류 기준 1:

맛			
수(개)			

• 분류 기준 2:

크기		
수(개)		

2-2 여러 가지 화살표가 있습니다. 기준을 정하여 화살표를 분류해 보세요.

• 분류 기준 1:

방향			
수(개)			

• 분류 기준 2:

색깔			
수(개)			

기준에 맞게 차례로 분류한다.

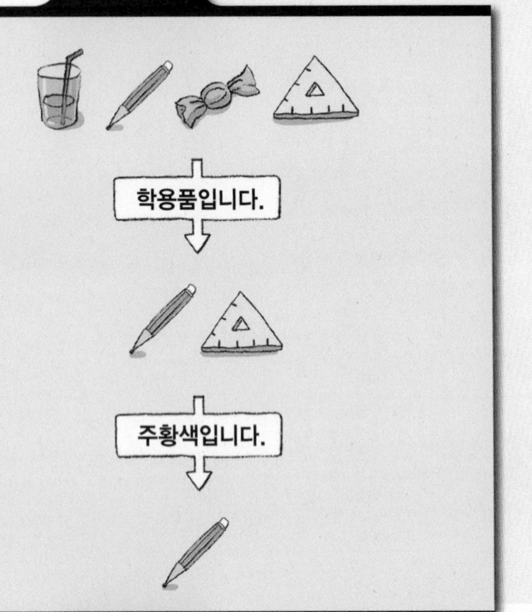

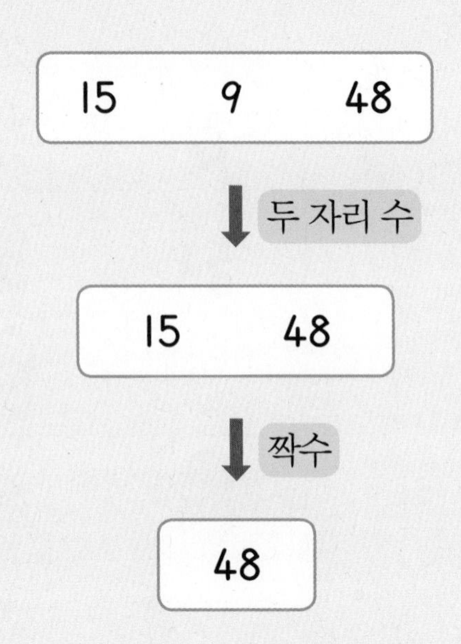

대표문제 3

여러 종류의 티셔츠가 있습니다. 기준에 따라 티셔츠를 분류해 보세요.

먼저 티셔츠를 [　　]에 따라 반팔과 긴팔 티셔츠로 분류합니다.

분류한 티셔츠를 다시 [　　]에 따라 노란색, 초록색, 파란색으로 각각 분류합니다.

3-1 여러 나라의 국기가 있습니다. 기준에 따라 국기를 분류해 보세요.

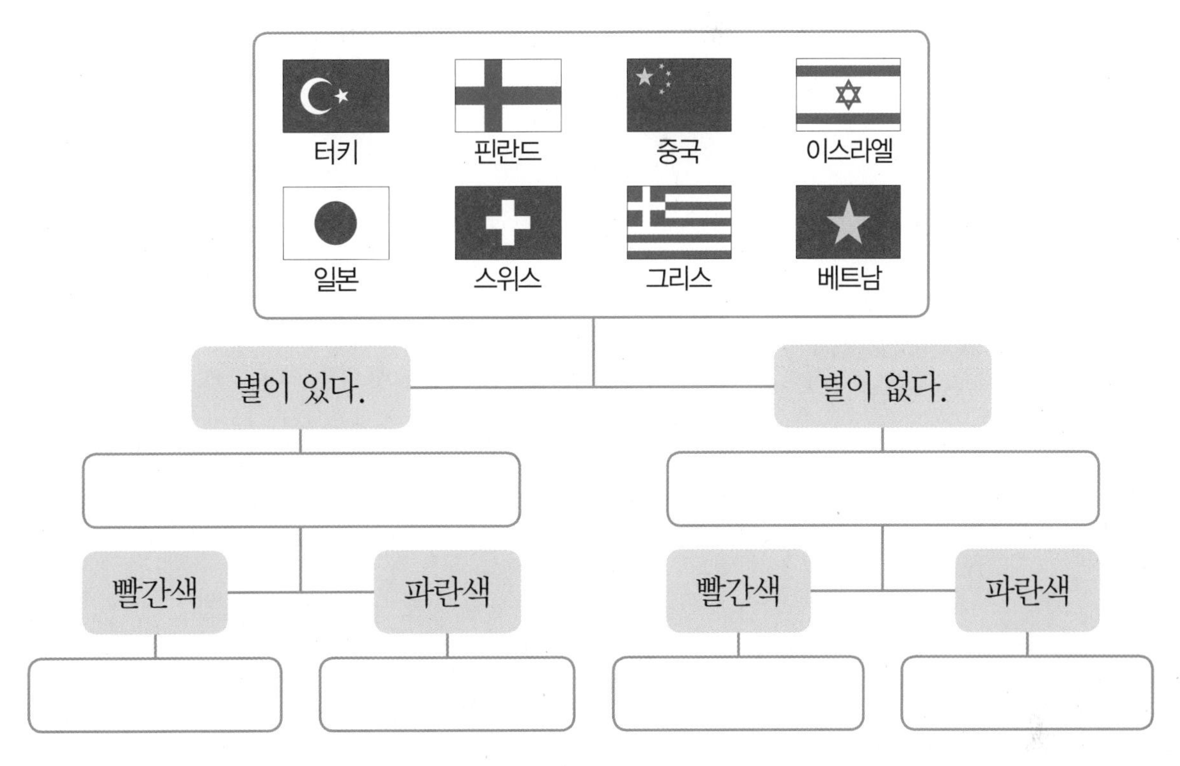

3-2 1부터 20까지의 자연수가 있습니다. 기준에 따라 자연수를 분류해 보세요.

	짝수	홀수
한 자리 수		
두 자리 수		

분류하여 세어 보고 예상해 본다.

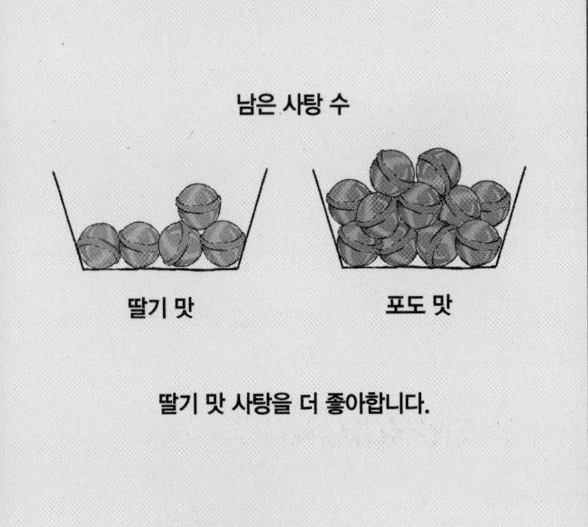

좋아하는 책

종류	동화책	소설책	만화책
수(권)	4	5	3

➡ 가장 좋아하는 책: 소설책

➡ 학급 문고에 '소설책'을 가장 많이 놓으면 좋을 것 같습니다.

대표문제 4

어느 가게에서 6월 한 달 동안 팔린 부채, 선풍기, 양산입니다. 7월에 물건을 많이 팔기 위해 가장 많이 준비해야 할 물건은 무엇인지 구해 보세요.

종류에 따라 분류하고 그 수를 세어 봅니다.

종류	부채	선풍기	양산
수(개)			

6월 한 달 동안 가장 적게 팔린 물건은 ☐개를 판 ☐이고, 가장 많이 팔린 물건은 ☐개를 판 ☐입니다. 따라서 7월에 물건을 많이 팔기 위해서는 ☐를 가장 많이 준비하는 것이 좋습니다.

4-1

승철이네 마을 공동 텃밭에서 한 달 동안 따간 농작물의 종류입니다. 다음 달에 더 많이 심어야 할 농작물은 무엇인지 구해 보세요.

블루베리	토마토	고추	가지	블루베리	가지
가지	고추	토마토	블루베리	고추	블루베리
블루베리	가지	블루베리	토마토	블루베리	고추

( )

4-2

유정이가 2주 동안 공부한 과목입니다. 유정이가 가장 많이 공부한 과목과 가장 적게 공부한 과목 수의 차는 몇 번인지 구해 보세요.

수학	영어	음악	영어	수학	영어	수학
음악	수학	음악	수학	음악	수학	수학

( )

4-3

현아는 샤프, 볼펜, 연필을 종류별로 한 자루씩 묶어 친구들에게 남김없이 나누어 주려고 합니다. 어떤 학용품이 몇 자루 더 필요한지 구해 보세요.

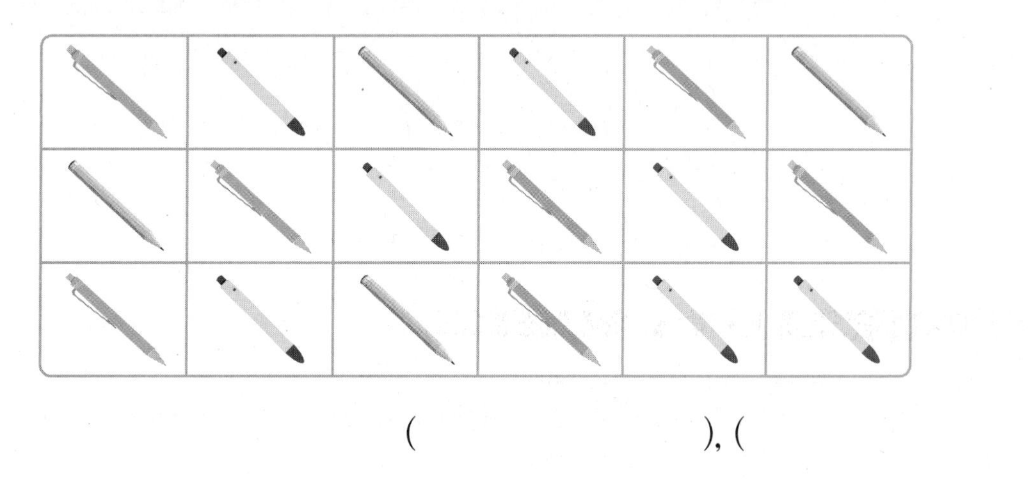

( ), ( )

종류에 따라 분류하고 그 수를 세어 본다.

• 모든 부분이 둥급니다.
• 뾰족한 부분이 없습니다.
• 잘 굴러갑니다.

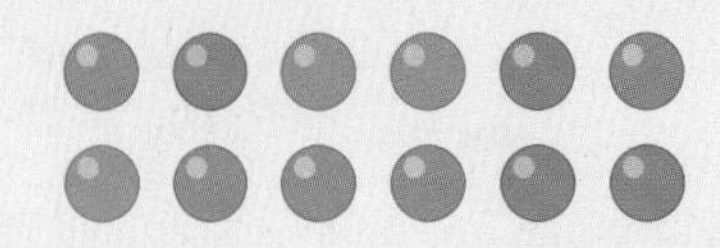

색깔	빨간색	파란색	초록색
수(개)	5	4	3

➡ 가장 많은 구슬: 빨간색 구슬
가장 적은 구슬: 초록색 구슬

대표문제 5

준석이네 모둠 학생들이 버린 재활용 쓰레기의 종류입니다. 바르게 설명한 것을 찾아 기호를 써 보세요.

병	캔	플라스틱	플라스틱	스티로폼	캔	캔
플라스틱	스티로폼	캔	스티로폼	병	플라스틱	스티로폼
스티로폼	병	스티로폼	플라스틱	스티로폼	스티로폼	플라스틱

㉠ 캔의 수가 병의 수보다 더 많습니다.
㉡ 스티로폼과 플라스틱의 수의 차는 캔의 수와 같습니다.

버린 재활용 쓰레기의 종류에 따라 분류하고 그 수를 세어 보면 병 3개, 캔 ☐개, 플라스틱 ☐개, 스티로폼 ☐개입니다.

㉠ 병은 ☐개, 캔은 ☐개로 ☐의 수가 더 많습니다.

㉡ 스티로폼과 플라스틱의 수의 차는 ☐−☐=☐(개)로 캔의 수와 다릅니다.

따라서 바르게 설명한 것은 ☐입니다.

5-1 경민이네 모둠 학생들이 좋아하는 책의 종류입니다. 바르게 설명한 것을 모두 찾아 기호를 써 보세요.

동화책	만화책	동화책	과학책	만화책
과학책	위인전	과학책	동화책	위인전
만화책	과학책	동화책	만화책	동화책
동화책	동화책	만화책	동화책	만화책

㉠ 가장 많은 학생들이 좋아하는 책은 만화책입니다.
㉡ 가장 적은 학생들이 좋아하는 책은 위인전입니다.
㉢ 책을 더 산다면 과학책을 사는 것이 좋습니다.
㉣ 만화책과 위인전을 좋아하는 학생 수의 합은 동화책을 좋아하는 학생 수와 같습니다.

( )

5-2 민주네 모둠 학생들이 운동회에서 참여하고 싶은 경기입니다. 바르게 설명한 것을 모두 찾아 기호를 써 보세요.

공굴리기	이어달리기	공굴리기	단체줄넘기	단체줄넘기
단체줄넘기	공굴리기	피구	단체줄넘기	피구
이어달리기	단체줄넘기	단체줄넘기	이어달리기	공굴리기
공굴리기	피구	공굴리기	단체줄넘기	단체줄넘기

㉠ 조사에 참여한 학생은 모두 20명입니다.
㉡ 둘째로 많은 학생들이 참여하고 싶은 경기는 피구입니다.
㉢ 피구와 이어달리기에 참여하고 싶은 학생 수의 차는 2명입니다.
㉣ 다음 운동회에 단체줄넘기의 인원 수를 늘리는 것이 좋습니다.

( )

분류한 것들의 공통점을 찾아 분류 기준을 찾는다.

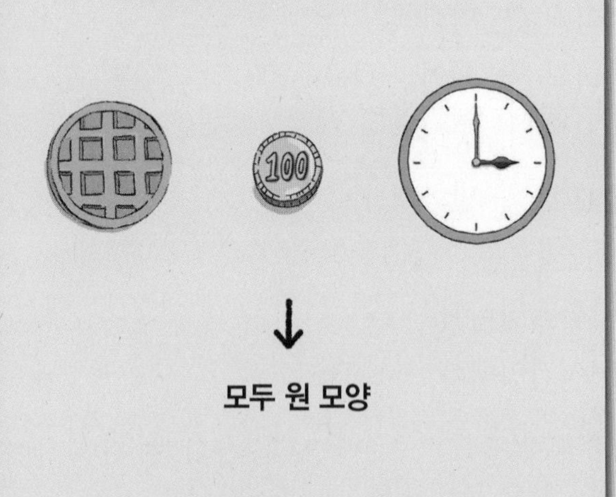

➡ 바퀴가 4개인 것과 아닌 것

여러 가지 꽃들을 다음과 같이 분류하였습니다. 분류 기준을 설명해 보세요.

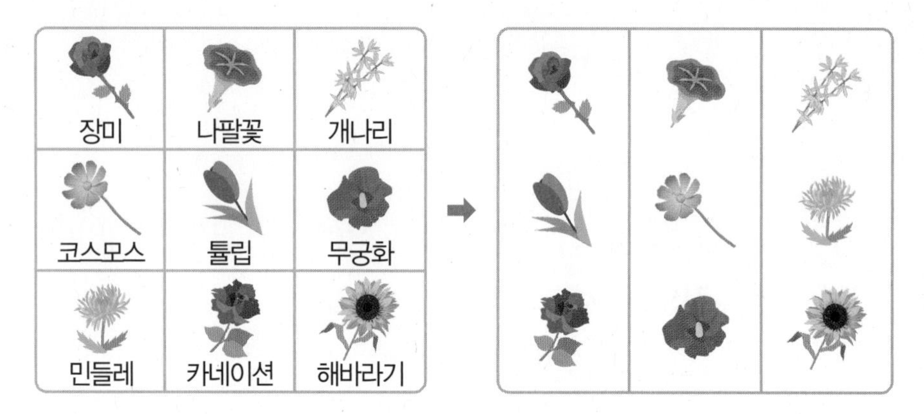

분류한 꽃들의 공통점을 찾아보면 ☐이 같습니다.

- 장미, 튤립, 카네이션은 ☐입니다.
- 나팔꽃, 코스모스, 무궁화는 ☐입니다.
- 개나리, 민들레, 해바라기는 ☐입니다.

따라서 꽃을 세 종류로 분류한 기준은 꽃의 ☐입니다.

6-1

여러 가지 문자를 다음과 같이 분류하였습니다. 분류 기준을 설명해 보세요.

가	A	15	누
M	후	돌	4
2	G	이	T

➡

가, 누 후, 돌 이	A M G T	15 4 2

설명

6-2

여러 종류의 아이스크림이 있습니다. 3명의 친구가 두 가지 기준에 알맞은 같은 맛, 같은 모양의 아이스크림을 먹을 때 나머지 기준은 무엇인지 써 보세요.

바닐라 맛 딸기 맛 초콜릿 맛

기준
① 막대 아이스크림입니다.
②

6-3

여러 가지 수가 있습니다. 세 가지 기준에 알맞은 수는 883일 때 나머지 기준은 무엇인지 써 보세요.

143	96	61	502	749
40	935	56	883	458

기준
① 홀수입니다.
② 십의 자리 숫자는 일의 자리 숫자보다 5만큼 더 큽니다.
③

기준에 맞는 것을 차례로 구한다.

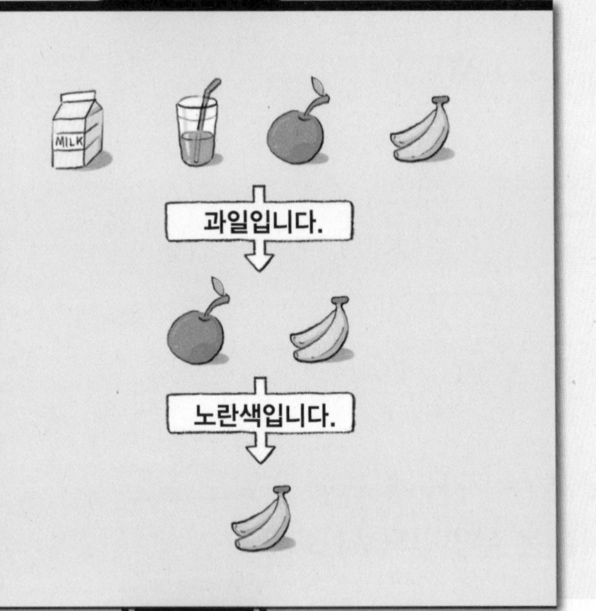

203	15	411	87	600

① 세 자리 수입니다. ➡ 203, 411, 600

세 자리 수 중 각 자리 숫자의 합이 6

② 각 자리 숫자를 합하면 6입니다. ➡ 411, 600

여러 종류의 단추가 있습니다. 세 가지 분류 기준을 모두 만족하는 단추는 몇 개인지 구해 보세요.

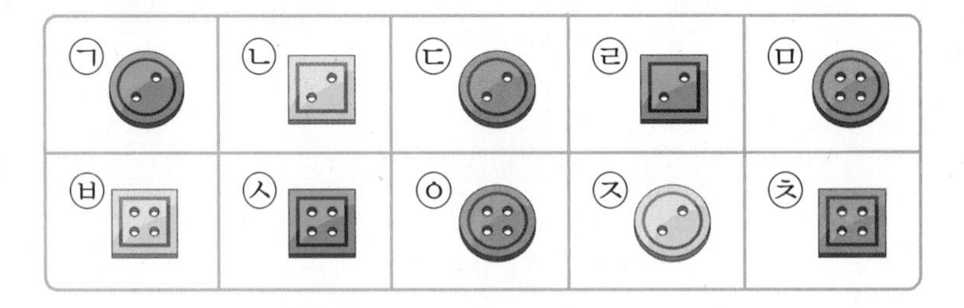

기준

① 구멍이 4개입니다.

② 빨간색입니다.

③ 원 모양입니다.

첫째 기준에 따라 분류하면 ☐, ☐, ☐, ☐, ☐입니다.

둘째 기준에 따라 분류하면 ☐, ☐, ☐입니다.

셋째 기준에 따라 분류하면 ☐, ☐입니다.

따라서 세 가지 분류 기준을 모두 만족하는 단추는 ☐개입니다.

7-1 여러 단어가 있습니다. 세 가지 분류 기준을 모두 만족하는 단어를 찾아 써 보세요.

야구 흙 문 기러기 키 눈 차 가방 몸 삽

기준
① 한 글자입니다.
② 받침이 있습니다.
③ 글자를 시계 방향으로 반 바퀴 돌리면 글자가 됩니다.

(   )

서술형 **7-2** 오른쪽과 같은 주사위를 두 번 던져 나온 결과를 붙여 놓았습니다. 세 가지 분류 기준을 모두 만족하는 결과를 찾아 기호를 쓰려고 합니다. 풀이 과정을 쓰고 답을 구해 보세요.

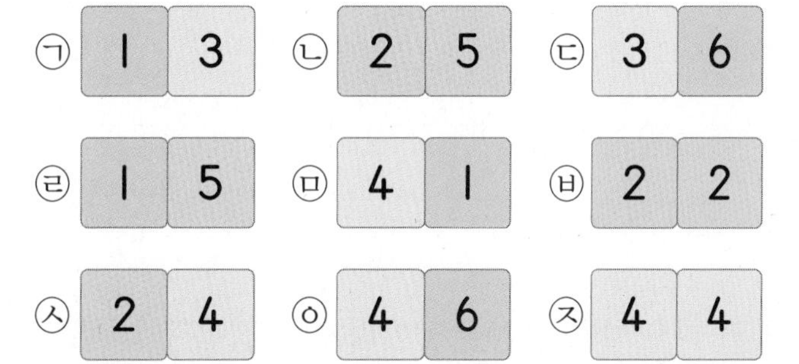

기준
① 나온 두 수의 합이 6보다 큽니다.
② 두 수가 다릅니다.
③ 두 면의 색이 같습니다.

풀이

답

분류한 것들의 공통점을 찾아 잘못 분류한 것을 찾는다.

7	25	(15)	43	24	60	6	42

분류 기준: ① 홀수와 짝수
② 각 자리 숫자의 합이 7인 수와 6인 수

➡ 잘못 분류된 수: 15

여러 가지 카드를 다음과 같이 분류하였습니다. 잘못 분류된 카드 2장을 찾아 ○표 하세요.

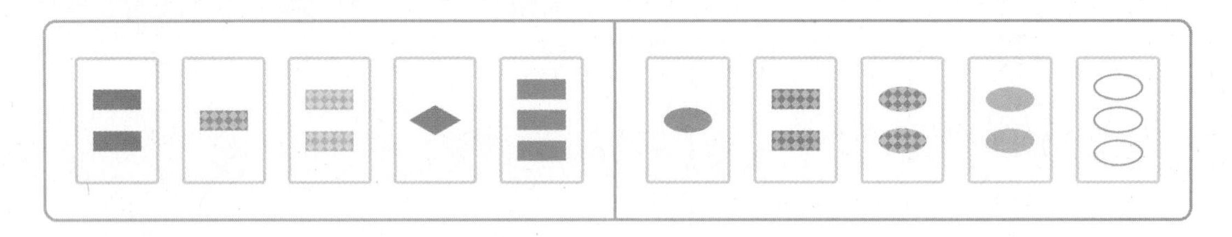

먼저 분류된 카드끼리의 공통점이나 차이점을 살펴보고 분류 기준을 알아봅니다.
분류 기준은 카드 안의 그림의 (수 , 모양)에 따라 분류되었습니다.

왼쪽은 그림의 [ ]이 [ ]이고, 오른쪽은 그림의 [ ]이 [ ]입니다.

따라서 잘못 분류된 카드인 왼쪽의 [ ] 카드와 오른쪽의 [ ] 카드에 ○표 합니다.

8-1

여러 가지 카드를 다음과 같이 분류하였습니다. 잘못 분류된 카드 2장을 찾아 ○표 하고, 그 까닭을 써 보세요.

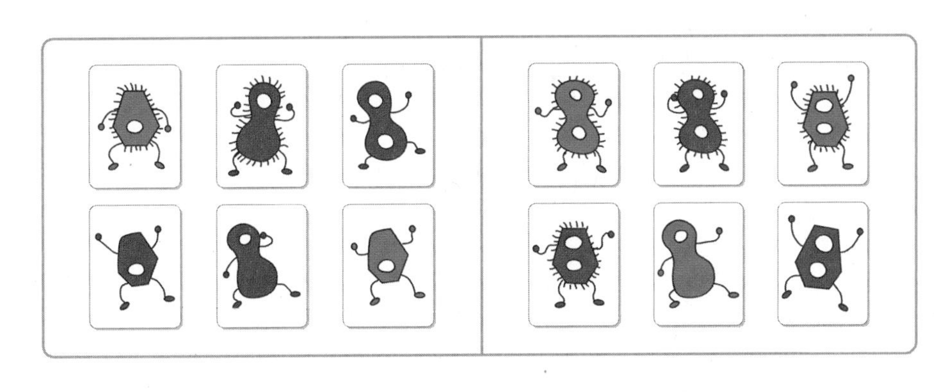

까닭

8-2

여러 가지 카드를 다음과 같이 분류하였습니다. 잘못 분류된 카드 1장을 찾아 ○표 하고, 그 까닭을 써 보세요.

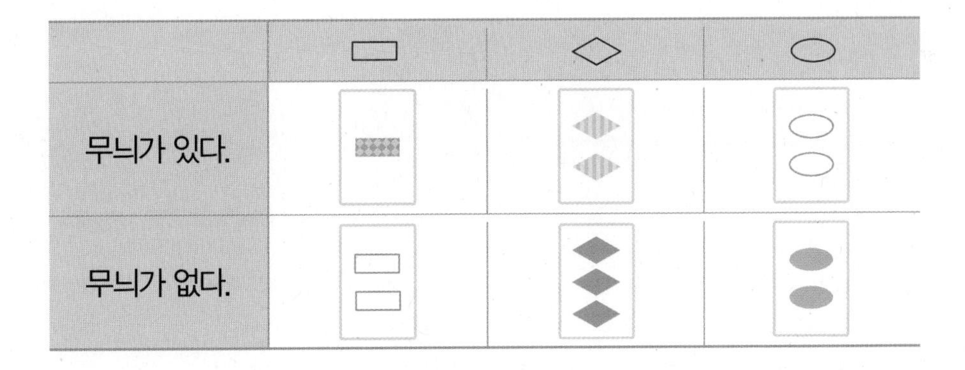

까닭

1 여러 종류의 스포츠를 다음과 같이 분류하였습니다. 분류한 기준을 써 보세요.

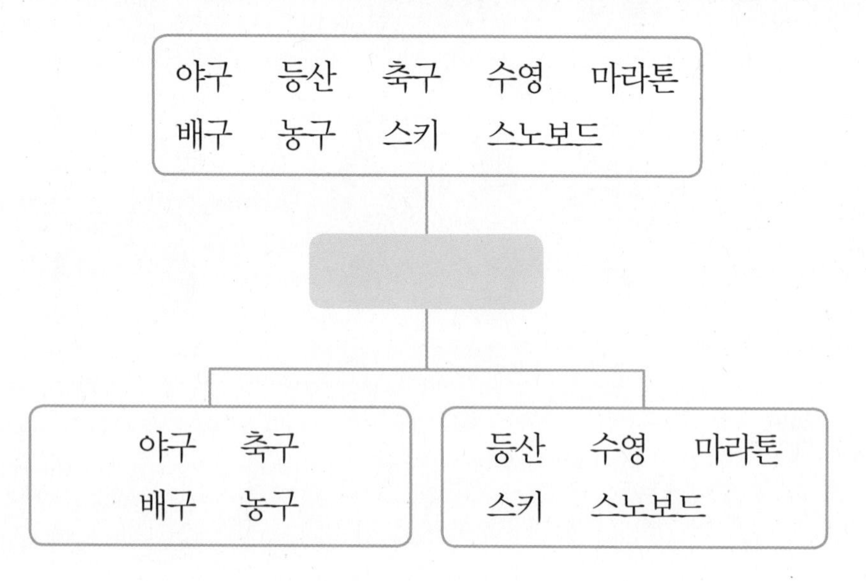

서술형 **2** 수가 쓰인 두 개의 공이 든 주머니가 있습니다. 다음과 같이 주머니를 분류했을 때 분류 기준은 무엇인지 풀이 과정을 쓰고 답을 구해 보세요.

(10, 5) (8, 7) (3, 12)	(9, 9) (14, 4) (13, 5)

풀이 ....

....

....

....

답 ....

3

보기 에 주어진 것들을 기준에 따라 분류해 보세요.

먼저 생각해 봐요!

기준에 따라 분류할 때 색칠한 부분에 들어갈 동물은?

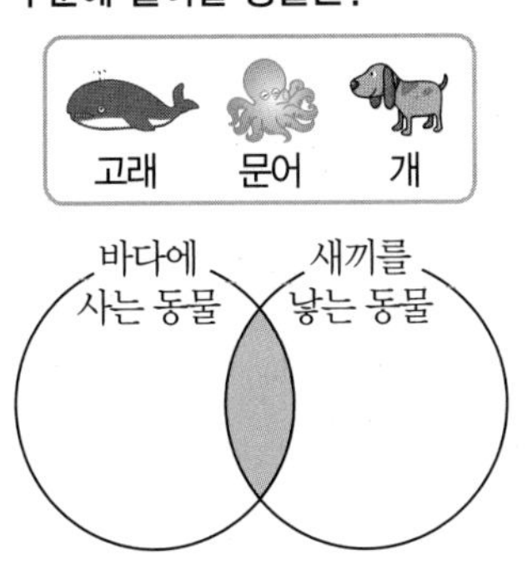

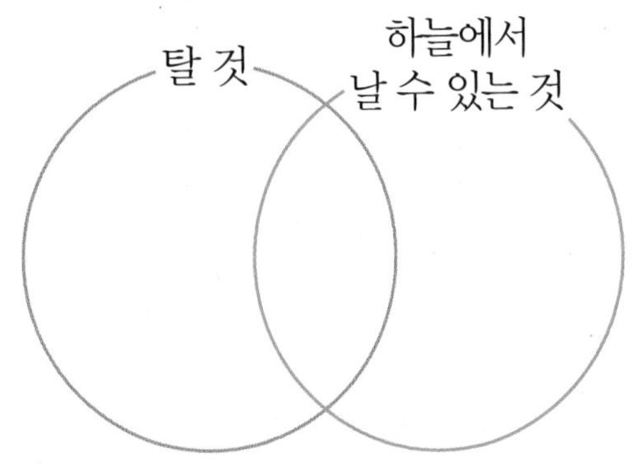

4

바코드는 마트에서 물품을 분류하거나 물건의 가격을 표시하는 등의 정보를 제공하는 인식코드입니다. 같은 종류의 바코드를 사용하는 물건끼리 분류해 보세요.

생수	딸기	주전자	바지
컵	접시	빵	
티셔츠	쿠키	모자	국자

식품		
생수, 딸기, 빵, 쿠키		

[5~6] 다음은 지하철 노선도의 일부입니다. 물음에 답하세요.

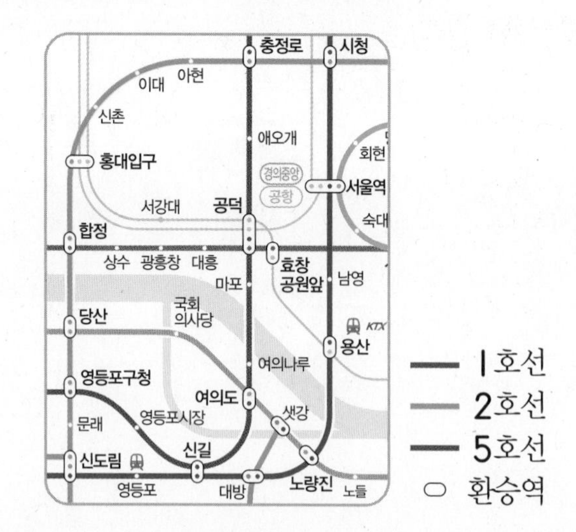

5

주어진 지하철 노선도를 보고 표를 완성해 보세요.

지하철	1호선	2호선	5호선
환승역의 수(개)			
환승역이 아닌 역의 수(개)		4	
전체 역의 수(개)			9

환승역: 갈아 타는 역, 서로 다른 노선이 만나 다른 노선으로 갈아 탈 수 있는 역

6

5번에서 완성한 표를 보고 바르게 설명한 것을 모두 찾아 기호를 써 보세요.

㉠ 1호선에는 6개의 환승역이 있습니다.
㉡ 2호선에는 11개의 역이 있습니다.
㉢ 5호선에는 환승역이 아닌 역이 3개 있습니다.
㉣ 1호선에는 9개의 역이 있습니다.

(　　　　　　　　　　)

7 지영이네 반 학생들이 간식으로 먹고 싶은 음식입니다. ㉠과 ㉡이 다른 간식일 때 햄버거를 선택한 학생은 몇 명일까요?

피자	햄버거	아이스크림	햄버거	피자
햄버거	햄버거	햄버거	피자	아이스크림
피자	햄버거	㉠	피자	피자
아이스크림	피자	과자	햄버거	㉡

간식	피자	햄버거	아이스크림	과자
학생 수(명)	7		3	

( )

서술형 **8** 과일 바구니 하나를 만드는 데 사과 5개, 오렌지 3개, 파인애플 1개, 복숭아 4개, 멜론 3개가 필요합니다. 그림에 있는 과일을 사용하여 과일 바구니 하나를 만들 때 더 필요한 과일은 몇 개인지 풀이 과정을 쓰고 답을 구해 보세요.

풀이

답

Brain

삼각형의 오른쪽 또는 아래쪽에 있는 수의 합이 삼각형 안의 수가 되도록 1~7까지의 수를 한 번씩만 사용하여 퍼즐을 완성해 보세요.

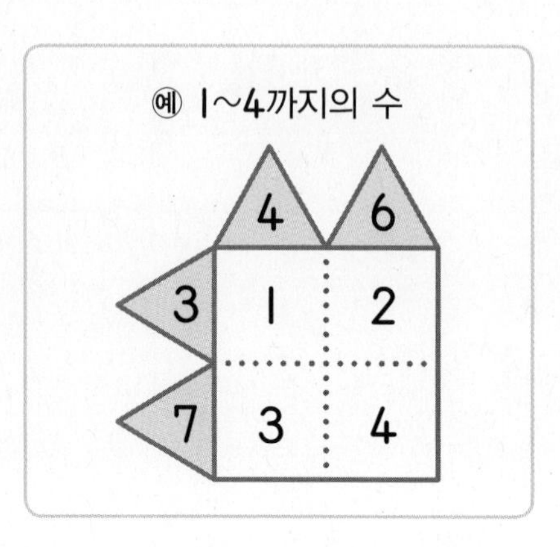

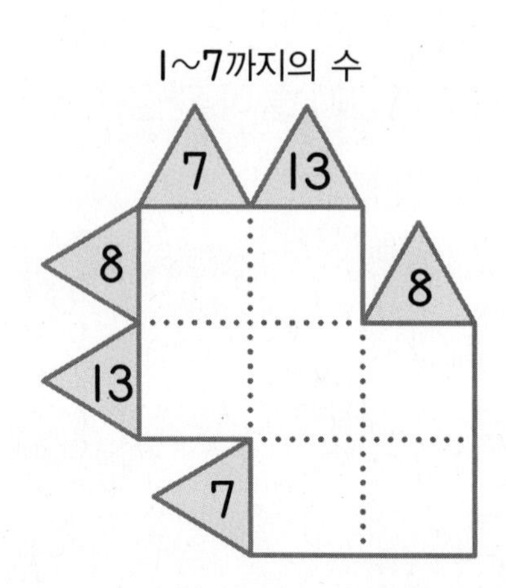

6
곱셈

1 여러 가지 방법으로 세기, 몇씩 몇 묶음

• 물건의 수를 여러 가지 방법으로 셀 수 있습니다.
• 물건의 수를 몇씩 몇 묶음으로 표현할 수 있습니다.

1-1 BASIC CONCEPT

여러 가지 방법으로 세기

뛰어 세기 3씩 뛰어 세면 3, 6, 9, 12로 모두 12개입니다.

묶어 세기 3씩 묶어 세면 4묶음이므로 모두 12개입니다.
└ 2씩, 4씩, 6씩 묶을 수도 있습니다.

몇씩 몇 묶음

• 4씩 묶어 세기

4	4	4

4씩 3묶음

4 — 8 — 12

• 3씩 묶어 세기

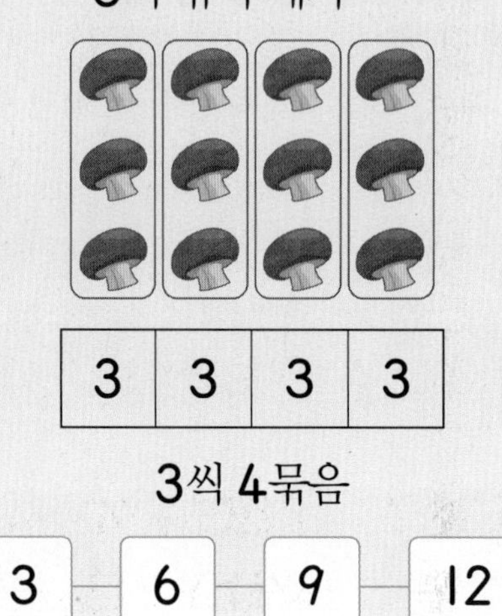

3	3	3	3

3씩 4묶음

3 — 6 — 9 — 12

[1~2] 야구공은 모두 몇 개인지 여러 가지 방법으로 세어 보세요.

1 야구공의 수를 5씩 뛰어 세어 보세요.

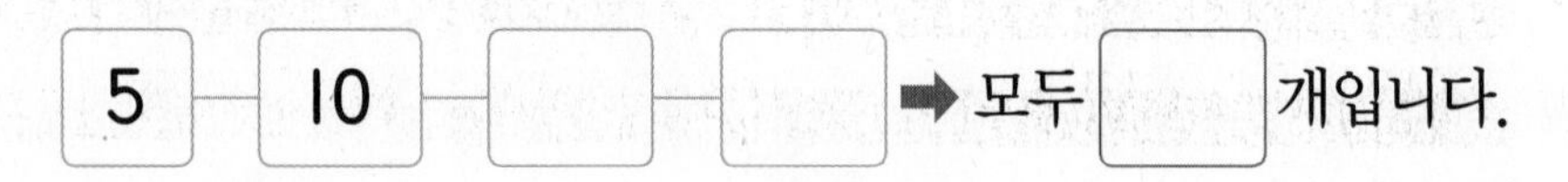

5 — 10 — □ — □ ➡ 모두 □ 개입니다.

2 야구공의 수를 4씩 묶어 세어 보세요.

4씩 □ 묶음 ➡ 모두 □ 개입니다.

BASIC CONCEPT 1-2

몇씩 몇 번 뛰어 세기

• 5씩 5번 뛰어 센 수 — 5씩 뛰어 세면 5씩 커집니다.

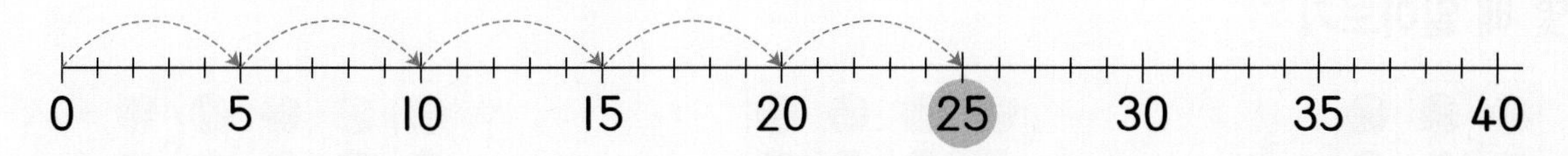

• 7씩 5번 뛰어 센 수 — 7씩 뛰어 세면 7씩 커집니다.

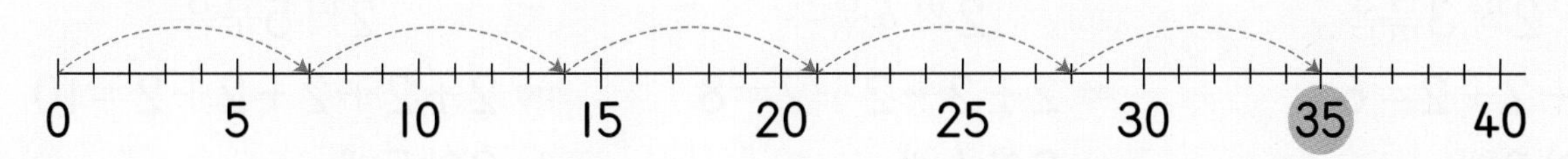

3 6씩 6번 뛰어 세면 얼마인지 구해 보세요.

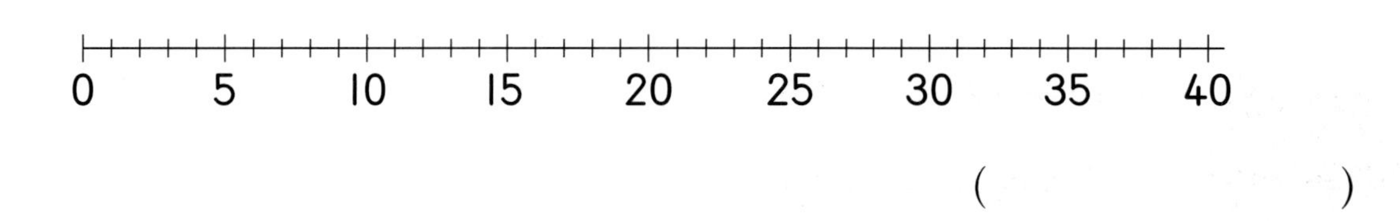

( )

BASIC CONCEPT 1-3

(■씩 ▲묶음)=(▲씩 ■묶음)

• 2씩 9묶음

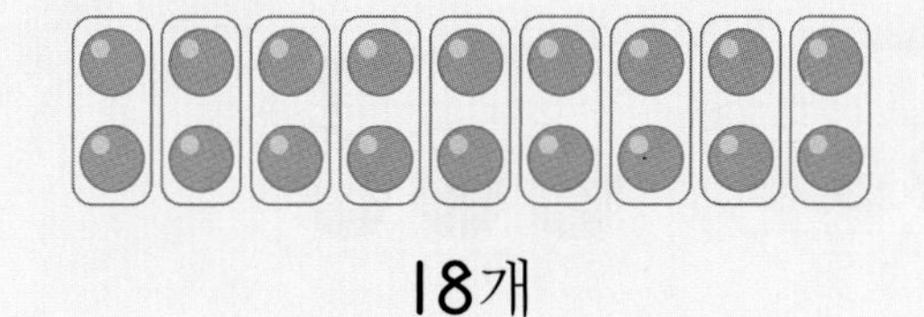

18개

• 9씩 2묶음

18개

4 고추 21개가 몇씩 몇 묶음인지 서로 다른 두 가지 방법으로 나타내 보세요.

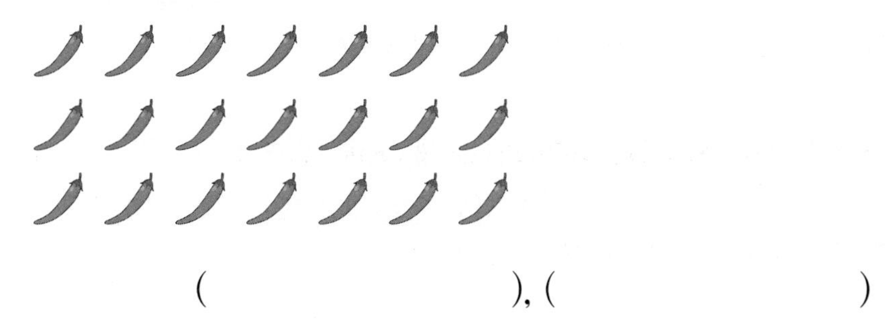

( ), ( )

2 몇의 몇 배

• 몇씩 몇 묶음을 몇의 몇 배로 나타낼 수 있습니다.
• 물건의 수를 몇의 몇 배로 나타낼 수 있습니다.

2-1 BASIC CONCEPT

몇의 몇 배 알아보기

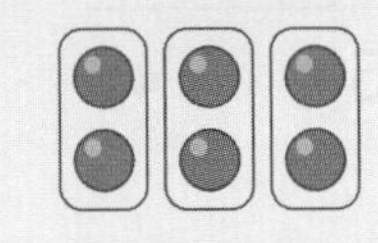

2씩 3묶음
➡ 2+2+2=6
➡ 2의 3배

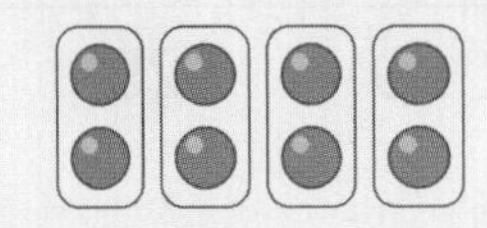

2씩 4묶음
➡ 2+2+2+2=8
➡ 2의 4배

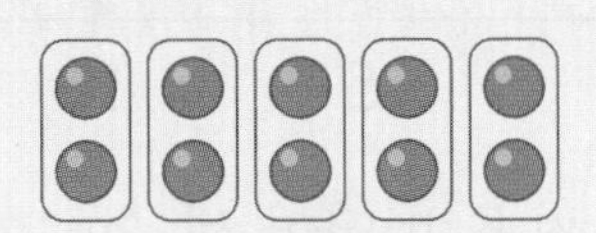

2씩 5묶음
➡ 2+2+2+2+2=10
➡ 2의 5배

1 □ 안에 알맞은 수를 써넣고 이어 보세요.

	3씩 6묶음	2의 □배
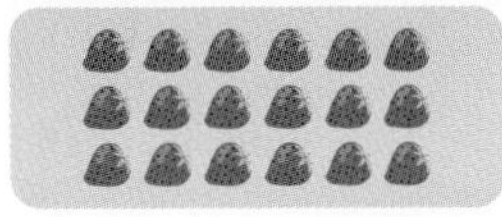	4씩 □묶음	4의 3배
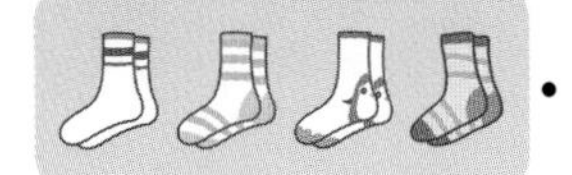	2씩 4묶음	□의 6배

2-2 BASIC CONCEPT

몇의 몇 배로 나타내기

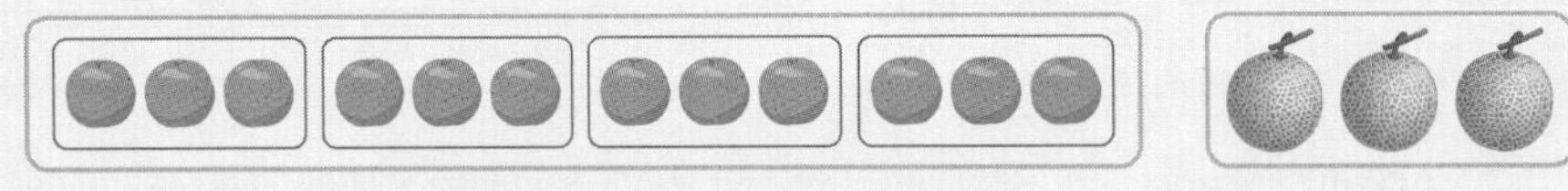

오렌지 수는 멜론 수의 4배입니다.

3씩 4묶음 ➡ 3+3+3+3=12 ➡ 3의 4배

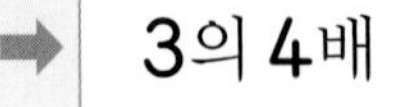

12는 3의 4배입니다.

2 사탕을 지민이는 2개, 재혁이는 14개 가지고 있습니다. 재혁이가 가지고 있는 사탕은 지민이가 가지고 있는 사탕의 몇 배일까요?

(　　　　　　)

정답과 풀이 60쪽

3 왼쪽에 꽂혀 있는 연필 수는 오른쪽에 꽂혀 있는 연필 수의 몇 배일까요?

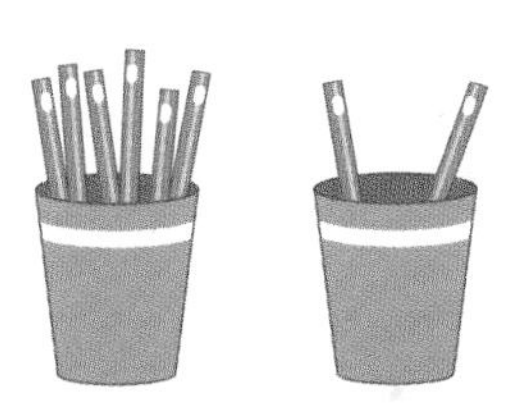

( )

4 구슬을 민환이는 2개씩 4묶음 가지고 있고, 시후는 민환이가 가지고 있는 구슬의 2배만큼 가지고 있습니다. 시후는 구슬을 몇 개 가지고 있을까요?

( )

BASIC CONCEPT 2-3

■의 ▲배와 ■의 ●배의 합과 차 구하기

• 2의 3배와 2의 5배의 합

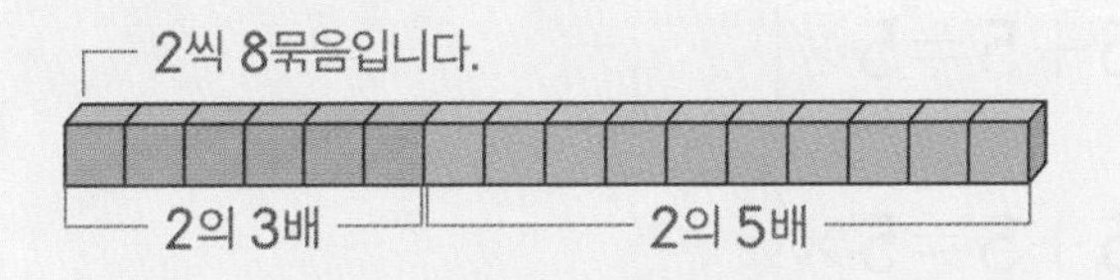

➡ 2의 3배와 2의 5배의 합은 16입니다.

2씩 8묶음
➡ 2+2+2+2+2+2+2+2=16
➡ 2의 8배

• 2의 3배와 2의 5배의 차

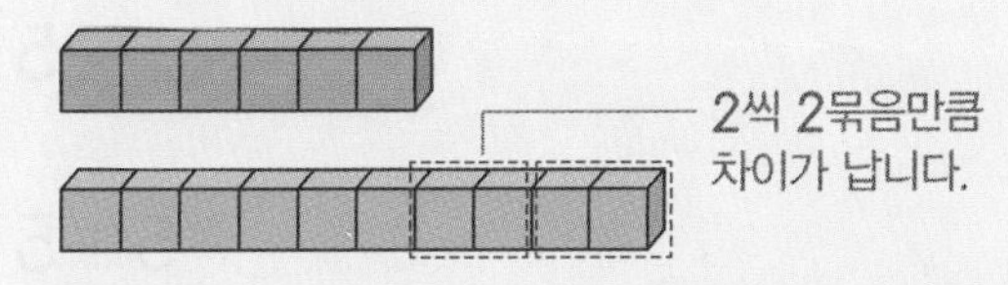

➡ 2의 3배와 2의 5배의 차는 4입니다.

2씩 2묶음
➡ 2+2=4
➡ 2의 2배

5 서점에 만화책이 4권씩 2묶음 있고, 소설책이 4권씩 6묶음 있습니다. 서점에 있는 만화책과 소설책은 모두 몇 권인지 구해 보세요.

( )

6 ㉠과 ㉡의 차는 8의 몇 배인지 구해 보세요.

㉠ 8의 7배	㉡ 8의 3배

( )

3 곱셈식

• 몇의 몇 배를 곱셈식으로 나타낼 수 있습니다.
• 묶는 방법에 따라 곱셈식은 다양합니다.

3-1 BASIC CONCEPT 곱셈식

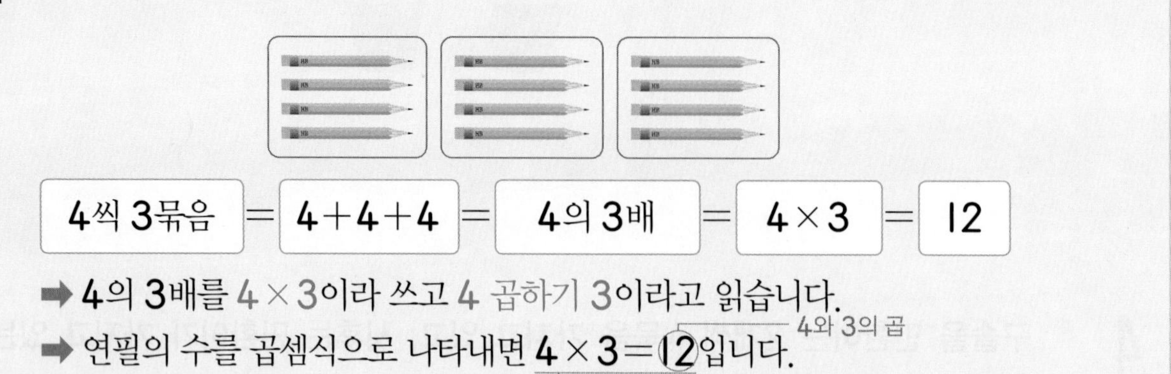

➡ 4의 3배를 4×3이라 쓰고 4 곱하기 3이라고 읽습니다.

➡ 연필의 수를 곱셈식으로 나타내면 $4 \times 3 = 12$입니다. (4와 3의 곱)

읽기 4 곱하기 3은 12와 같습니다.

1 □ 안에 알맞은 수를 써넣으세요.

$5+5=5\times\square$

$5+5+5=5\times\square$

$5+5+5+5=5\times\square$

$5+5+5+5+5=5\times\square$

2 한 봉지에 7개씩 들어 있는 사탕이 3봉지 있습니다. 사탕은 모두 몇 개인지 덧셈식과 곱셈식으로 나타내 보세요.

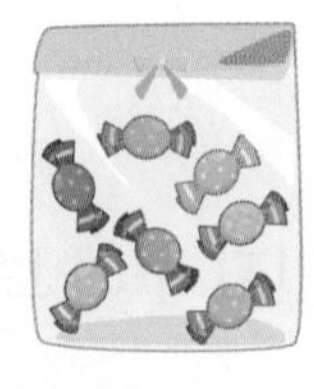

덧셈식 ……………………………………

곱셈식 ……………………………………

3-2 BASIC CONCEPT

여러 가지 곱셈식으로 나타내기

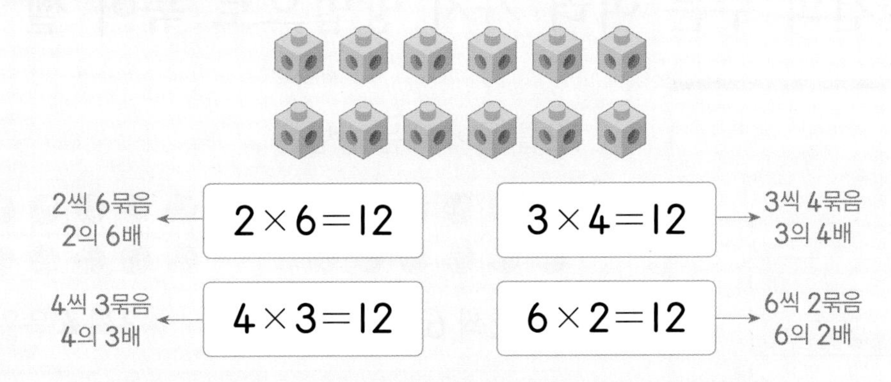

3 클립의 수를 여러 가지 곱셈식으로 나타내 보세요.

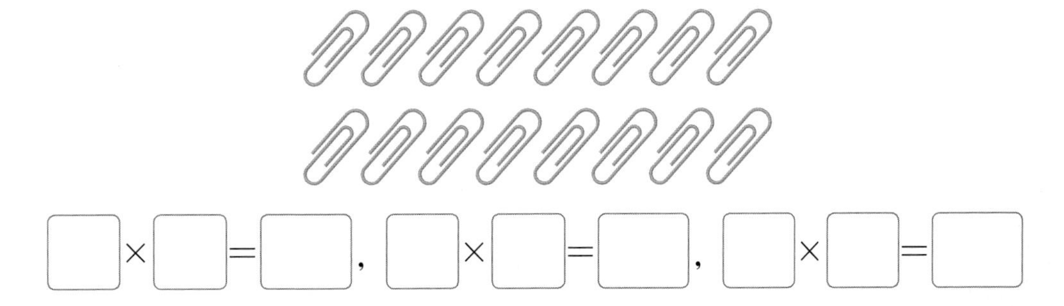

$\square \times \square = \square$, $\square \times \square = \square$, $\square \times \square = \square$

3-3 BASIC CONCEPT

곱셈식에서 규칙 찾기

곱하는 수가 같을 때 곱해지는 수가 커지면 결과도 커집니다.

$4 \times 3 = 4 + 4 + 4 = 12$

곱해지는 수가 커지면 $5 \times 3 = 5 + 5 + 5 = 15$ 결과도 커집니다.

$6 \times 3 = 6 + 6 + 6 = 18$

4 ○ 안에 >, =, <를 알맞게 써넣으세요.

6×5 ○ 30

6×3 ○ 30

6×8 ○ 30

최상위

물건의 수는 여러 가지 방법으로 묶어 셀 수 있다.

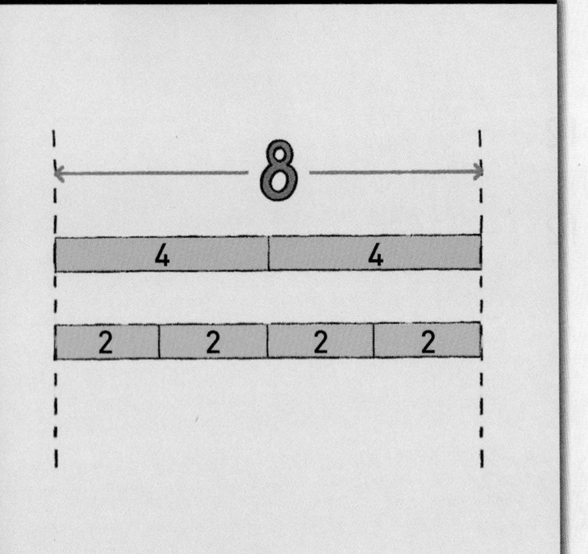

12를 묶어 세는 방법은

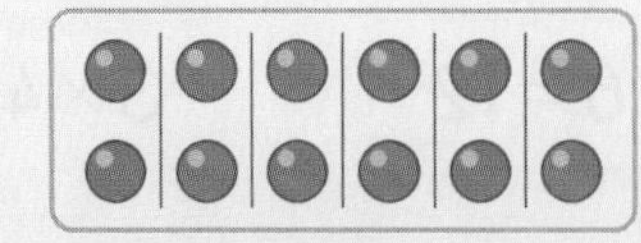

2씩 6묶음

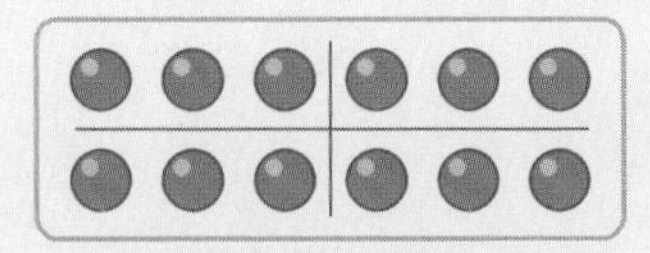

3씩 4묶음

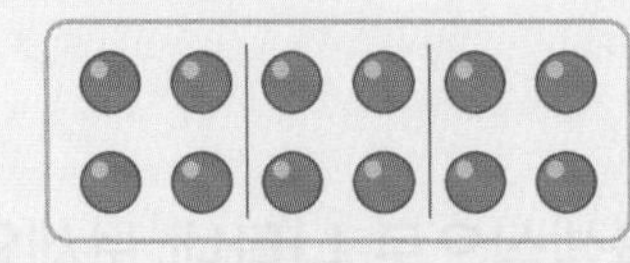

4씩 3묶음

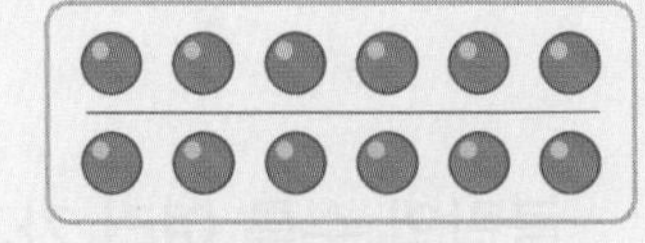

6씩 2묶음

➡ 4가지 방법이 있습니다.

가지는 모두 몇 개인지 2가지 방법으로 묶어 세고 답을 구해 보세요.

• 가지의 수는 4씩 ☐ 묶음입니다.

4씩 ☐ 묶음이므로 4를 ☐ 번 더하면 전체 가지의 수가 됩니다.

➡ $4+4+4+4=$ ☐ (개)

• 가지의 수는 8씩 ☐ 묶음입니다.

8씩 ☐ 묶음이므로 8을 ☐ 번 더하면 전체 가지의 수가 됩니다.

➡ $8+8=$ ☐ (개)

따라서 가지는 모두 ☐ 개입니다.

1-1 구슬은 모두 몇 개인지 2가지 방법으로 묶어 세고 답을 구해 보세요.

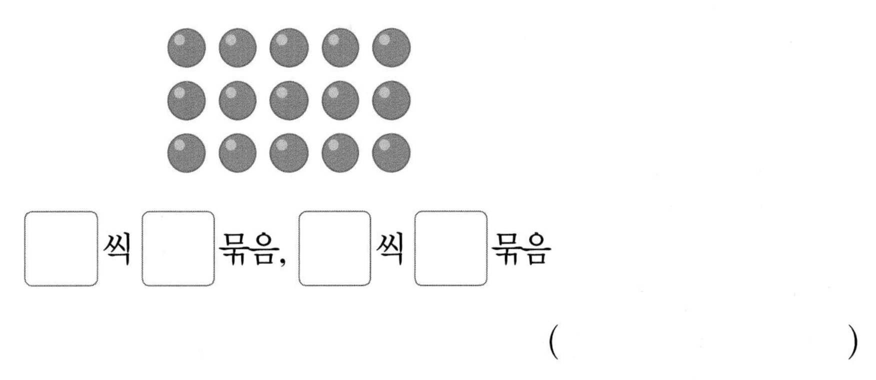

(　　　　　　　)

1-2 바나나 24개를 한 상자에 6개씩 담는다면 모두 몇 상자가 필요할까요?

(　　　　　　　)

1-3 2씩 8묶음은 4씩 몇 묶음과 같은지 구해 보세요.

(　　　　　　　)

최상위 S

곱셈은 여러 가지로 표현할 수 있다.

4개씩 3묶음

4의 3배

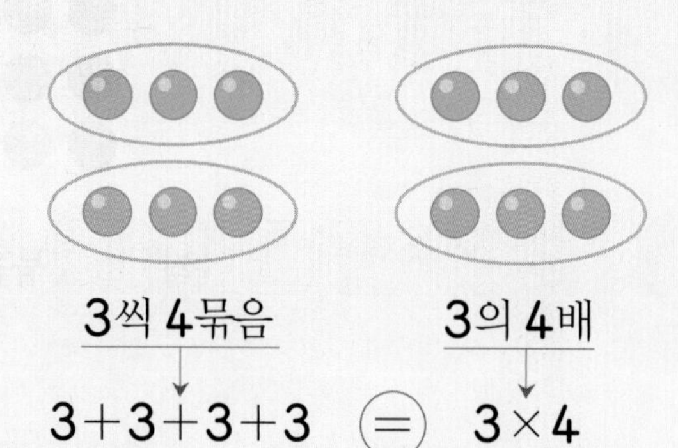

대표문제 2

나타내는 수가 다른 것을 찾아 기호를 써 보세요.

㉠ 9씩 4묶음	㉡ 7씩 5묶음
㉢ $6+6+6+6+6+6$	㉣ 4의 9배

㉠ 9씩 4묶음은 9를 ☐ 번 더한 수입니다.

➡ $9+9+9+9=9\times$ ☐ $=$ ☐

㉡ 7씩 5묶음은 7을 ☐ 번 더한 수입니다.

➡ $7+7+7+7+7=7\times$ ☐ $=$ ☐

㉢ $6+6+6+6+6+6=6\times$ ☐ $=$ ☐

㉣ 4의 9배는 4를 ☐ 번 더한 수입니다.

➡ $4+4+4+4+4+4+4+4+4=4\times$ ☐ $=$ ☐

따라서 나타내는 수가 다른 것은 ☐ 입니다.

2-1 다음 중 식을 잘못 나타낸 것을 찾아 기호를 써 보세요.

㉠ 6의 3배 ➡ 6×3	㉡ $8+8+8+8=8\times5$
㉢ $4\times5=20$	㉣ 7 곱하기 3 ➡ 7×3

(   )

2-2 나타내는 수가 다른 것을 찾아 기호를 써 보세요.

㉠ 8 곱하기 3	㉡ 6의 4배
㉢ $6+6+6+6$	㉣ 9씩 3묶음

(   )

2-3 나타내는 수가 큰 것부터 차례로 기호를 써 보세요.

㉠ 5씩 5묶음	㉡ 9의 4배
㉢ 8과 4의 곱	㉣ 4씩 7묶음

(   )

2-4 9의 2배와 나타내는 수가 같은 것을 모두 찾아 기호를 써 보세요.

㉠ 6과 4의 곱	㉡ 9씩 2묶음
㉢ 2 곱하기 9	㉣ 3의 5배

(   )

몇씩 몇 번 뛰어 센 수는 곱셈식으로 나타낼 수 있다.

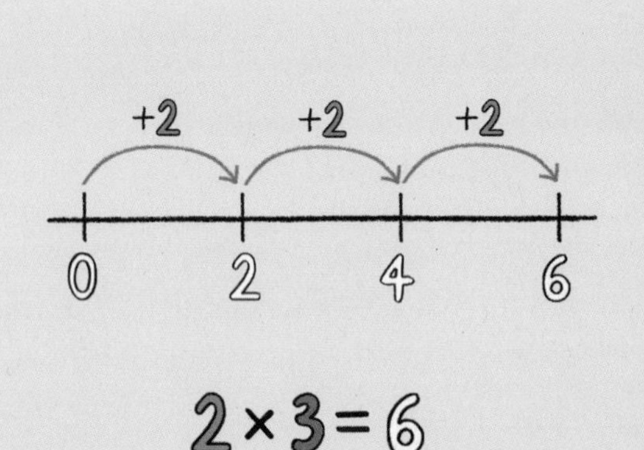

+4 +4 +4

■ ■+4 ■+8 ■+12

■부터 4씩 3번 뛰어 센 수=■+(4×3)

4+4+4=4×3

■+(4×3)

대표문제 3

●에 알맞은 수를 구해 보세요.

- ▲는 3씩 5번 뛰어 센 수입니다.
- ●는 ▲보다 7만큼 더 큰 수입니다.

- 3씩 5번 뛰어 센 수는

☐+☐+☐+☐+☐=3×☐=☐이므로

▲=☐입니다.

- ●는 ▲보다 7만큼 더 큰 수이므로

●=▲+☐, ●=☐+☐, ●=☐입니다.

3-1 ■에 알맞은 수를 구해 보세요.

- ▲는 6씩 7번 뛰어 센 수입니다.
- ■는 ▲보다 15만큼 더 작은 수입니다.

(　　　　　　　)

3-2 ◆에 알맞은 수를 구해 보세요.

- ●는 3부터 5씩 6번 뛰어 센 수입니다.
- ●는 ◆보다 16만큼 더 큰 수입니다.

(　　　　　　　)

3-3 ■와 ●가 다음과 같을 때 ■+●의 값을 구해 보세요.

- ■는 8부터 7씩 5번 뛰어 센 수입니다.
- ●는 9부터 5씩 8번 뛰어 센 수입니다.

(　　　　　　　)

3-4 ▲에 알맞은 수를 구해 보세요.

- ◆는 3씩 3번 뛰어 센 수의 2배입니다.
- ◆는 ▲의 6배입니다.

(　　　　　　　)

최상위 S

몇 배를 하여 개수를 구한다.

오리의 다리 수 $2\times3=6$ (개)

두발자전거의 바퀴 수: $2+2+2+2=2\times4=8$(개)

네발자전거의 바퀴 수: $4+4+4=4\times3=12$(개)

대표문제 4

동연이네 농장에는 닭 5마리와 토끼 6마리가 있습니다. 닭과 토끼 중에서 어느 동물의 다리가 몇 개 더 많을까요?

• 닭의 다리 수는 2개씩 □ 마리이므로

□ + □ + □ + □ + □ $=2\times$ □ $=$ □ (개)입니다.

• 토끼의 다리 수는 4개씩 □ 마리이므로

□ + □ + □ + □ + □ + □ $=4\times$ □ $=$ □ (개)입니다.

따라서 $10<24$이므로

□ 의 다리가 □ $-$ □ $=$ □ (개) 더 많습니다.

4-1 양 7마리와 거미 5마리가 있습니다. 양과 거미 중에서 어느 동물의 다리가 몇 개 더 많을까요?

└ 다리가 8개입니다.

( ), ( )

4-2 민홍이는 한 봉지에 6개씩 들어 있는 사탕을 5봉지 가지고 있고, 세정이는 한 봉지에 9개씩 들어 있는 사탕을 3봉지 가지고 있습니다. 민홍이와 세정이 중에서 누가 사탕을 몇 개 더 많이 가지고 있을까요?

( ), ( )

서술형 **4-3** 바퀴가 2개인 오토바이가 8대, 바퀴가 4개인 승용차가 5대 있습니다. 오토바이와 승용차 중에서 어느 것의 바퀴가 몇 개 더 많은지 풀이 과정을 쓰고 답을 구해 보세요.

풀이

답 ,

4-4 유미와 재희는 각자 70쪽인 책을 읽고 있습니다. 유미는 하루에 6쪽씩 7일 동안 읽었고, 재희는 하루에 9쪽씩 4일 동안 읽었습니다. 남은 쪽수는 누가 몇 쪽 더 많을까요?

( ), ( )

하나씩 짝지어 모두 몇 가지의 경우가 되는지 셀 수 있다.

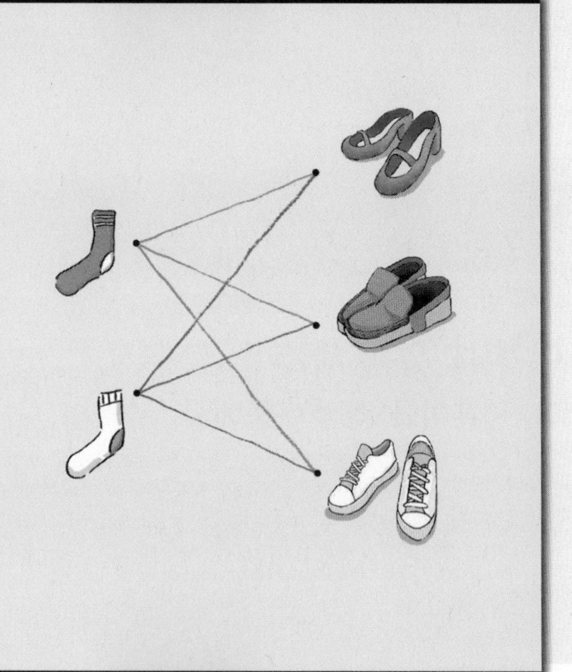

집에서 병원을 거쳐 마트까지 가는 방법은

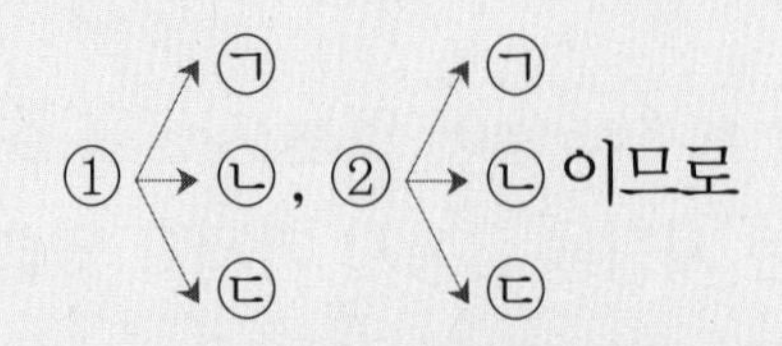

이므로

모두 $\underline{2} \times \underline{3} = 6$(가지)입니다.
(2: ①, ② / 3: ㉠, ㉡, ㉢)

모자 3개와 양말 3켤레가 있습니다. 모자 1개와 양말 1켤레를 고르는 방법은 모두 몇 가지일까요?

파란색 모자를 고를 때 양말을 고르는 방법은

노란색, 분홍색, 주황색으로 □ 가지입니다.

초록색, 빨간색 모자를 고를 때에도 양말을 고르는 방법은 노란색, 분홍색, 주황색으로

각각 □ 가지입니다.

따라서 모자 1개와 양말 1켤레를 고르는 방법은 모두

□ × □ = □ + □ + □ = □ (가지)입니다.
(모자의 가짓수) (양말의 가짓수)

5-1 공책 4권과 연필 2자루가 있습니다. 공책 1권과 연필 1자루를 고르는 방법은 모두 몇 가지일까요?

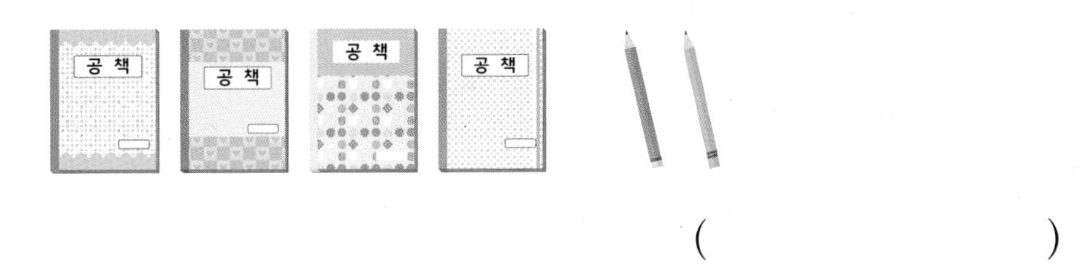

(　　　　　　　　　)

5-2 학교에서 공원을 지나 집으로 가는 방법은 모두 몇 가지일까요?

(　　　　　　　　　)

5-3 빨간색 주머니에 있는 수 카드 중 하나를 십의 자리에, 파란색 주머니에 있는 수 카드 중 하나를 일의 자리에 놓아 두 자리 수를 만들려고 합니다. 수 카드로 만들 수 있는 두 자리 수는 모두 몇 개일까요?

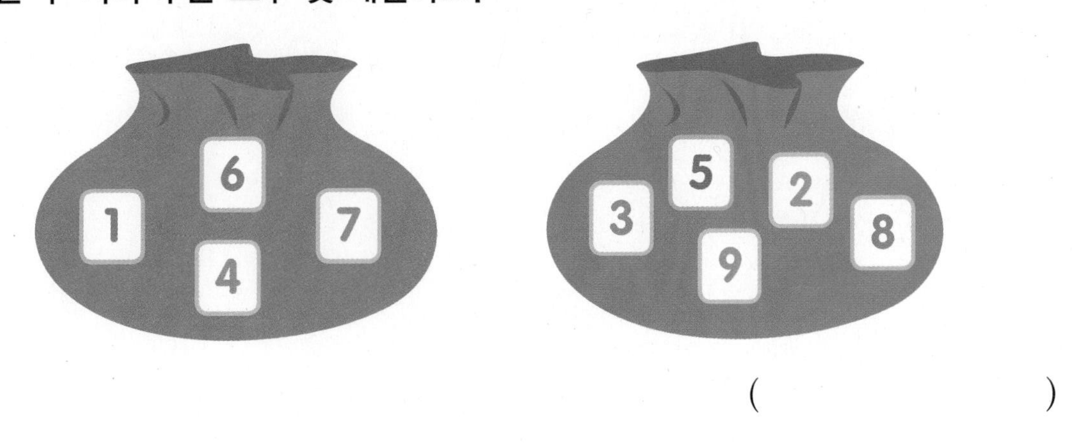

(　　　　　　　　　)

최상위 S

몇의 몇 배는 몇을 몇 번 더한 것이다.

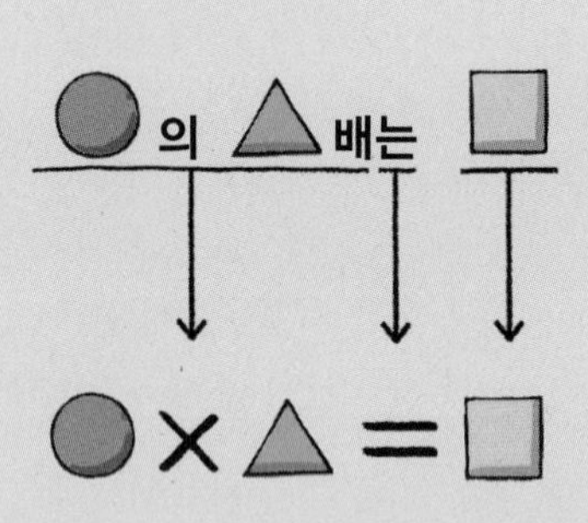

3의 ㉠배는 12입니다.

$3 \times ㉠ = 12$

$3+3+3+3=12$

4번

→ ㉠=4

㉠－㉡의 값을 구해 보세요.

- $5+5+5+5+5+5+5=5 \times ㉠$
- ㉠의 ㉡배는 28입니다.

- $5+5+5+5+5+5+5=5 \times$ □ 이므로 ㉠= □ 입니다.
- ㉠의 ㉡배가 28이므로 □ 의 ㉡배가 28입니다.

□ + □ + □ + □ $=7 \times$ □ $=28$이므로 (4번)

㉡= □ 입니다.

➡ ㉠－㉡= □ － □ = □

6-1 ㉠+㉡의 값을 구해 보세요.

- $7+7+7+7+7+7=7\times$㉠
- ㉠의 ㉡배는 36입니다.

(　　　　　　　)

6-2 ㉡의 값을 구해 보세요.

- 40은 5의 ㉠배입니다.
- ㉠의 4배는 ㉡입니다.

(　　　　　　　)

6-3 ㉠의 ㉡배는 얼마일까요?

- 2의 3배는 ㉠입니다.
- 5의 ㉡배는 30입니다.

(　　　　　　　)

6-4 ㉠+㉡+㉢의 값을 구해 보세요.

- 42는 6의 ㉠배입니다.
- 9의 ㉡배는 54입니다.
- 8의 4배는 ㉢입니다.

(　　　　　　　)

최상위 S

알 수 있는 것부터 차례로 구한다.

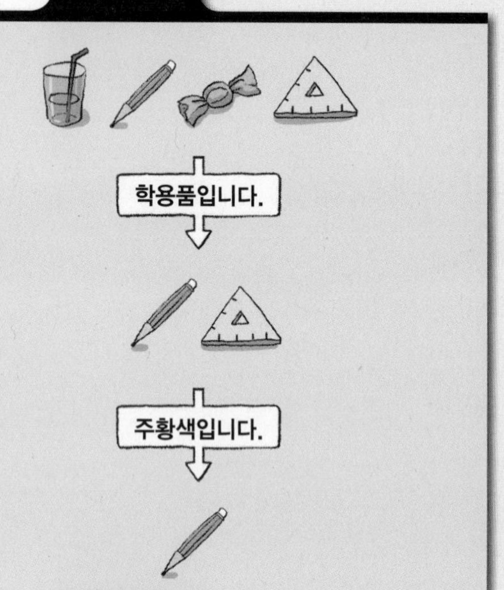

① ●는 6입니다.

② ▲는 ●의 5배입니다.

➡ ▲=●×5=6+6+6+6+6=30

③ ★은 ▲보다 4만큼 더 작습니다.

➡ ★=▲−4=30−4=26

따라서 ★=26입니다.

대표문제 7

보기 를 보고 샛별이는 바둑돌을 몇 개 가지고 있는지 구해 보세요.

보기

- 상윤이는 바둑돌을 8개 가지고 있습니다.
- 효주는 상윤이가 가지고 있는 바둑돌 수의 7배를 가지고 있습니다.
- 샛별이가 가지고 있는 바둑돌 수는 효주보다 6개 더 적습니다.

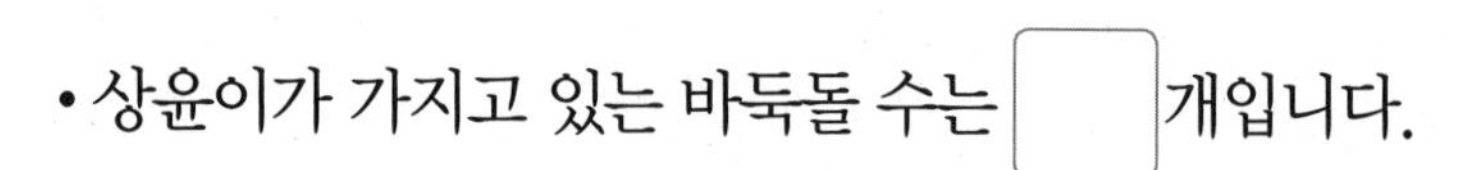

- 상윤이가 가지고 있는 바둑돌 수는 □개입니다.
- (효주가 가지고 있는 바둑돌 수)=(상윤이가 가지고 있는 바둑돌 수)의 □배

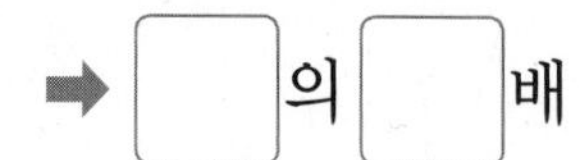

➡ □의 □배

➡ 8+8+8+□+□+□+□=8×□=□(개)

- (샛별이가 가지고 있는 바둑돌 수)=(효주가 가지고 있는 바둑돌 수)−□

=□−□=□(개)

따라서 샛별이는 바둑돌을 □개 가지고 있습니다.

7-1

보기 를 보고 현재 미소의 나이는 몇 살인지 구해 보세요.

보기
- 현재 예원이의 나이는 4살입니다.
- 현재 현주의 나이는 예원이의 나이의 3배입니다.
- 현재 미소의 나이는 현주보다 2살 더 적습니다.

( )

7-2

보기 를 보고 소민이는 구슬을 몇 개 가지고 있는지 구해 보세요.

보기
- 미주는 구슬을 3개씩 2묶음 가지고 있습니다.
- 윤재는 미주가 가지고 있는 구슬 수의 3배보다 4개 더 적게 가지고 있습니다.
- 소민이는 윤재가 가지고 있는 구슬 수보다 5개 더 많이 가지고 있습니다.

( )

7-3

보기 를 보고 설아, 현성, 재호가 가지고 있는 붙임딱지는 모두 몇 장인지 구해 보세요.

보기
- 설아는 붙임딱지를 8장씩 4줄 가지고 있습니다.
- 현성이는 설아가 가지고 있는 붙임딱지보다 24장 더 적게 가지고 있습니다.
- 재호는 현성이가 가지고 있는 붙임딱지의 3배를 가지고 있습니다.

( )

개수가 늘어난 만큼 길이가 늘어난다.

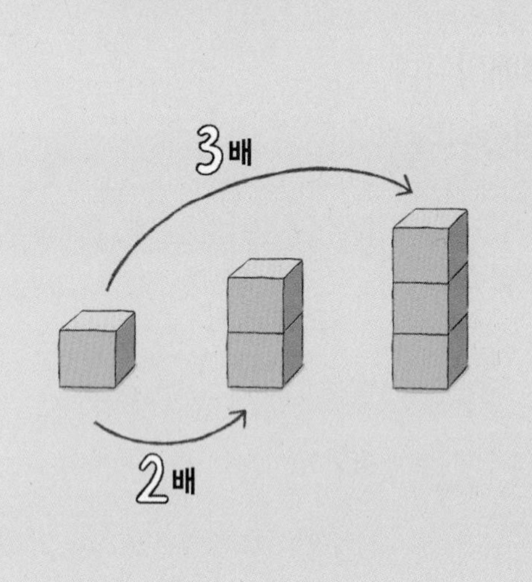

	가로(cm)
3 cm, 3 cm, 3 cm	3
←가로→	$3+3=3\times2=6$ (2배)
	$3+3+3=3\times3=9$ (3배)
	$3+3+3+3=3\times4=12$ (4배)
⋮	⋮

똑같은 쌓기나무 여러 개를 오른쪽과 같이 놓았더니 가로가 30 cm가 되었습니다. 놓은 쌓기나무는 몇 개인지 구해 보세요.

5 cm, 5 cm, 5 cm ➡ …

놓은 쌓기나무의 수를 ■라 하면 가로는 □ cm의 ■배입니다.

놓은 쌓기나무의 가로가 30 cm이므로 □의 ■배는 □입니다.

$5+5+5+5+5+5=30$이므로 곱셈식으로 나타내면

$5\times$□$=30$입니다.

따라서 ■=□이므로 놓은 쌓기나무는 □개입니다.

8-1 똑같은 쌓기나무 여러 개를 오른쪽과 같이 놓았더니 가로가 56 cm가 되었습니다. 놓은 쌓기나무는 몇 개인지 구해 보세요.

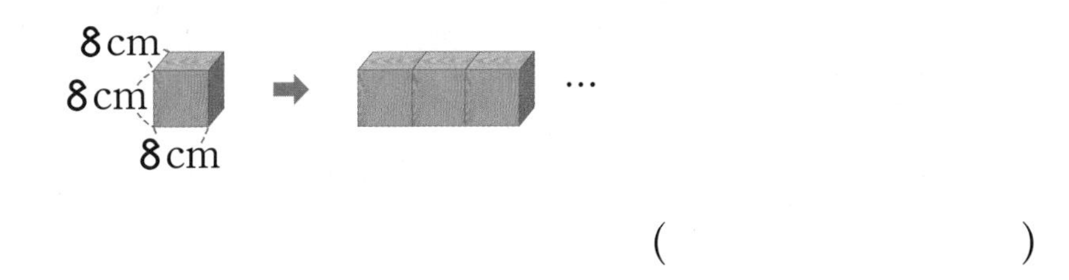

(　　　　　　　)

8-2 다음과 같이 쌓은 쌓기나무 높이의 5배와 높이가 똑같이 되도록 쌓기나무를 쌓으려고 합니다. 쌓기나무는 몇 개 필요할까요? (단, 모두 똑같은 쌓기나무입니다.)

(　　　　　　　)

8-3 다음과 같이 쌓은 쌓기나무 높이의 4배와 높이가 똑같이 되도록 쌓기나무를 쌓으려고 합니다. 쌓으려는 쌓기나무의 높이는 몇 cm일까요? (단, 모두 똑같은 쌓기나무입니다.)

(　　　　　　　)

8-4 다음 빨간색 막대의 3배의 길이만큼 쌓기나무를 한 줄로 이어 놓을 때 이어 놓은 쌓기나무의 전체 길이는 몇 cm일까요? (단, 모두 똑같은 쌓기나무입니다.)

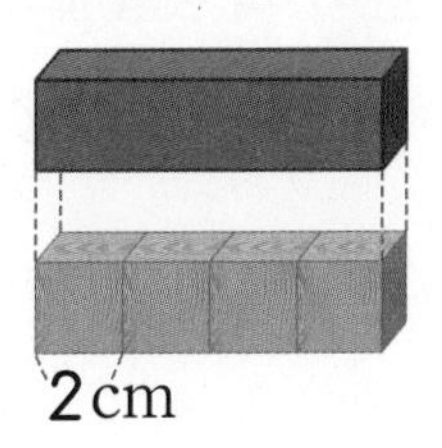

(　　　　　　　)

1 풍선은 모두 몇 개인지 3가지 곱셈식으로 나타내 보세요.

( )

2 다음을 보고 ㉠과 ㉡에 들어갈 수의 합을 구해 보세요.

$8 \times ㉠ = 32$ $7 \times 5 = ㉡$

( )

서술형 3 색종이가 6장씩 8묶음 있습니다. 이 색종이를 한 사람에게 8장씩 주려고 할 때 몇 명에게 줄 수 있는지 풀이 과정을 쓰고 답을 구해 보세요.

풀이

답

4 교실에 남학생이 6명씩 4줄로 앉아 있고, 여학생이 3명씩 4줄로 앉아 있습니다. 교실에 앉아 있는 학생은 모두 몇 명인지 구해 보세요.

( )

5 우영이는 하루에 문제집을 6쪽씩 풀기로 계획을 세웠습니다. 다음 표를 보고 우영이가 푼 문제집 쪽수는 모두 몇 쪽인지 곱셈식으로 나타내 보세요.

요일	월	화	수	목	금	토	일
실천	○	○	○	×	○	○	×

곱셈식 ....

6 다음과 같이 수수깡을 사용하여 삼각형과 사각형을 만들었습니다. 삼각형과 사각형을 각각 3개씩 만들려면 수수깡은 모두 몇 개 필요할까요?

( )

7 공원에 자전거와 오토바이가 있습니다. 바퀴 수를 세어 보니 자전거는 28개이고 오토바이는 18개입니다. 자전거와 오토바이는 모두 몇 대일까요? (단, 자전거의 바퀴는 4개이고, 오토바이의 바퀴는 2개입니다.)

( )

먼저 생각해 봐요!

세발자전거의 바퀴가 15개일 때 세발자전거는 몇 대?

8 어떤 수는 4의 8배보다 13만큼 더 큰 수입니다. 어떤 수는 9의 몇 배일까요?

( )

9 소윤이네 가족 7명이 가위바위보를 했습니다. 그중 3명이 바위를 내서 졌을 때 소윤이네 가족 7명이 펼친 손가락은 모두 몇 개일까요? (단, 비긴 사람은 없습니다.)

( )

먼저 생각해 봐요!

3명이 가위바위보를 하여 1명이 바위를 내서 졌을 때 이긴 사람이 낸 것과 이긴 사람 수는?

10 재원이는 한 상자에 5조각씩 들어 있는 케이크를 4상자 가지고 있습니다. 재원이가 친구 6명에게 케이크를 2조각씩 나누어 주었다면 남은 케이크는 몇 조각일까요?

( )

11 다음 식에서 같은 기호는 같은 수를 나타냅니다. ●와 ▲가 나타내는 수를 각각 구해 보세요. (단, ●와 ▲는 0이 아닌 한 자리 수입니다.)

●+●+●+●+●+●+●=▲9

● ( )

▲ ( )

디딤돌과 함께하는 4가지 방법

NAVER 카페

http://cafe.naver.com/didimdolmom

교재 선택부터 맞춤 학습 가이드,
이웃맘과 선배맘들의 경험담과 정보까지
가득한 디딤돌 학부모 대표 커뮤니티

디딤돌 홈페이지

www.didimdol.co.kr

교재 미리 보기와 정답지, 동영상 등
각종 자료들을 만날 수 있는
디딤돌 공식 홈페이지

Instagram

@didimdol_mom

카드 뉴스로 만나는 디딤돌 소식과
손쉽게 참여 가능한 리그램 이벤트가
진행되는 디딤돌 인스타그램

YouTube

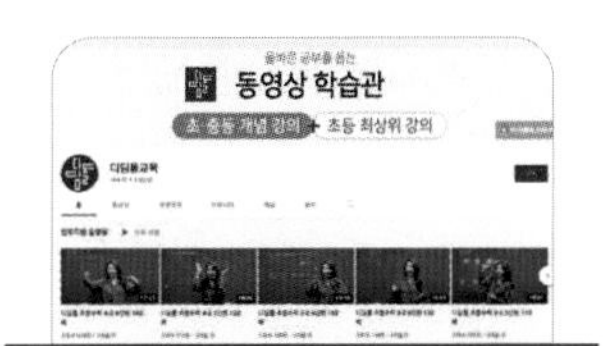

검색창에 디딤돌교육 검색

생생한 개념 설명 영상과
문제 풀이 영상으로 학습에 도움을 주는
디딤돌 유튜브 채널

초등 2·1

상위권의 기준

최상위 수학 S

복습책

초등 2·1

상위권의 기준

최상위 수학 S

복습책

다시푸는 최상위 S

1 세 자리 수

본문 14~29쪽의 유사문제입니다. 한 번 더 풀어 보세요.

1 예빈이는 과녁 맞히기 놀이를 하여 오른쪽과 같이 맞혔습니다. 예빈이가 얻은 점수는 모두 몇 점일까요?

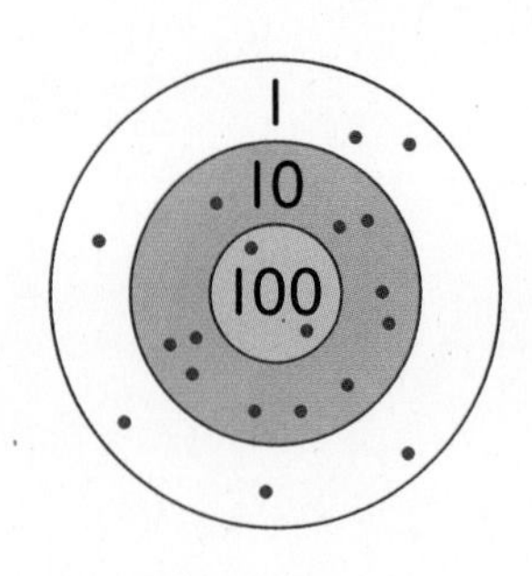

(   )

2 서술형

어떤 수에서 10씩 5번 뛰어 세기 한 수는 273입니다. 어떤 수에서 300씩 2번 뛰어 세기 한 수는 얼마인지 풀이 과정을 쓰고 답을 구해 보세요.

풀이

답

3 5장의 수 카드 중에서 3장을 골라 세 자리 수를 만들려고 합니다. 만들 수 있는 수 중에서 300보다 크고 450보다 작은 수는 모두 몇 개일까요?

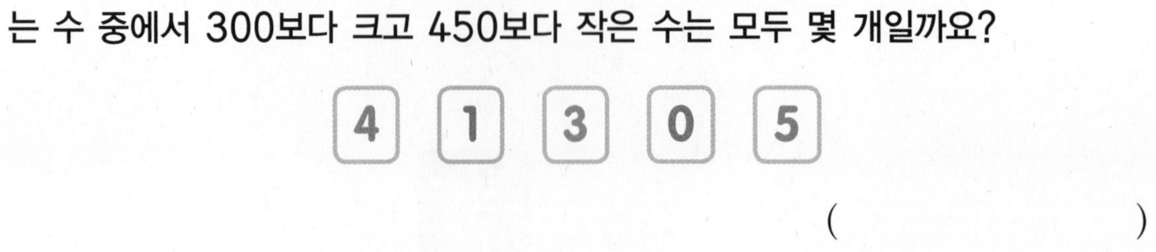

(   )

4 다음 조건을 만족하는 세 자리 수는 모두 몇 개일까요?

- 620보다 작습니다.
- 백의 자리 수는 2보다 큽니다.
- 십의 자리 수는 3보다 작습니다.
- 일의 자리 수는 십의 자리 수보다 1만큼 더 큰 수입니다.

(　　　　　　　　)

5 다음 동전 중 4개를 사용하여 만들 수 있는 금액 중에서 300원보다 큰 금액을 모두 구해 보세요.

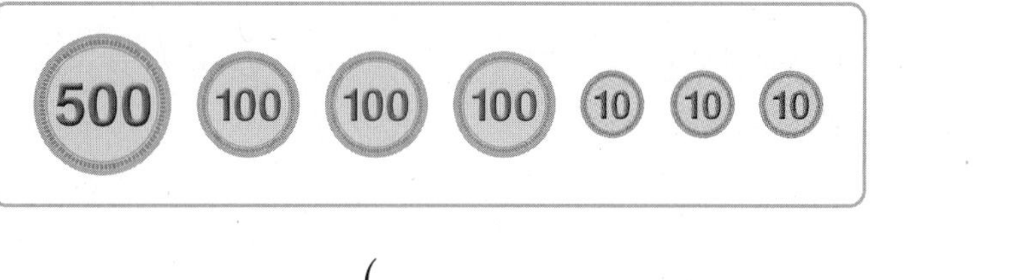

(　　　　　　　　　　　　　)

6 수 배열표의 일부분입니다. ㉠, ㉡, ㉢에 알맞은 수는 몇씩 커지는 규칙일까요?

71	75			㉠		95	
	86	90			㉡		
		101				㉢	

(　　　　　　　　)

S 7 다음은 학생들이 가지고 있는 구슬의 수를 나타낸 표입니다. 구슬을 정아, 효미, 주희, 미란, 호진이의 순서로 많이 가지고 있다면 미란이는 구슬을 몇 개까지 가질 수 있는지 구해 보세요.

정아	효미	주희	미란	호진
271개	27□개	2□0개		256개

( )

S 8 0부터 9까지의 수 중에서 □ 안에 공통으로 들어갈 수 있는 수를 모두 구해 보세요.

411 > 3□5
□68 > 766

( )

1 세 자리 수

정답과 풀이 71쪽

본문 30~32쪽의 유사문제입니다. 한 번 더 풀어 보세요.

1 한수는 연필을 한 묶음에 10자루씩 묶어서 6묶음을 포장하였습니다. 한수가 가지고 있던 연필이 100자루였다면 10자루씩 몇 묶음을 더 포장할 수 있을까요?

( )

2 바구니 안에 토마토가 100개씩 3묶음, 10개씩 28묶음 들어 있습니다. 바구니 안에 들어 있는 토마토는 모두 몇 개일까요?

( )

3 다음 중 500에 가장 가까운 수는 어느 것일까요?

420	560	610

( )

서술형 **4** 지훈이는 100원짜리 동전 6개와 10원짜리 동전 22개를 가지고 있습니다. 초콜릿을 사고 100원짜리 동전 3개와 10원짜리 동전 12개를 냈다면 지훈이에게 남은 돈은 얼마인지 풀이 과정을 쓰고 답을 구해 보세요.

풀이 ....

....

....

답 ....

5

□ 안에 알맞은 수를 구해 보세요.

> 100이 3개, 10이 34개, 1이 56개인 수는 100이 □개인 수보다 4만큼 더 작은 수입니다.

( )

6

큰 수부터 차례로 기호를 써 보세요.

> ㉠ 339보다 200만큼 더 작은 수
> ㉡ 100이 1개, 10이 15개, 1이 6개인 수
> ㉢ 10이 22개, 1이 61개인 수
> ㉣ 204에서 10씩 7번 뛰어 세기 한 수

( )

7

다음과 같이 뛰어 세기 할 때 ㉠에서 50씩 3번 뛰어 세기 한 수는 얼마일까요?

415			445	…	785		㉠

( )

8 283보다 크고 416보다 작은 세 자리 수 중에서 백의 자리 수가 십의 자리 수보다 큰 수는 모두 몇 개일까요?

( )

9 건호네 집 비밀번호는 세 자리 수 4개이고, 이것은 왼쪽 수부터 60씩 뛰어 센 수와 같습니다. 빈칸에 알맞은 숫자를 써넣어 비밀번호를 완성해 보세요.

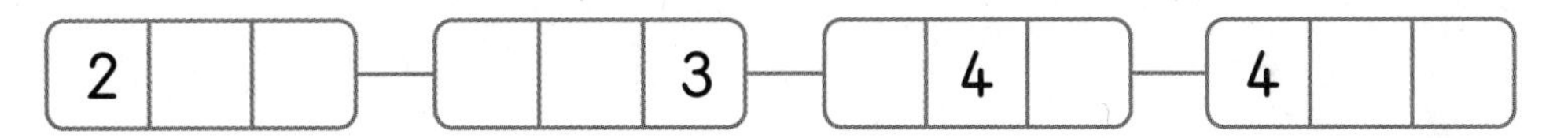

10 100부터 300까지의 수를 쓸 때 숫자 0을 모두 몇 번 쓰게 될까요?

( )

2 여러 가지 도형

본문 42~57쪽의 유사문제입니다. 한 번 더 풀어 보세요.

1 도형에 대한 설명으로 잘못된 것을 모두 찾아 기호를 써 보세요.

㉠ 원은 곧은 선으로 둘러싸여 있습니다.
㉡ 삼각형은 곧은 선 4개로 둘러싸여 있습니다.
㉢ 사각형의 변과 꼭짓점의 수를 합하면 모두 8개입니다.
㉣ 모든 원은 모양이 같습니다.
㉤ 삼각형의 꼭짓점의 수는 사각형의 꼭짓점의 수보다 1개 더 많습니다.

( )

2 서술형

오른쪽 색종이를 점선을 따라 잘랐을 때 생기는 삼각형의 꼭짓점의 수의 합은 사각형의 변의 수의 합보다 몇 개 더 많은지 풀이 과정을 쓰고 답을 구해 보세요.

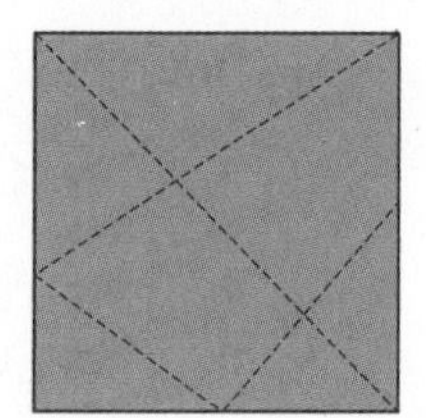

풀이

답

3 왼쪽 모양에서 쌓기나무 1개를 옮겨 만들 수 없는 모양을 찾아 기호를 써 보세요.

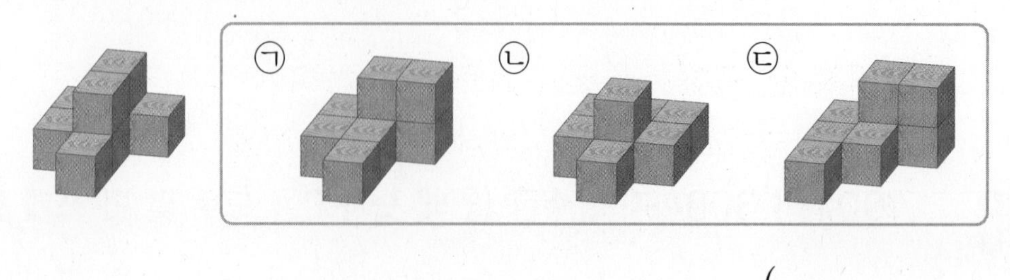

( )

4 오른쪽 모양을 보고 쌓은 모양을 바르게 설명한 것을 모두 찾아 기호를 써 보세요.

㉠ 1층에 놓인 쌓기나무는 4개입니다.
㉡ 쌓기나무 7개를 사용했습니다.
㉢ 쌓기나무 3개를 놓아 3층으로 쌓고 맨 아래 쌓기나무 오른쪽 옆으로 쌓기나무 3개를 옆으로 나란히 쌓았습니다.
㉣ 쌓기나무 3개가 옆으로 나란히 있고, 가운데 쌓기나무의 앞에 쌓기나무 3개를 놓아 3층으로 쌓았습니다.

(　　　　　　　)

5 다음 삼각형 모양의 종이에 곧은 선 3개를 그은 후 선을 따라 잘라 삼각형 4개를 만들려고 합니다. 2가지 방법으로 선을 그어 보세요.

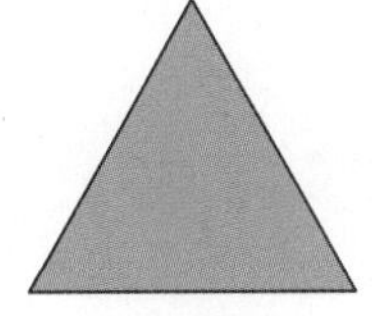
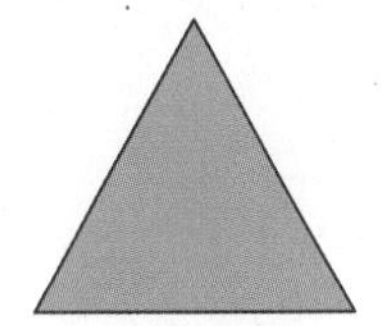

6 오른쪽 점 중에서 4개의 점을 꼭짓점으로 하여 사각형을 그렸습니다. 이 사각형과 똑같은 사각형을 그린다면 몇 개를 더 그릴 수 있을까요?

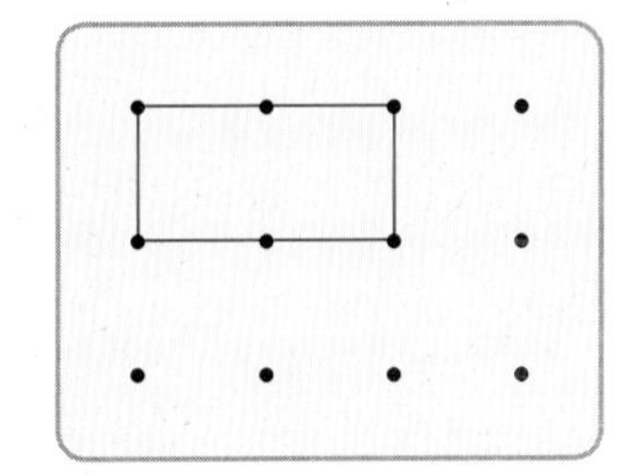

(　　　　　　　)

7

오른쪽 모양에서 찾을 수 있는 크고 작은 삼각형은 모두 몇 개일까요?

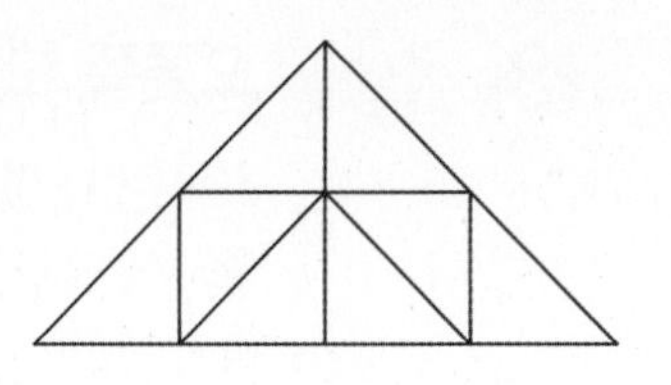

(　　　　　　　　)

8

주어진 칠교 조각으로 다음 도형을 만들 수 없는 것을 찾아 기호를 써 보세요.

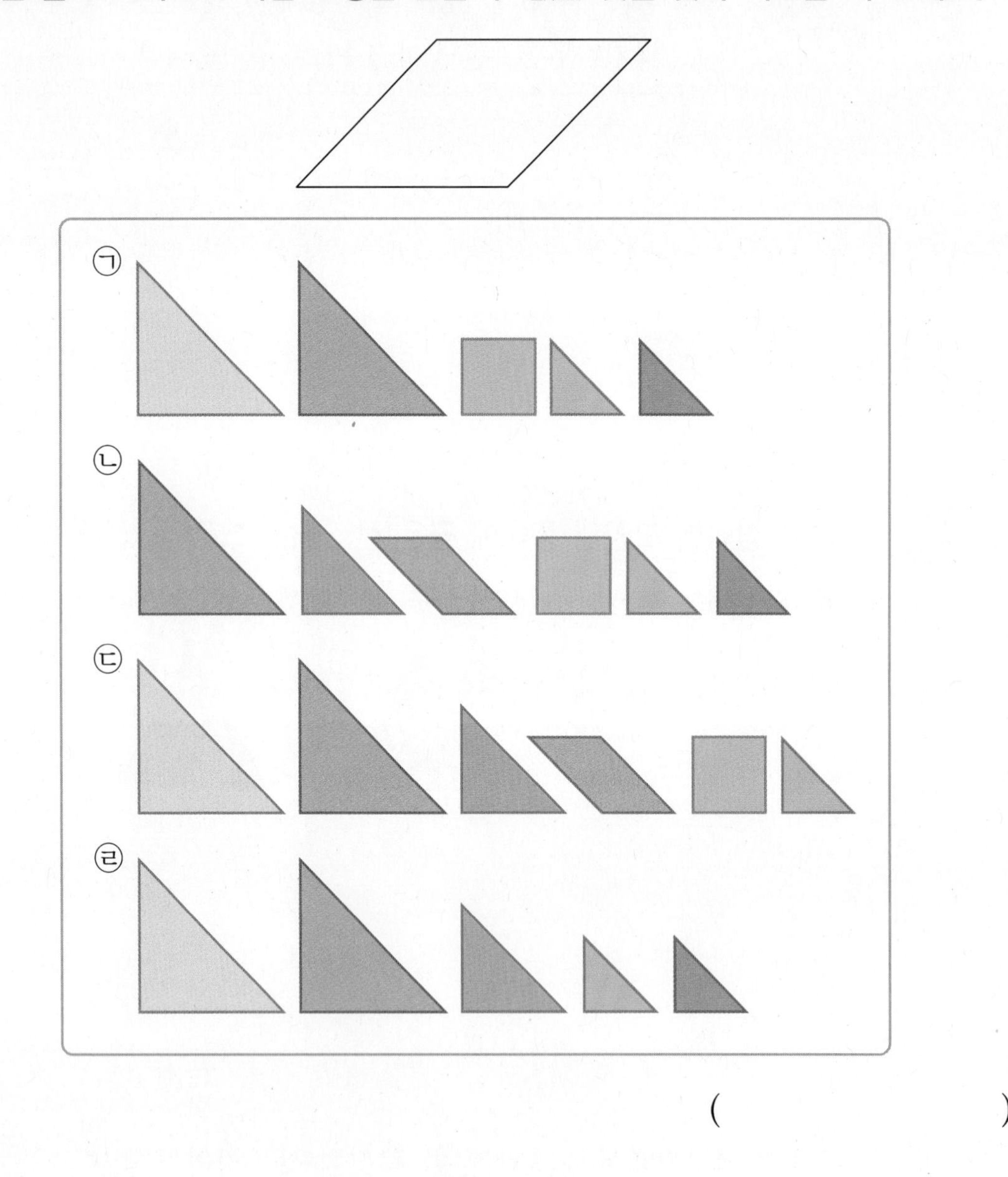

(　　　　　　　　)

2 여러 가지 도형

정답과 풀이 74쪽

본문 58~60쪽의 유사문제입니다. 한 번 더 풀어 보세요.

1 다음 여러 가지 도형 중 가장 많은 도형의 모든 변의 수와 꼭짓점의 수의 합을 구해 보세요.

( )

2 ㉠+㉡−㉢의 값을 구해 보세요.

㉠ 삼각형의 변의 수 ㉡ 사각형의 꼭짓점의 수 ㉢ 원의 꼭짓점의 수

( )

서술형 **3** 왼쪽 모양을 오른쪽 모양과 똑같게 쌓으려고 합니다. 더 필요한 쌓기나무는 몇 개인지 풀이 과정을 쓰고 답을 구해 보세요.

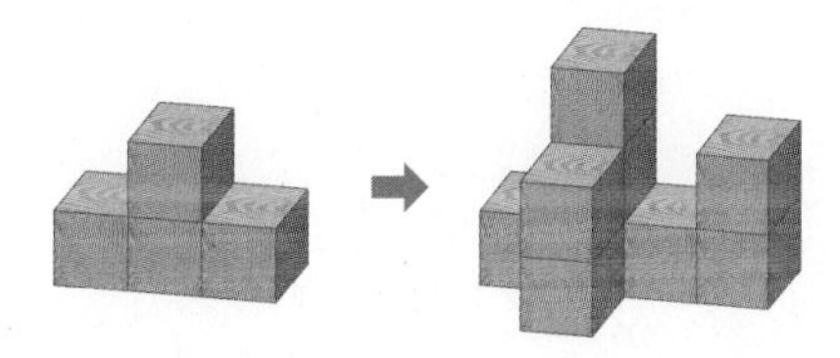

풀이

답

4 오른쪽 칠교판에서 찾을 수 있는 크고 작은 사각형은 모두 몇 개일까요?

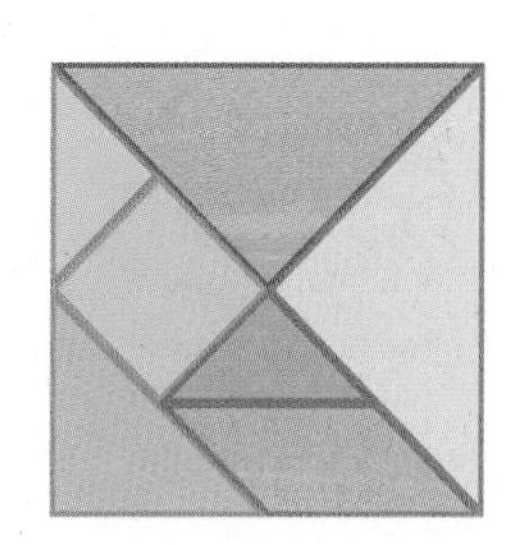

( )

5 다음 조건에 맞는 모양을 모두 찾아 기호를 써 보세요.

- 삼각형 밖에 원이 있습니다.
- 원 안에 사각형이 있습니다.
- 삼각형과 사각형에 길이가 같은 변이 있습니다.

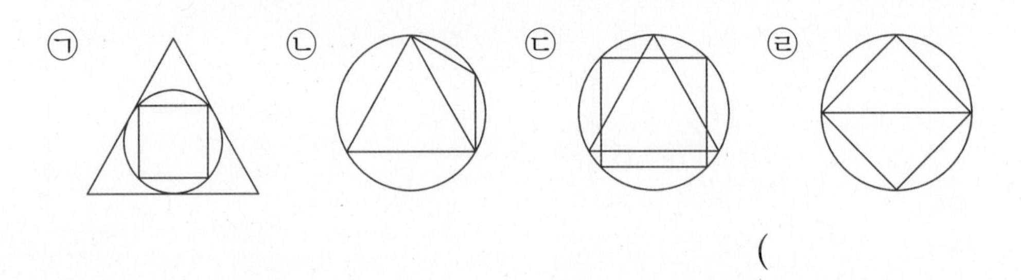

(　　　　　　　　)

6 다음 조건에 맞게 쌓기나무를 쌓은 것의 기호를 써 보세요.

- 빨간색 쌓기나무 앞에 파란색 쌓기나무가 있습니다.
- 보라색 쌓기나무 위에 노란색 쌓기나무가 있습니다.
- 초록색 쌓기나무와 빨간색 쌓기나무는 옆으로 나란히 있습니다.

(　　　　　　　　)

7 다음 조건에 맞게 점판 위에 도형을 그려 보세요.

- 곧은 선으로 둘러싸여 있으면서 변과 꼭짓점의 수의 합이 6개입니다.
- 도형의 안쪽에 점이 3개 있습니다.

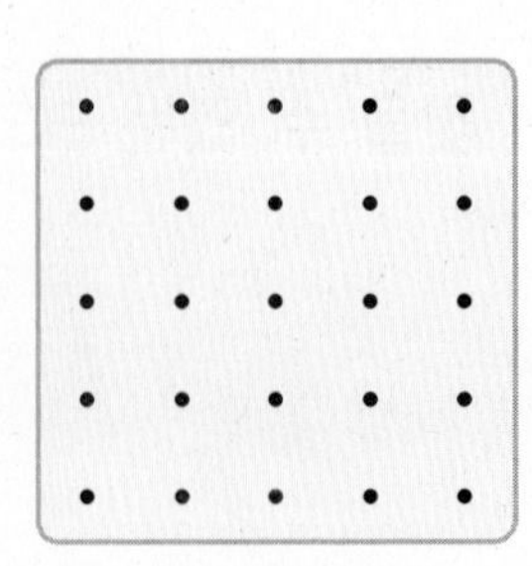

8 다음과 같이 색종이를 3번 접었다가 펼친 후 가위로 접힌 선을 따라 모두 자르면 어떤 도형이 몇 개 만들어지는지 구해 보세요.

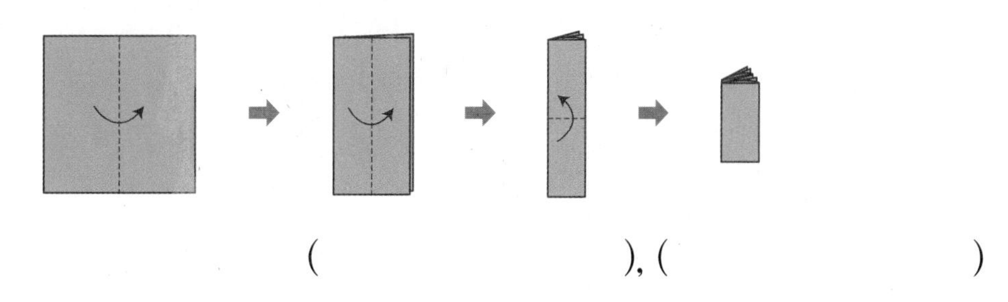

( ), ( )

9 다음과 같은 규칙으로 삼각형과 사각형을 모두 38개 늘어놓았습니다. 늘어놓은 삼각형과 사각형의 수의 차는 몇 개일까요?

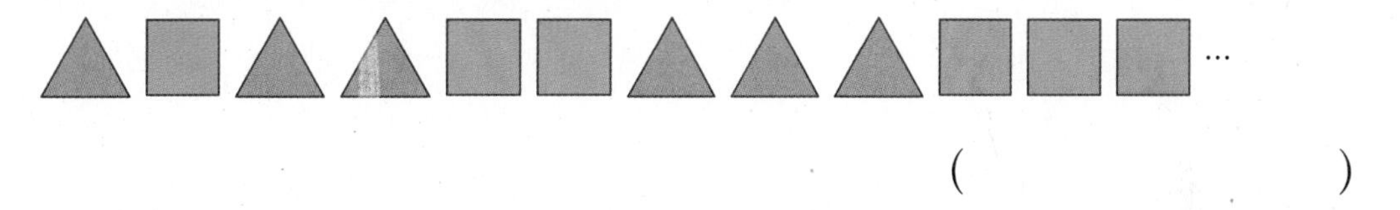

( )

10 주어진 세 조각을 모두 사용하여 사각형을 만들 수 있는 방법은 모두 몇 가지일까요? (단, 돌리거나 뒤집었을 때 같은 모양은 한 가지로 생각합니다.)

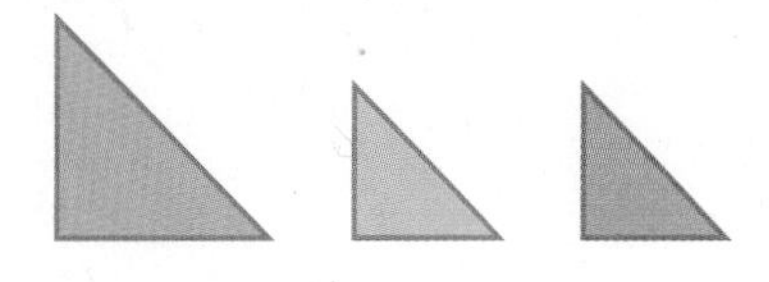

( )

본문 70~85쪽의 유사문제입니다. 한 번 더 풀어 보세요.

1 65－28의 계산 과정입니다. ㉠, ㉡, ㉢에 알맞은 수를 각각 구해 보세요.

$$65-28=65-30+㉠$$
$$=㉡+㉠$$
$$=㉢$$

㉠ (　　　　), ㉡ (　　　　), ㉢ (　　　　)

2 ●가 27일 때 ■와 ▲에 알맞은 수를 각각 구해 보세요. (단, 같은 기호는 같은 수를 나타냅니다.)

■－24＝●
▲－■＝32

■ (　　　　), ▲ (　　　　)

3 다음은 다희와 현미가 가진 사탕 수를 나타낸 것입니다. 다희가 가진 사탕이 현미가 가진 사탕보다 9개 더 많을 때 다희가 가진 오렌지 맛 사탕은 몇 개일까요?

구분	다희		현미	
사탕 종류	오렌지 맛	딸기 맛	오렌지 맛	딸기 맛
사탕 수		52개	44개	27개

(　　　　)

4 서술형

귤이 한 상자 있습니다. 이 중에서 승민이가 14개를 먹고, 하은이가 28개를 먹었더니 43개가 남았습니다. 처음 상자에 들어 있던 귤은 몇 개인지 풀이 과정을 쓰고 답을 구해 보세요.

풀이

답

5

십의 자리 수가 4인 수 중에서 □ 안에 들어갈 수 있는 수를 모두 구해 보세요.

$74 - \square < 28$

(　　　　　　　　　　)

6

4장의 수 카드 [1], [2], [5], [8]이 있습니다. 이 수 카드를 한 번씩만 사용하여 차가 67이 되는 뺄셈식을 만들어 보세요.

$\square\square - \square\square = 67$

7 주머니 안에 수가 써 있는 구슬이 5개 들어 있습니다. 이 주머니에서 3개의 구슬을 꺼내어 덧셈식 2개와 뺄셈식 2개를 만들어 보세요.

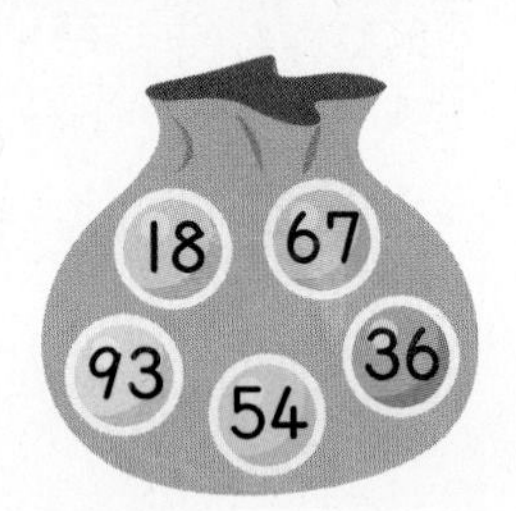

덧셈식 .... 뺄셈식 ....

....

8 세 친구가 가지고 있는 색종이에 대해 이야기하고 있습니다. 다음을 읽고 민솔이가 가지고 있는 색종이는 몇 장인지 구해 보세요.

> 은아: 나는 25장만 더 모으면 74장이 돼.
> 수빈: 나는 은아보다 12장 더 많이 가지고 있어.
> 민솔: 수빈이가 나에게 8장을 주면 수빈이와 내 색종이 수가 같아져.

( )

3 덧셈과 뺄셈

정답과 풀이 78쪽

본문 86~88쪽의 유사문제입니다. 한 번 더 풀어 보세요.

1 현담이네 농장에 닭 32마리, 오리 29마리, 돼지 25마리, 염소 27마리가 있습니다. 가장 많은 동물과 가장 적은 동물의 수의 차는 몇 마리일까요?

(　　　　　　　)

2 다음 중 합이 74가 되는 두 수를 찾아 써 보세요.

16　54　38　47　30　27

(　　　　　　　)

서술형 **3** 종이학을 수아는 어제 33개, 오늘 29개 접었고, 규진이는 어제 37개, 오늘 48개 접었습니다. 이틀 동안 종이학을 누가 몇 개 더 많이 접었는지 풀이 과정을 쓰고 답을 구해 보세요.

풀이

답 　　　　　,

4 수 카드 2장을 골라 두 자리 수를 만들어 92에서 빼려고 합니다. 계산 결과가 가장 작은 수가 되도록 뺄셈식을 쓰고 계산해 보세요.

4　2　6

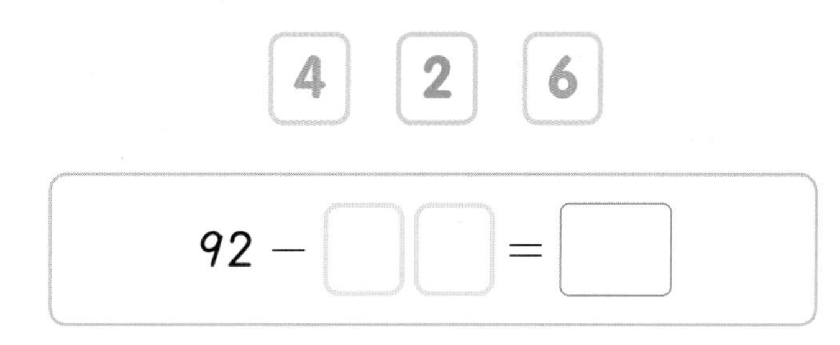

5

십의 자리 수가 5인 수 중에서 □ 안에 들어갈 수 있는 수는 모두 몇 개일까요?

$$36 + 49 - \square < 32$$

(   )

6

딱지를 은태는 현수보다 24개 더 적게 가지고 있고, 서우보다 18개 더 많이 가지고 있습니다. 서우가 가지고 있는 딱지가 37개일 때 현수가 가지고 있는 딱지는 몇 개일까요?

(   )

7

시민이와 정우는 각각 2장의 수 카드를 가지고 있습니다. 시민이가 가지고 있는 카드에 적힌 두 수의 합은 정우가 가지고 있는 카드에 적힌 두 수의 합과 같습니다. 정우가 가지고 있는 뒤집어진 카드에 적힌 수는 얼마인지 구해 보세요.

시민: 26 65

(   )

8 규칙에 따라 수 카드를 늘어놓았습니다. ㉠+㉡−㉢을 구해 보세요.

㉠	27	39	51	63	㉡	㉢

(　　　　　　　　)

9 수직선을 보고 □ 안에 알맞은 수를 구해 보세요.

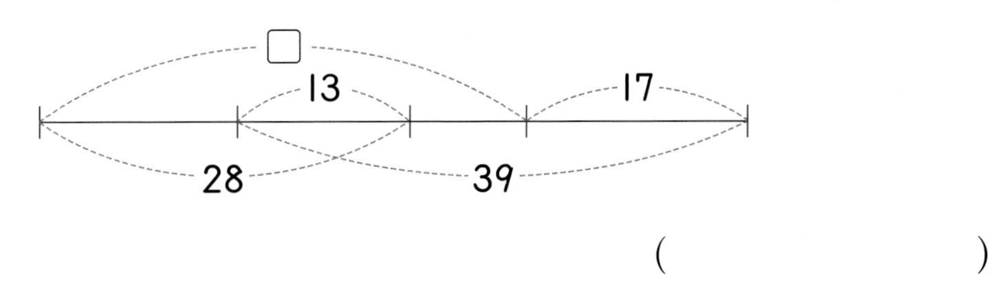

(　　　　　　　　)

10 오른쪽 그림에서 한 원 안에 있는 네 수의 합은 모두 88입니다. ㉢−㉠−㉡을 구해 보세요.

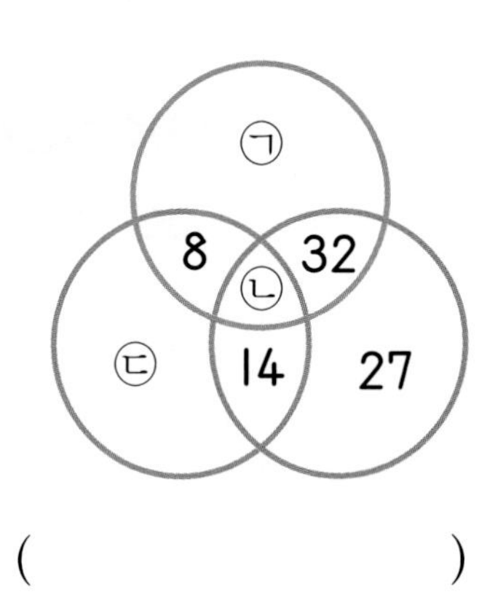

(　　　　　　　　)

4 길이 재기

본문 96~111쪽의 유사문제입니다. 한 번 더 풀어 보세요.

1 은호가 연결 모형으로 모양 만들기를 하였습니다. 가장 길게 연결한 곳을 찾아 기호를 써 보세요.

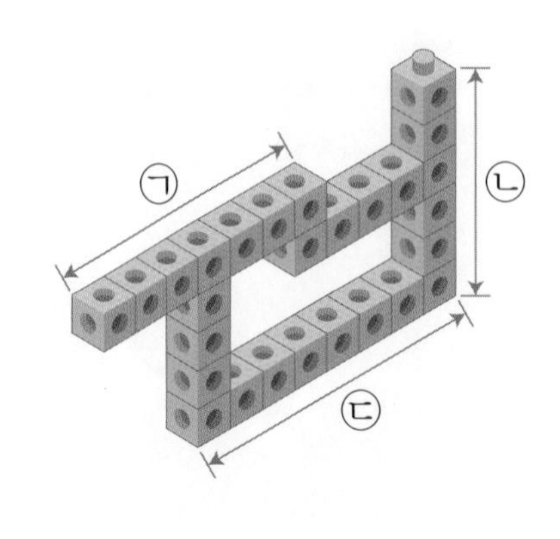

( )

2 볼펜보다 길이가 더 긴 것을 찾아 기호를 써 보세요.

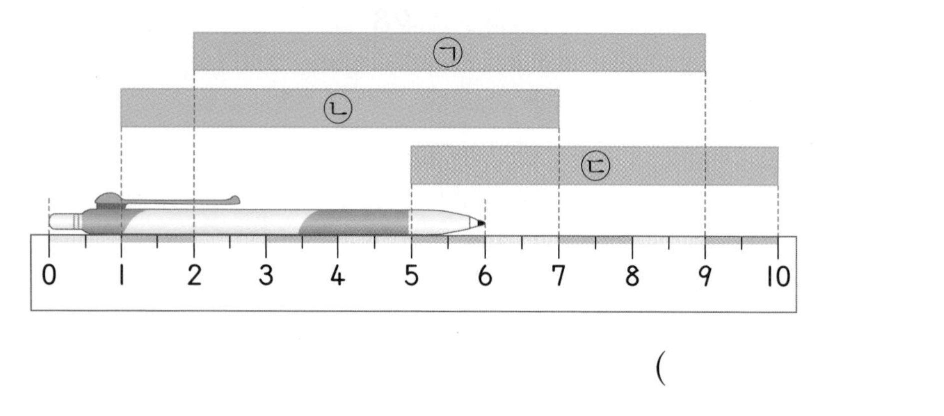

( )

3 다음 물건을 각각 단위로 하여 우산의 길이를 재어 보았습니다. 길이가 가장 긴 물건은 무엇일까요?

물건	연필	크레파스	볼펜
잰 횟수	12번쯤	18번쯤	14번쯤

( )

4 길이가 48 cm인 철사의 길이를 어림한 것입니다. 실제 길이에 가장 가깝게 어림한 것을 찾아 기호를 써 보세요.

㉠ 약 53 cm	㉡ 약 44 cm
㉢ 약 50 cm	㉣ 약 45 cm

( )

5 미소는 세 가지 길이의 벽돌 가, 나, 다를 쌓아 벽을 만들었습니다. 벽돌 나의 길이가 4 cm일 때 벽돌 가와 다의 길이의 합은 몇 cm인지 구해 보세요.

가	가	나	나

나	나	나	나	다

( )

6 선풍기의 높이는 길이가 18 cm인 붓으로 5번 잰 길이와 같습니다. 이 길이는 연필로 6번 잰 길이와 같을 때 연필의 길이는 몇 cm인지 구해 보세요.

( )

7 길이가 1 cm, 4 cm, 7 cm인 세 개의 끈이 있습니다. 이 중 두 개의 끈을 겹치지 않게 이어 붙이거나 겹쳐서 잴 수 있는 길이는 모두 몇 가지인지 구해 보세요. (단, 끈을 팽팽하게 당겨서 사용합니다.)

1 cm ——

4 cm ——————

7 cm ——————————

(　　　　　　)

8 윤희는 길이가 각각 같은 색연필과 지우개 여러 개를 준비했습니다. 색연필 4자루와 지우개 3개를 합한 길이는 색연필 3자루와 지우개 6개를 합한 길이와 같습니다. 칠판의 짧은 쪽의 길이가 색연필 8자루와 지우개 2개를 합한 길이와 같을 때 칠판의 짧은 쪽의 길이는 지우개 몇 개의 길이와 같은지 구해 보세요.

(　　　　　　)

4 길이 재기

정답과 풀이 81쪽

본문 112~115쪽의 유사문제입니다. 한 번 더 풀어 보세요.

1 반으로 접혀 있는 종이를 펼쳤을 때 긴 쪽의 길이는 엄지손가락 너비로 몇 번인지 구해 보세요.

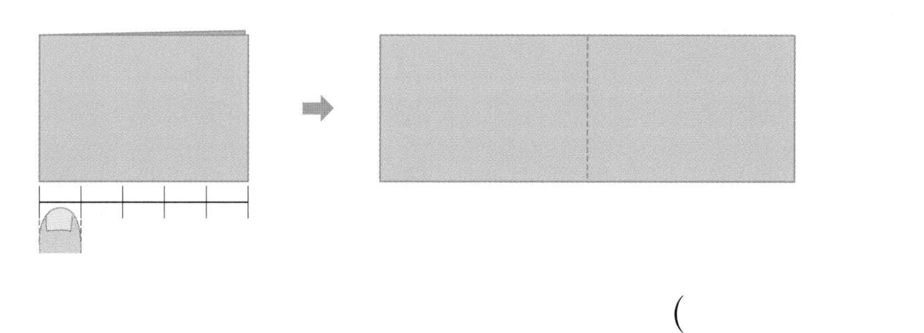

( )

2 다음에서 설명하는 색 테이프의 길이만큼 막대를 색칠해 보세요.

색 테이프의 길이는 클립으로 8번입니다.

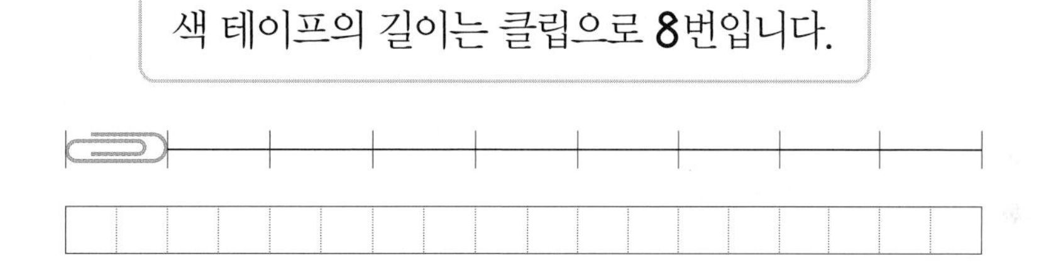

3 사각형의 네 변의 길이를 자로 재어 가장 긴 변의 길이는 몇 cm인지 구해 보세요.

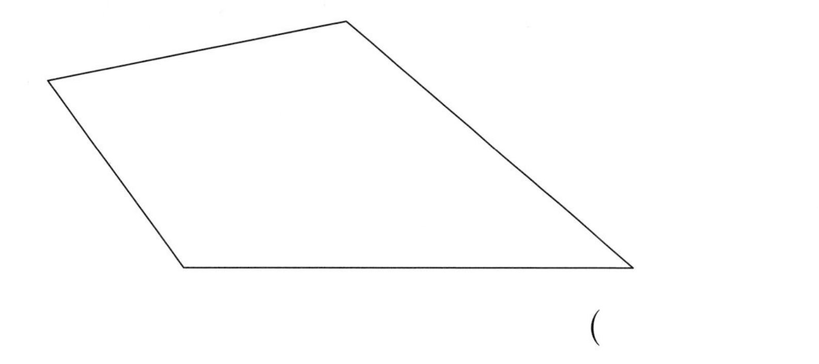

( )

4 우산의 길이는 1 cm로 47번, 지팡이의 길이는 1 cm로 52번, 빗자루의 길이는 1 cm로 45번일 때 길이가 긴 것부터 차례로 써 보세요.

( )

서술형 **5** ㉠의 길이가 6 cm일 때 ㉡의 길이는 몇 cm인지 풀이 과정을 쓰고 답을 구해 보세요.

㉠

㉡

풀이

답

6 색 테이프의 길이는 약 몇 cm인지 구해 보세요.

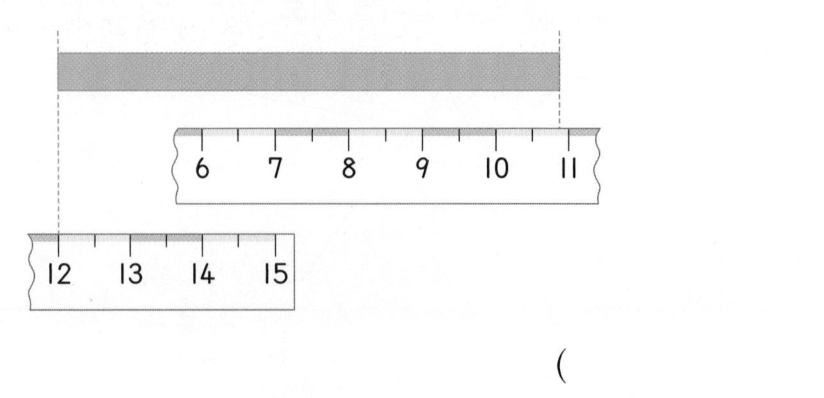

( )

7 색 테이프의 길이를 자로 재어 ㉠과 ㉡에 알맞은 수의 합을 구해 보세요.

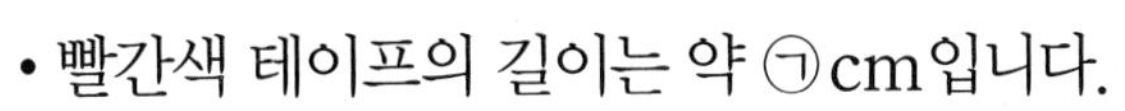

- 빨간색 테이프의 길이는 약 ㉠ cm입니다.
- 파란색 테이프의 길이는 약 ㉡ cm입니다.

(　　　　　　　　)

8 빨간색과 파란색 테이프를 겹쳐 붙인 것을 자로 잰 그림입니다. 빨간색과 파란색 테이프의 길이가 같을 때 겹쳐진 부분의 길이는 몇 cm인지 구해 보세요.

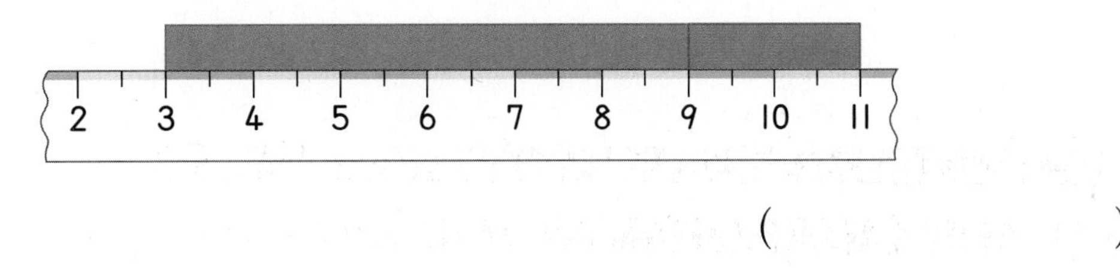

(　　　　　　　　)

9 수민, 주호, 지유는 달력의 긴 쪽의 길이를 각자 어림해 보았습니다. 달력의 긴 쪽의 길이를 자로 재었더니 87 cm이었습니다. 대화를 보고 실제 길이에 가장 가깝게 어림한 사람의 이름을 써 보세요.

수민: 달력의 긴 쪽의 길이는 약 93 cm인 것 같아.
주호: 내 생각에는 수민이가 어림한 길이보다 10 cm만큼 더 짧은 것 같아.
지유: 달력의 긴 쪽의 길이는 1 cm로 약 90번인 것 같아.

(　　　　　　　　)

서술형 **10**

철사의 길이는 수수깡으로 재면 3번이고, 이 수수깡의 길이는 5 cm인 풀로 재면 5번입니다. 철사의 길이는 몇 cm인지 풀이 과정을 쓰고 답을 구해 보세요.

풀이

답

11

길이가 1 cm, 4 cm, 6 cm인 세 개의 색 테이프가 있습니다. 이 세 개의 색 테이프로 잴 수 있는 길이는 모두 몇 가지인지 구해 보세요. (단, 색 테이프를 모두 사용할 필요는 없습니다.)

1 cm
4 cm
6 cm

(　　　　　　)

5 분류하기

정답과 풀이 83쪽

본문 122~137쪽의 유사문제입니다. 한 번 더 풀어 보세요.

S 1 **여러 가지 동물이 있습니다. 분류 기준이 될 수 있는 것을 찾아 기호를 써 보세요.**

㉠ 좋아하는 동물과 싫어하는 동물
㉡ 바다에 사는 동물과 육지에 사는 동물
㉢ 무거운 동물과 가벼운 동물
㉣ 울음 소리가 좋은 동물과 좋지 않은 동물

( )

S 2 **여러 가지 바지가 있습니다. 기준을 정하여 바지를 분류해 보세요.**

• 분류 기준 1: [ ]

색깔			
수(개)			

• 분류 기준 2: [ ]

무늬			
수(개)			

3

여러 종류의 단추가 있습니다. 기준에 따라 단추를 분류해 보세요.

	사각형 모양	원 모양
구멍 2개		
구멍 4개		

4

민주는 쿠키, 사탕, 요구르트, 도넛을 종류별로 한 개씩 묶어 친구들에게 남김없이 나누어 주려고 합니다. 어떤 간식이 몇 개 더 필요한지 구해 보세요.

( ), ( )

5 주영이네 모둠 학생들이 가고 싶은 산입니다. 바르게 설명한 것을 모두 찾아 기호를 써 보세요.

백두산	한라산	지리산	지리산	북한산
한라산	지리산	한라산	북한산	백두산
백두산	백두산	한라산	북한산	백두산
지리산	백두산	북한산	백두산	한라산

㉠ 가장 많은 학생들이 가고 싶은 산은 백두산입니다.
㉡ 둘째로 많은 학생들이 가고 싶은 산은 북한산입니다.
㉢ 백두산을 가고 싶은 학생 수와 지리산을 가고 싶은 학생 수의 차는 3명입니다.
㉣ 조사에 참여한 학생 수는 모두 25명입니다.

(　　　　　　　　)

6 여러 가지 수가 있습니다. 세 가지 기준에 알맞은 수는 96일 때 나머지 기준은 무엇인지 써 보세요.

872	88	197	274	58
63	452	61	96	613

기준
① 짝수입니다.
② 십의 자리 숫자는 일의 자리 숫자보다 3만큼 더 큽니다.
③ ....

7 서술형

오른쪽과 같은 주사위를 두 번 던져 나온 결과를 붙여 놓았습니다. 세 가지 분류 기준 을 모두 만족하는 결과를 찾아 기호를 쓰려고 합니다. 풀이 과정을 쓰고 답을 구해 보세요.

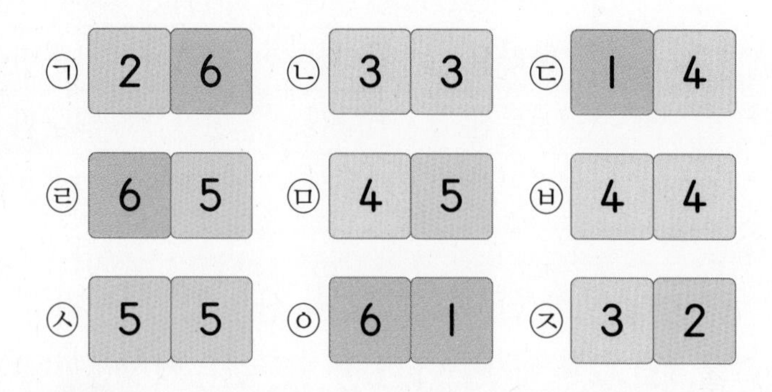

기준

① 나온 두 수의 합이 10보다 작습니다.

② 두 수가 다릅니다.

③ 두 면의 색이 같습니다.

풀이

답

8

여러 가지 카드를 다음과 같이 분류하였습니다. 잘못 분류된 카드 1장을 찾아 ○표 하고, 그 까닭을 써 보세요.

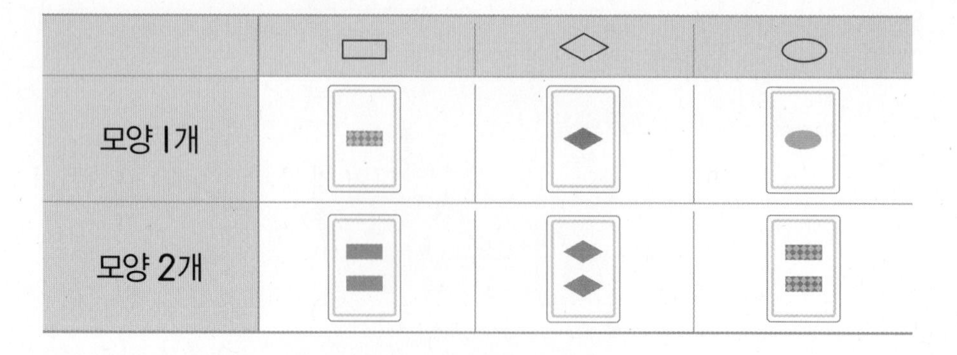

까닭

5 분류하기

정답과 풀이 84쪽

본문 138~141쪽의 유사문제입니다. 한 번 더 풀어 보세요.

1 여러 종류의 이동 수단을 다음과 같이 분류하였습니다. 분류한 기준을 써 보세요.

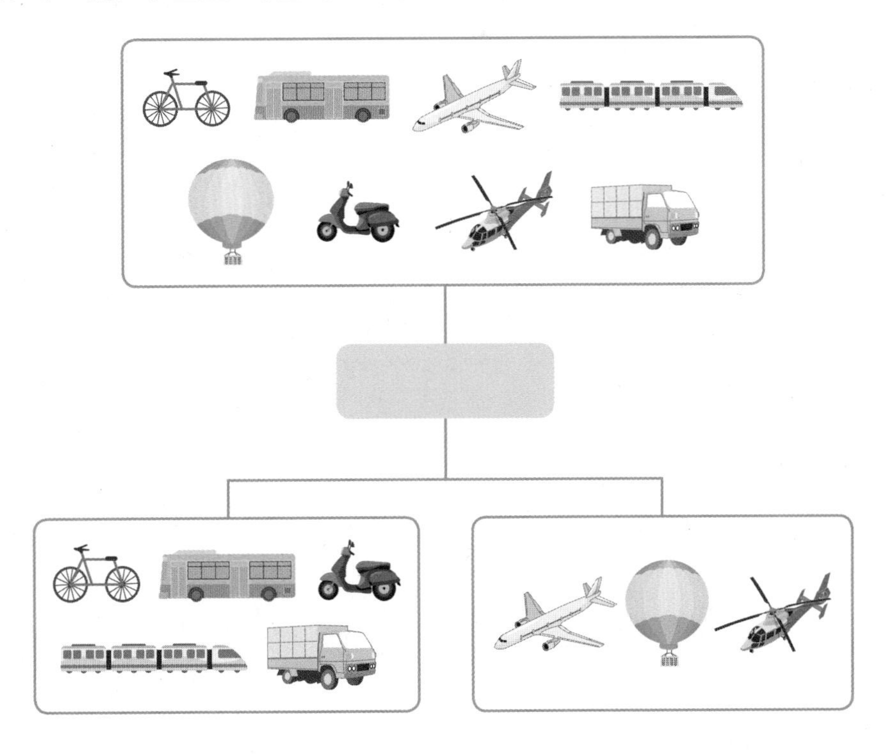

서술형 **2** 수가 쓰인 두 개의 공이 든 주머니가 있습니다. 다음과 같이 주머니를 분류했을 때 분류 기준은 무엇인지 풀이 과정을 쓰고 답을 구해 보세요.

25, 19	42, 36	12, 18

46, 57	23, 12	6, 17

풀이 ....

....

....

....

답 ....

3

보기 에 주어진 것들을 기준에 따라 분류해 보세요.

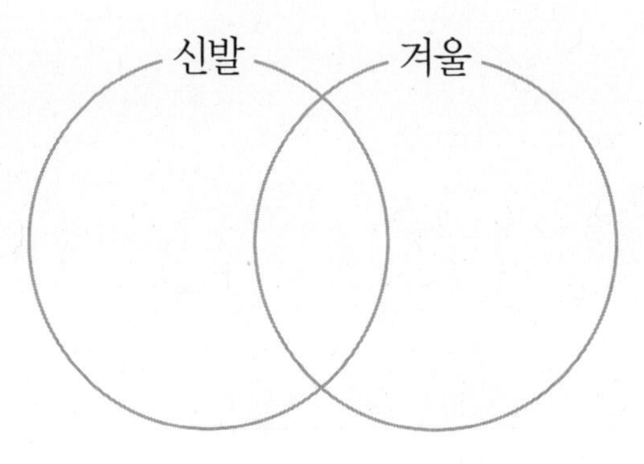

4

주방에 있는 여러 가지 그릇들입니다. 같은 종류의 그릇끼리 분류해 보세요.

냄비		
①, ⑦, ⑧, ⑩		

[5~6] 다음은 우산 가게에서 어제 하루 동안 팔린 우산들입니다. 물음에 답하세요.

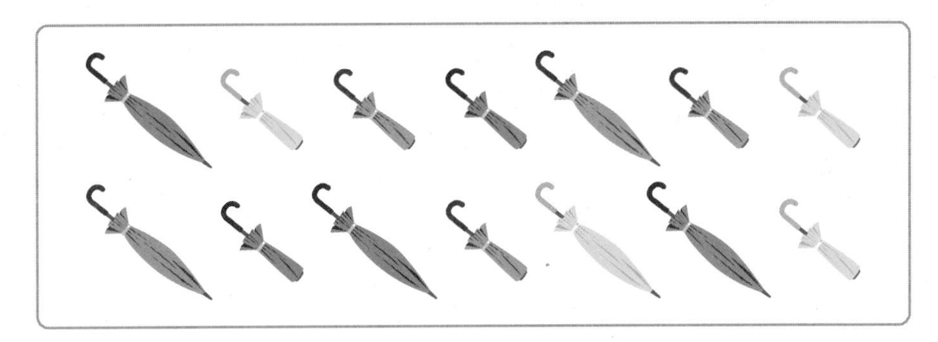

5 어제 하루 동안 팔린 우산들을 보고 표를 완성해 보세요.

색깔	빨간색	노란색	초록색
긴 우산의 수(개)	3		
짧은 우산의 수(개)			
전체 우산의 수(개)			

6 5에서 완성한 표를 보고 바르게 설명한 것을 모두 찾아 기호를 써 보세요.

㉠ 노란색 긴 우산은 2개 팔렸습니다.
㉡ 초록색 우산은 5개 팔렸습니다.
㉢ 짧은 우산은 8개 팔렸습니다.
㉣ 어제 하루 동안 팔린 우산은 모두 15개입니다.

(　　　　　　　　)

7 시형이네 반 학생들의 취미입니다. ㉠과 ㉡이 다른 취미일 때 취미가 피아노인 학생은 몇 명일까요?

피아노	미술	운동	미술	운동
독서	운동	피아노	피아노	독서
피아노	미술	㉠	독서	㉡
미술	운동	피아노	운동	운동

취미	피아노	미술	운동	독서
학생 수(명)			6	3

( )

서술형 **8** 종이 접기 작품 하나를 만드는 데 색종이가 빨간색은 5장, 파란색은 8장, 노란색은 3장, 초록색은 6장, 보라색은 4장 필요합니다. 그림에 있는 색종이를 사용하여 종이 접기 작품 하나를 만들 때 더 필요한 색종이가 가장 많은 색종이는 무슨 색인지 풀이 과정을 쓰고 답을 구해 보세요.

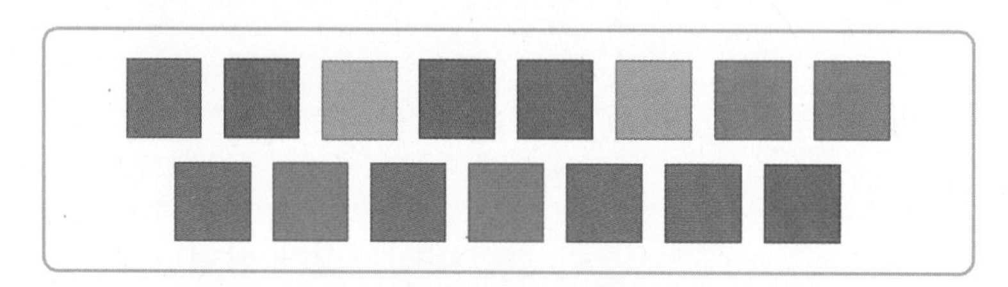

풀이

답

6 곱셈

정답과 풀이 86쪽

본문 150~165쪽의 유사문제입니다. 한 번 더 풀어 보세요.

1 6씩 4묶음은 8씩 몇 묶음과 같은지 구해 보세요.

( )

2 나타내는 수가 작은 것부터 차례로 기호를 써 보세요.

㉠ 2씩 9묶음	㉡ 3의 5배
㉢ 7과 6의 곱	㉣ 8씩 5묶음

( )

3 ■와 ●가 다음과 같을 때 ■+●의 값을 구해 보세요.

- ■는 6부터 9씩 4번 뛰어 센 수입니다.
- ●는 11부터 4씩 9번 뛰어 센 수입니다.

( )

4 서술형

경수네 농장에 오리가 9마리, 염소가 7마리 있습니다. 오리와 염소 중에서 어느 동물의 다리가 몇 개 더 많은지 풀이 과정을 쓰고 답을 구해 보세요.

풀이

답 ,

5

분홍색 수 카드 중 하나를 십의 자리에, 하늘색 수 카드 중 하나를 일의 자리에 놓아 두 자리 수를 만들려고 합니다. 수 카드로 만들 수 있는 두 자리 수는 모두 몇 개일까요?

1 8 5   3 7 5 6 8 0

( )

6

㉠+㉡+㉢의 값을 구해 보세요.

- 54는 9의 ㉠배입니다.
- 8의 ㉡배는 64입니다.
- 7의 5배는 ㉢입니다.

( )

7 보기 를 보고 지아, 연우, 예성이가 가지고 있는 인형은 모두 몇 개인지 구해 보세요.

보기
- 지아는 인형을 5개씩 5줄 가지고 있습니다.
- 연우는 지아가 가지고 있는 인형보다 18개 더 적게 가지고 있습니다.
- 예성이는 연우가 가지고 있는 인형의 2배를 가지고 있습니다.

( )

8 다음 빨간색 막대의 7배의 길이만큼 쌓기나무를 한 줄로 이어 놓을 때 이어 놓은 쌓기나무의 전체 길이는 몇 cm일까요? (단, 모두 똑같은 쌓기나무입니다.)

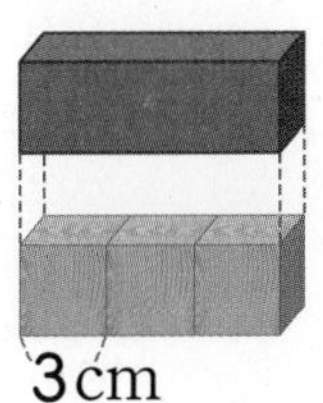

( )

6 곱셈

본문 166~168쪽의 유사문제입니다. 한 번 더 풀어 보세요.

1 사과는 모두 몇 개인지 4가지 곱셈식으로 나타내 보세요.

( )

2 다음을 보고 ㉠과 ㉡에 들어갈 수의 합을 구해 보세요.

$7 \times$ ㉠ $= 56$ $\quad$ $6 \times 6 =$ ㉡

( )

서술형 **3** 도넛이 5개씩 9묶음 있습니다. 이 도넛을 한 사람에게 9개씩 주려고 할 때 몇 명에게 줄 수 있는지 풀이 과정을 쓰고 답을 구해 보세요.

풀이

답

4 운동장에 남학생이 9명씩 8줄로 서 있고, 여학생이 4명씩 6줄로 서 있습니다. 운동장에 서 있는 학생은 모두 몇 명인지 구해 보세요.

(　　　　　　　)

5 준호는 하루에 줄넘기로 엇갈아 뛰기를 7개씩 하기로 계획을 세웠습니다. 다음 표를 보고 준호가 한 엇갈아 뛰기는 모두 몇 개인지 곱셈식으로 나타내 보세요.

요일	월	화	수	목	금	토	일
실천	○	×	○	○	○	○	○

곱셈식 ....

6 다음과 같이 수수깡을 사용하여 삼각형과 사각형을 만들었습니다. 삼각형과 사각형을 각각 5개씩 만들려면 수수깡은 모두 몇 개 필요할까요?

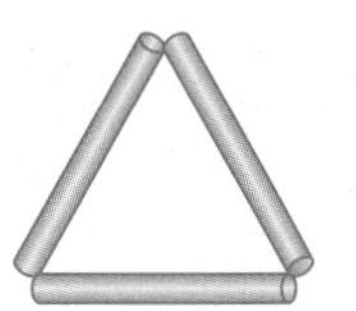

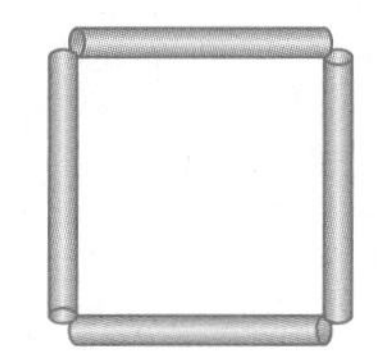

(　　　　　　　)

7 동물 농장에 타조와 낙타가 있습니다. 다리 수를 세어 보니 타조는 16개이고 낙타는 36개입니다. 타조와 낙타는 모두 몇 마리일까요?

(　　　　　　　)

8 어떤 수는 6의 7배보다 22만큼 더 큰 수입니다. 어떤 수는 8의 몇 배일까요?

(　　　　　　)

9 사랑이네 모둠 8명이 가위바위보를 했습니다. 그중 5명이 보를 내서 졌을 때 사랑이네 모둠 8명이 펼친 손가락은 모두 몇 개일까요? (단, 비긴 사람은 없습니다.)

(　　　　　　)

10 주상이는 한 봉지에 6개씩 들어 있는 젤리를 8봉지 가지고 있습니다. 주상이가 친구 7명에게 젤리를 3개씩 나누어 주었다면 남은 젤리는 몇 개일까요?

(　　　　　　)

11 다음 식에서 같은 기호는 같은 수를 나타냅니다. ●와 ▲가 나타내는 수를 각각 구해 보세요. (단, ●와 ▲는 0이 아닌 한 자리 수입니다.)

●+●+●+●+●+●+●+●=4▲

● (　　　　　　)

▲ (　　　　　　)

수능까지 연결되는 독해 로드맵

디딤돌 독해력은 수능까지 연결되는 체계적인 라인업을 통하여
수능에서 요구하는 핵심 독해 원리에 대한 이해는 물론,
단계 별로 심화되며 연결되는 학습의 과정을 통해
깊이 있고 종합적인 독해 사고의 능력까지 기를 수 있도록 도와줍니다.

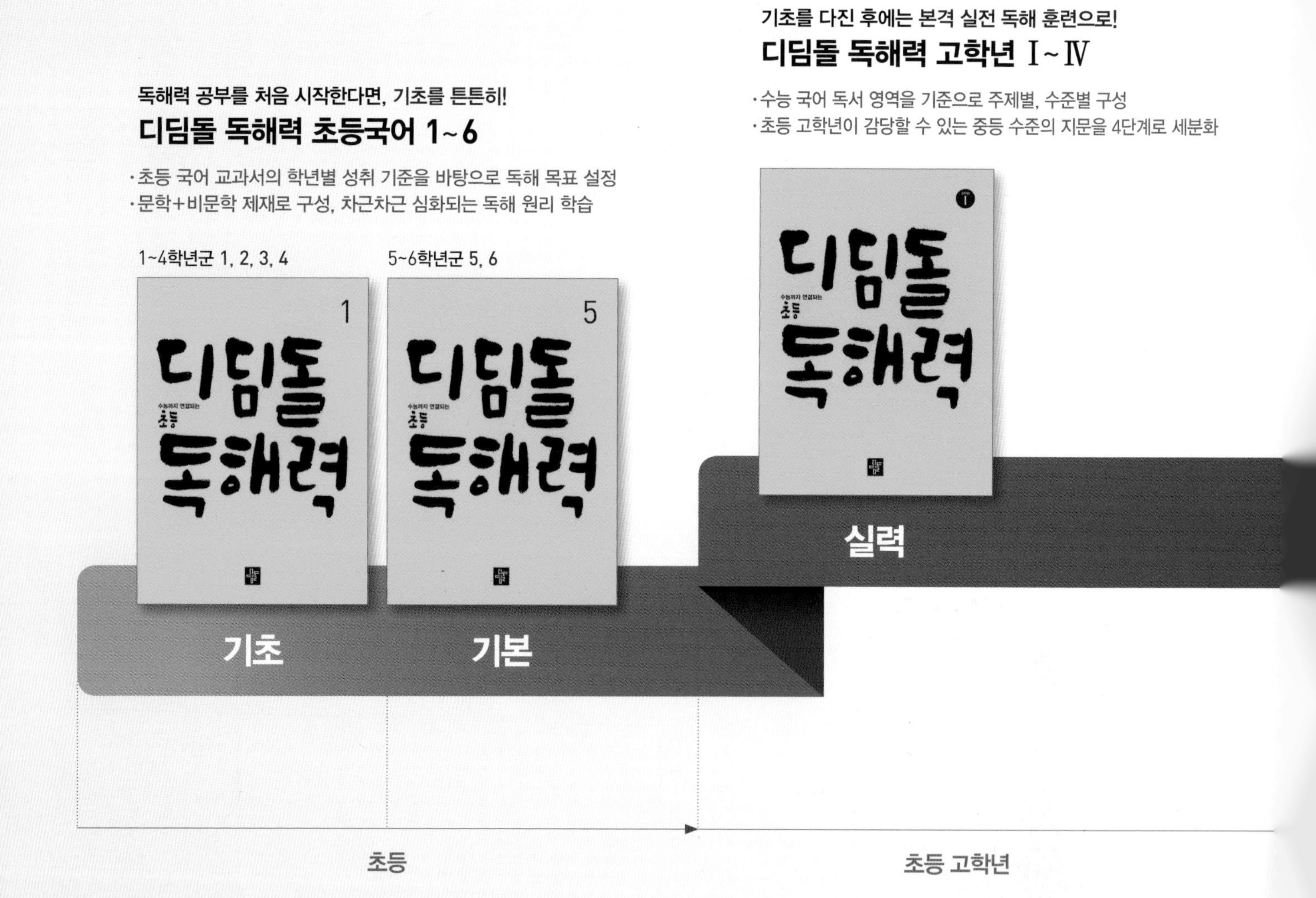

상위권의 기준

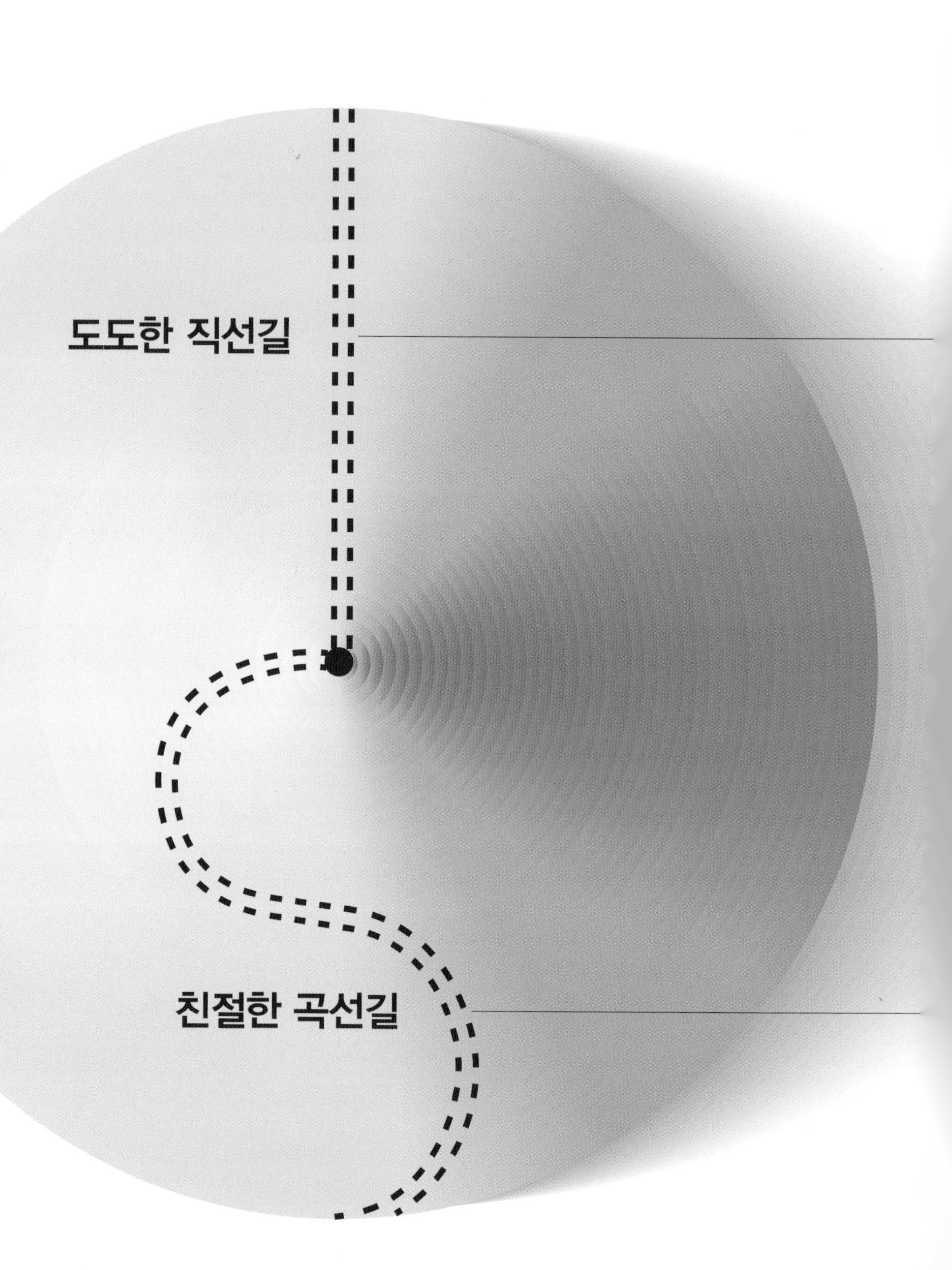

초등 2·1

상위권의 기준

최상위 수학 S

정답과 풀이

SPEED 정답 체크

1 세 자리 수

BASIC CONCEPT 8~13쪽

1 백, 몇백

1 (1) 3 (2) 60 2 (1) 96, 99, 100 (2) 50, 90, 100
3 700개 4 ㉡ 5 8개

2 세 자리 수, 자릿값

1 (1) 629 (2) 854 2 (1) 900 (2) 0 (3) 20
3 834 4 105

3 뛰어 세기, 두 수의 크기 비교하기

1 (1) 692, 792 (2) 274, 284
2 의주
3 468, 469, 470, 471
4 0, 1, 2, 3, 4, 5

최상위 S 14~29쪽

1 110 / 314 / 314
1-1 463점 1-2 343점 1-3 752점
1-4 유미

2 415 / 415 / 615, 715, 815 / 815
2-1 564 2-2 997 2-3 952 2-4 819

3 965 / 일, 3 / 963
3-1 248 3-2 650 3-3 24개 3-4 18개

4 552, 553, 620 / 588, 599, 600, 611 / 7
4-1 10개 4-2 5개 4-3 10개

5 5, 5, 10, 15 / 5, 4, 3, 15, 20, 25 / 12
5-1 6가지 5-2 9가지
5-3 900원, 810원, 720원, 410원

6 4 / 150, 154, 158, 162, 166 / 166 / 110 / 362, 362 / 166, 362
6-1 377 6-2 610, 794 6-3 21씩

7 태희 / 6, 8 / 태희 / 태희
7-1 ㉡, ㉢, ㉣, ㉠ 7-2 창민, 유미 7-3 872권

8 6 / 6, 6 / 3, 4, 5, 6 / 2 / 2, 2 / 3, 4, 5, 6, 7, 8, 9 / 3, 4, 5, 6
8-1 0, 1, 2, 3, 4 8-2 5, 6, 7, 8
8-3 6, 7, 8, 9

MATH MASTER 30~32쪽

1 7묶음 2 940개 3 850 4 300원
5 9 6 ㉡, ㉣, ㉢, ㉠ 7 604
8 93개 9 5, 7 / 6, 3 / 7, 7 / 9, 7
10 31번

2 여러 가지 도형

BASIC CONCEPT 34~41쪽

1 삼각형, 사각형

1 ㉡ 2 4개
3 예

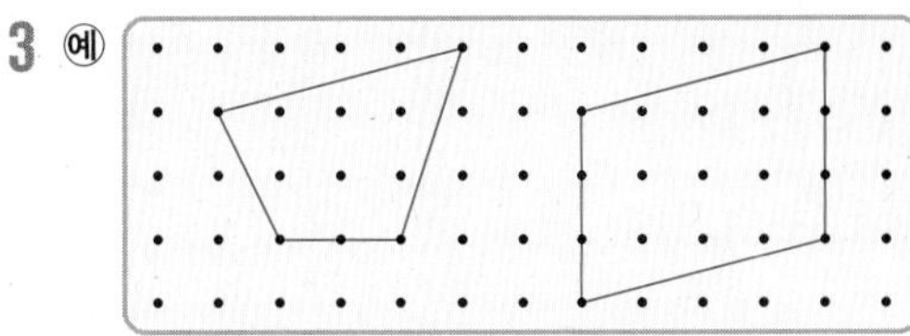

4 9개

2 원

1 ㉡, ㉣ 2 7개 3 3, 4, 0 / 3, 4, 0
4 예 동그란 모양이 아니므로 원이 아닙니다.
5 사각형

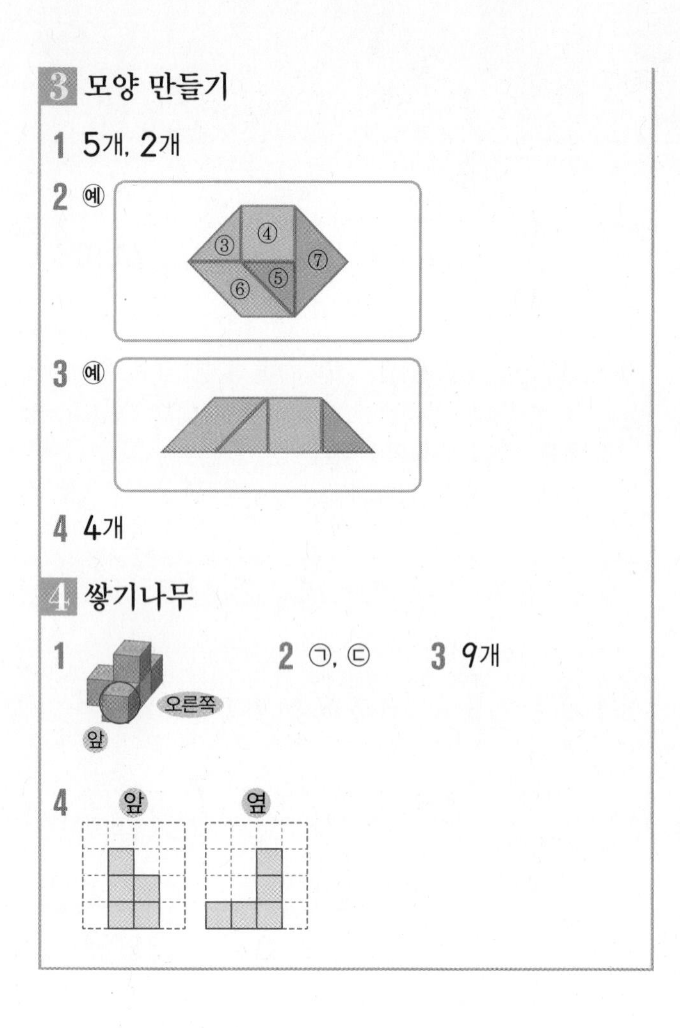

3 모양 만들기

1 5개, 2개

2 예

3 예

4 4개

4 쌓기나무

1

2 ㉠, ㉢ 3 9개

4

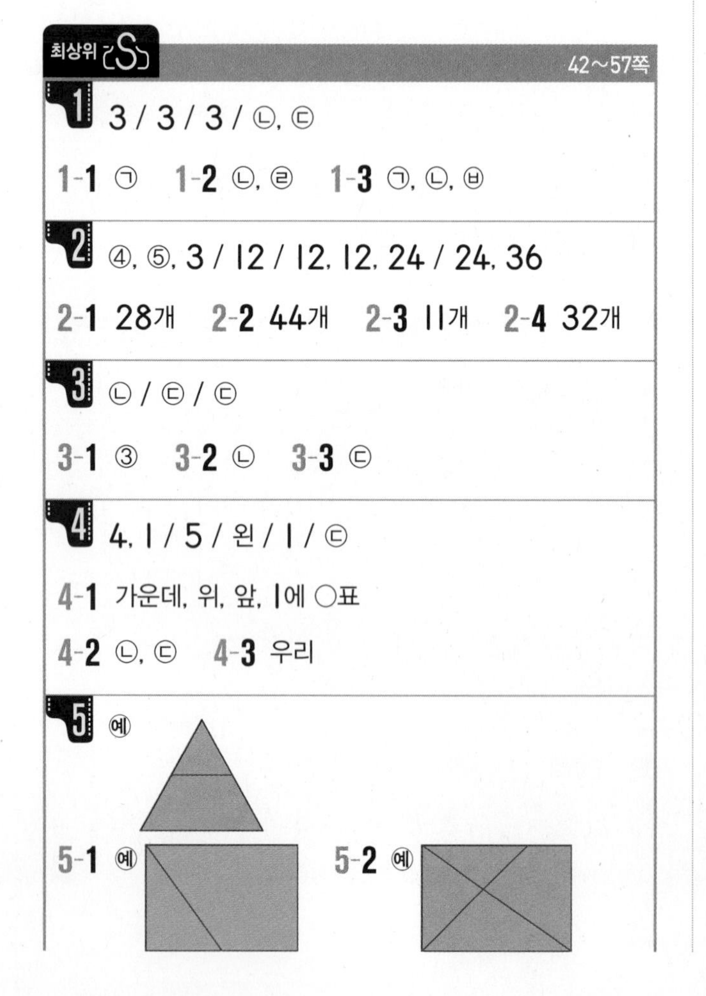

최상위 S 42~57쪽

1 3 / 3 / 3 / ㉡, ㉢

1-1 ㉠ 1-2 ㉡, ㉣ 1-3 ㉠, ㉡, ㉥

2 ④, ⑤, 3 / 12 / 12, 12, 24 / 24, 36

2-1 28개 2-2 44개 2-3 11개 2-4 32개

3 ㉡ / ㉢ / ㉢

3-1 ③ 3-2 ㉡ 3-3 ㉢

4 4, 1 / 5 / 왼 / 1 / ㉢

4-1 가운데, 위, 앞, 1에 ○표

4-2 ㉡, ㉢ 4-3 우리

5 예

5-1 예 5-2 예

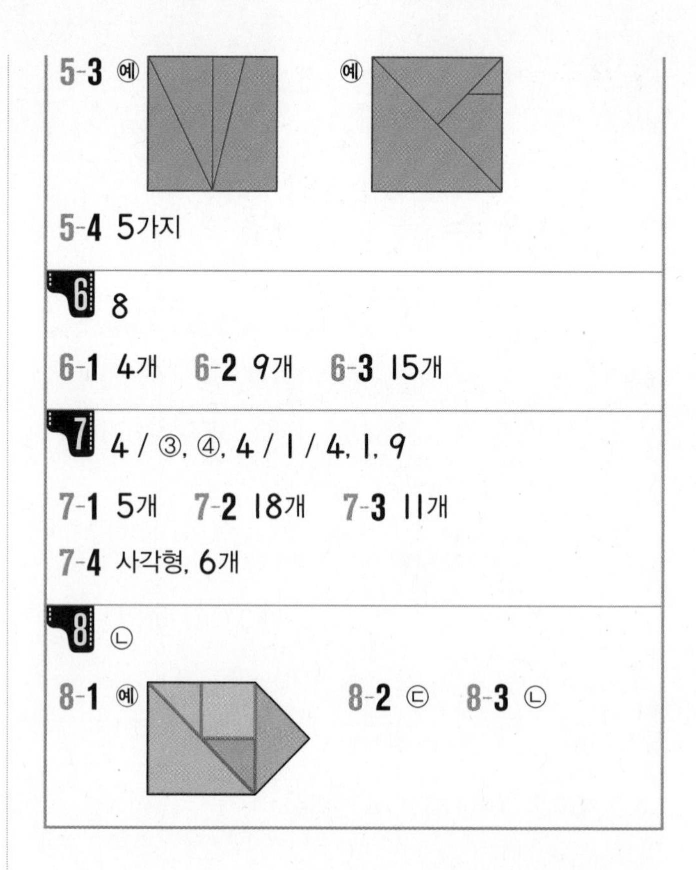

5-3 예 예

5-4 5가지

6 8

6-1 4개 6-2 9개 6-3 15개

7 4 / ③, ④, 4 / 1 / 4, 1, 9

7-1 5개 7-2 18개 7-3 11개

7-4 사각형, 6개

8 ㉡

8-1 예 8-2 ㉢ 8-3 ㉡

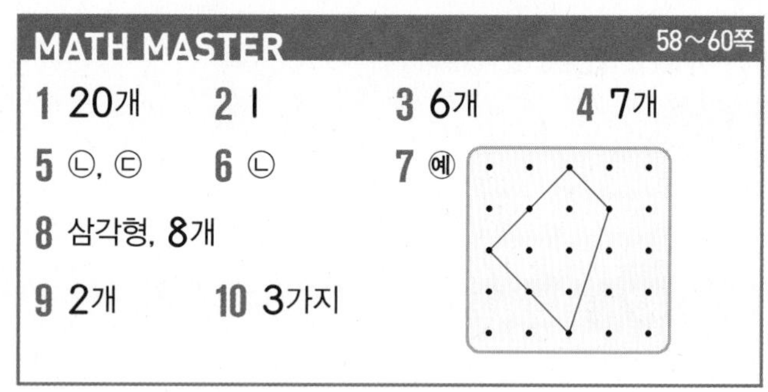

MATH MASTER 58~60쪽

1 20개 2 1 3 6개 4 7개

5 ㉡, ㉢ 6 ㉡ 7 예

8 삼각형, 8개

9 2개 10 3가지

3 덧셈과 뺄셈

BASIC CONCEPT 62~69쪽

1 두 자리 수의 덧셈

1 (1) 55 (2) 121 2 30, 74, 72

3 115 4 4, 5

2 두 자리 수의 뺄셈

1 (1) 76 (2) 17 2 3, 17 / 1, 17

3 8 4 8, 9

3 세 수의 계산

1 (1) 90 (2) 61　　2 (1) > (2) <

3 예
```
   1
  48
  37
+ 13
  98
```
/ 예 48+37+13=98 (50, 98)

4 58, 35, 19 또는 35, 58, 19 / 74

4 덧셈과 뺄셈의 관계, □의 값 구하기

1 48 / 27, 75 / 27, 48, 75

2 82−67=□, 15

3 99　　4 0, 1, 2, 3, 4

최상위 S　70~85쪽

1 1 / 1 / 26 / 1, 27, 27 / 1, 26, 27

1-1 4, 69, 65　1-2 2, 43, 41

1-3 3, 15, 18　1-4 4, 40, 36

2 40 / 40, 40 / 19, 21 / 40, 21

2-1 71, 19　2-2 20, 63　2-3 62, 80

2-4 18

3 19 / 17, 16 / 해, 19, 16, 3

3-1 태호, 9개　3-2 3반, 2반　3-3 49개

4 18 / 18, 42 / 42, 27 / 27

4-1 36쪽　4-2 3명　4-3 35개　4-4 92장

5 35, 47 / 47 / 48, 49

5-1 10, 11, 12, 13　5-2 27, 28, 29

5-3 56, 57, 58, 59　5-4 30, 31, 32, 33

6 3, 1, 3 / 2, 6, 2 / 61, 23

6-1 예 2, 4, 3, 8　6-2 6, 3, 1, 7　6-3 4, 9, 1

7 76, 89, 97 / 55, 89 / 89, 55, 34, 89 / 89, 55, 89, 55, 34

7-1 덧셈식 19+43=62, 43+19=62

뺄셈식 62−19=43, 62−43=19

7-2 덧셈식 27+46=73, 46+27=73

뺄셈식 73−27=46, 73−46=27

7-3 4가지

8 6, 24, 24 / 12, 12, 24, 12

8-1 24자루　8-2 40개　8-3 8장　8-4 31개

MATH MASTER　86~88쪽

1 9개　2 29, 39　3 태민, 9개　4 3, 5, 39

5 5개　6 46개　7 27　8 75

9 31　10 15

4 길이 재기

BASIC CONCEPT　90~95쪽

1 길이 비교하는 방법, 여러 가지 단위로 길이 재기

1 (　)
(○)

2 (1) (○) (　)　(2) (○) (　)

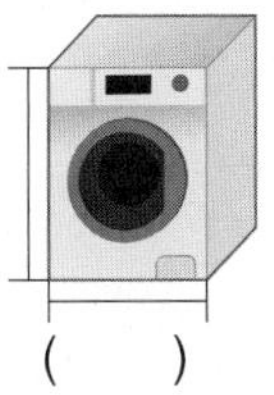

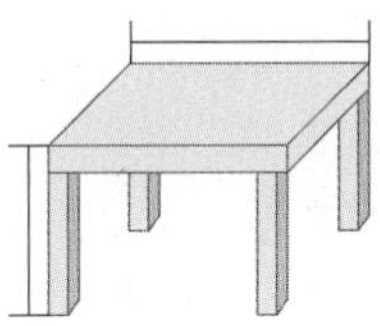

3 운동화　4 4번, 6번

5 ㉢, ㉠　6 수호

2 1 cm 알아보기, 자로 길이 재는 방법

1 (1) 예 　(2) 예 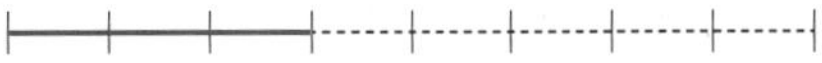　(3) 예

2 예 누가 재어도 똑같은 값이 나오므로 길이를 정확하게 잴 수 있습니다.

3 6 cm　　4 클립

3 자로 길이 재기, 길이 어림하기

1 (1) 약 4 cm (2) 약 3 cm

2 (1) 민석 (2) 예 옷핀의 한쪽 끝이 자의 눈금 4와 5 사이에 있고 가까운 쪽에 있는 수를 읽으면 5이므로 약 5 cm입니다.

3 예 약 6 cm, 6 cm　　4 서진

5 (1) 130 cm (2) 7 cm

최상위 S　96~111쪽

1 5, 3, 4, 7 / 은희, 서아, 인호, 민수

1-1 ⓒ　1-2 ⓛ　1-3 형우, 유라, 민지, 은우

2 6, 6 / 3, 3 / 5, 5 / ㉠, ㉢, ㉡

2-1 ㉢　2-2 ㉢　2-3 9 cm

3 깁니다 / 10, 11, 12 / 줄넘기 / 줄넘기

3-1 태수　3-2 ㉡　3-3 못

3-4 수아, 미호, 연우, 은수

4 2 / 1 / 2 / 은수

4-1 민우　4-2 유미　4-3 ㉢

5 14 / 14, 9 / 14, 7 / 9, 7, 16

5-1 12 cm, 9 cm　5-2 4 cm　5-3 15 cm

6 30 / 30 / 30, 10, 10, 10 / 10

6-1 14 cm　6-2 3 cm　6-3 6 cm

7 5, 1 / 6, 2 / 7, 1 / 5

7-1 ㉠, ㉢　7-2 ㉠, ㉢　7-3 6가지

8 2, 3 / 9 / 9, 24

8-1 옷핀　8-2 빗　8-3 23개

MATH MASTER　112~115쪽

1 6번

2 예 (그림)

3 5 cm　4 가위, 볼펜, 샤프

5 24 cm　6 약 5 cm　7 14

8 2 cm　9 수호　10 63 cm

11 9가지

5 분류하기

BASIC CONCEPT　118~121쪽

1 기준에 따라 분류하기

1 예 다리가 2개인 것과 4개인 것 / 예 날개가 있는 것과 없는 것

2 ㉠, ㉡, ㉣

3 ③, ⑨, ⑪ / ①, ⑥, ⑧, ⑩ / ②, ④, ⑤, ⑦, ⑫

4 알맞지 않습니다. / 예 맛있는 것과 맛없는 것은 사람에 따라 분류 결과가 달라지므로 분류 기준으로 알맞지 않습니다.

5 분류 기준: 예 점무늬가 있는 것과 없는 것

점무늬가 있는 것	점무늬가 없는 것
③, ④, ⑧, ⑪	①, ②, ⑤, ⑥, ⑦, ⑨, ⑩, ⑫

2 분류하여 세고 말하기

1 (위에서부터) ////, //// / 4, 4, 4

2 6, 4, 2　　3 9, 7, 4

4 예 오전에 가장 많이 팔린 제품이 식빵이므로 식빵을 가장 많이 준비하는 것이 좋습니다. / 예 식빵

최상위 S 122~137쪽

1 ㉠, ㉢ / ㉡, ㉣

1-1 ㉡, ㉢ **1-2** ㉢, ㉣

1-3 ㉠, ㉡ / 예 소리가 좋은 악기와 좋지 않은 악기, 크기가 큰 악기와 작은 악기는 사람에 따라 분류 결과가 다르기 때문에 분류 기준이 될 수 없습니다.

2 예 도형의 모양,

모양	사각형	삼각형	원
수(개)	3	6	5

/ 예 도형의 색깔,

색깔	빨간색	노란색	초록색
수(개)	6	4	4

2-1 예 음료수의 맛,

맛	포도 맛	오렌지 맛	사과 맛
수(개)	7	5	4

/ 예 음료수의 크기,

크기	큰 것	작은 것
수(개)	7	9

2-2 예 화살표의 방향,

방향	오른쪽	왼쪽	위
수(개)	4	3	3

/ 예 화살표의 색깔,

색깔	빨간색	초록색	파란색
수(개)	3	4	3

3 ①, ⑤, ⑥, ⑨, ⑩ ; ②, ③, ④, ⑦, ⑧ / ① ; ⑤, ⑥, ⑨ ; ⑩ ; ②, ⑧ ; ③ ; ④, ⑦ / 팔 길이 / 색깔

3-1 터키, 중국, 이스라엘, 베트남 ; 핀란드, 일본, 스위스, 그리스 / 터키, 중국, 베트남 ; 이스라엘 ; 일본, 스위스 ; 핀란드, 그리스

3-2 (위에서부터) 2, 4, 6, 8 ; 1, 3, 5, 7, 9 / 10, 12, 14, 16, 18, 20 ; 11, 13, 15, 17, 19

4 5, 10, 3 / 3, 양산 / 10, 선풍기 / 선풍기

4-1 블루베리 **4-2** 4번 **4-3** 연필, 3자루

5 4 / 6, 8 / 3, 4, 캔 / 8, 6, 2 / ㉠

5-1 ㉡, ㉣ **5-2** ㉠, ㉣

6 색깔 / 빨간색 / 보라색 / 노란색 / 색깔

6-1 예 종류에 따라 한글, 영어, 수로 분류하였습니다.

6-2 예 초콜릿 맛 아이스크림입니다.

6-3 예 세 자리 수입니다.

7 ㉤, ㉥, ㉦, ㉧, ㉨ / ㉤, ㉧, ㉨ / ㉤, ㉧ / 2

7-1 문, 눈, 몸 **7-2** ㉡

8 (카드), (카드)에 ○표 / 모양에 ○표 / 모양, ▭, 모양, ⬭ / 넷째, 둘째

8-1 (카드), (카드)에 ○표 /

예 왼쪽은 구멍이 1개인 카드, 오른쪽은 구멍이 2개인 카드로 분류되어 있습니다. 따라서 왼쪽에 구멍이 2개인 카드와 오른쪽에 구멍이 1개인 카드는 잘못 분류된 카드입니다.

8-2 (카드)에 ○표 /

예 모양에 따라 분류하고 다시 무늬가 있는 것과 없는 것으로 분류합니다. ⬭ 모양의 위에서 첫째 칸에 있는 카드는 무늬가 있어야 하는데 무늬가 없는 것이 들어가 있으므로 잘못 분류된 카드입니다.

MATH MASTER 138~141쪽

1 예 공의 사용 유무

2 예 두 개의 공에 쓰인 수의 합

3

탈 것 / 하늘에서 날 수 있는 것
자동차, 버스, 기차 / 비행기, 헬리콥터 / 새, 연

4 예 주방용품: 주전자, 컵, 접시, 국자 / 예 의류: 바지, 티셔츠, 모자

5 (위에서부터) 7, 7, 5 / 2, 4 / 9, 11

6 ㉡, ㉣ **7** 8명 **8** 4개

6 곱셈

BASIC CONCEPT 144~149쪽

1 여러 가지 방법으로 세기, 몇씩 몇 묶음

1 15, 20, 20　　2 5, 20

3 36

4 예 3씩 7묶음, 예 7씩 3묶음

2 몇의 몇 배

1

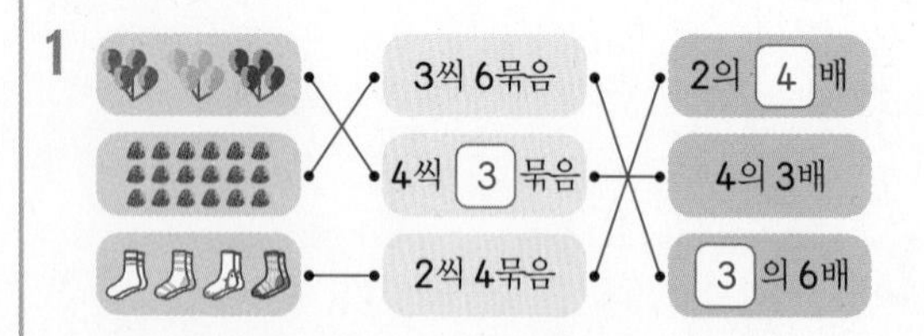

2 7배　　3 3배

4 16개　　5 32권

6 4배

3 곱셈식

1 2 / 3 / 4 / 5

2 $7+7+7=21$ / $7\times3=21$

3 2, 8, 16 / 4, 4, 16 / 8, 2, 16

4 = / < / >

최상위 S 150~165쪽

1 4 / 4, 4 / 16 / 2 / 2, 2 / 16 / 16

1-1 3, 5, 5, 3 / 15개　1-2 4상자　1-3 4묶음

2 4 / 4, 36 / 5 / 5, 35 / 6, 36 / 9 / 9, 36 / ㉡

2-1 ㉡　2-2 ㉣　2-3 ㉡, ㉢, ㉣, ㉠

2-4 ㉡, ㉢

3 3, 3, 3, 3, 3, 5, 15 / 15 / 7, 15, 7, 22

3-1 27　3-2 17　3-3 92　3-4 3

4 5 / 2, 2, 2, 2, 2, 5, 10 / 6 / 4, 4, 4, 4, 4, 4, 6, 24 / 토끼, 24, 10, 14

4-1 거미, 12개　4-2 민홍, 3개　4-3 승용차, 4개

4-4 재희, 6쪽

5 3 / 3 / 3, 3, 3, 3, 3, 9

5-1 8가지　5-2 12가지　5-3 20개

6 7, 7 / 7 / 7, 7, 7, 7, 4 / 4 / 7, 4, 3

6-1 12　6-2 32　6-3 36　6-4 45

7 8 / 7 / 8, 7 / 8, 8, 8, 8, 7, 56 / 6 / 56, 6, 50 / 50

7-1 10살　7-2 19개　7-3 64장

8 5 / 5, 30 / 6 / 6, 6

8-1 7개　8-2 10개　8-3 36 cm

8-4 24 cm

MATH MASTER 166~168쪽

1 예 $2\times9=18$, $3\times6=18$, $6\times3=18$

2 39　3 6명　4 36명

5 $6\times5=30$　6 21개　7 16대

8 5배　9 20개　10 8조각　11 7, 4

복습책

1 세 자리 수

다시푸는 최상위 S (2~4쪽)

1 316점　2 823
3 21개　4 11개
5 800원, 710원, 620원, 530원, 310원
6 15씩　7 259개
8 7, 8, 9

다시푸는 MATH MASTER (5~7쪽)

1 4묶음　2 580개
3 560　4 400원
5 7　6 ㉢, ㉣, ㉡, ㉠
7 955　8 46개
9 2, 3 / 2, 8 / 3, 3 / 0, 3
10 42번

2 여러 가지 도형

다시푸는 최상위 S (8~10쪽)

1 ㉠, ㉡, ㉤　2 7개　3 ㉢　4 ㉠, ㉣
5 예　예　6 6개
7 13개　8 ㉢

다시푸는 MATH MASTER (11~13쪽)

1 36개　2 7　3 5개　4 12개
5 ㉡, ㉣　6 ㉠　7 예
8 사각형, 8개　9 4개　10 4가지

3 덧셈과 뺄셈

다시푸는 최상위 S (14~16쪽)

1 2, 35, 37　2 51, 83
3 28개　4 85개
5 47, 48, 49　6 8, 2, 1, 5
7 덧셈식 $18+36=54$, $36+18=54$
뺄셈식 $54-18=36$, $54-36=18$
8 45장

다시푸는 MATH MASTER (17~19쪽)

1 7마리　2 47, 27　3 규진, 23개
4 6, 4, 28　5 6개　6 79개
7 33　8 3　9 37
10 3

4 길이 재기

다시푸는 최상위 S (20~22쪽)

1 ㉢　2 ㉠　3 연필
4 ㉢　5 28 cm　6 15 cm
7 5가지　8 26개

다시푸는 MATH MASTER 23~26쪽

1 10번

2 예 (막대 그림)

3 6 cm　4 지팡이, 우산, 빗자루　5 42 cm

6 약 7 cm　7 13　8 4 cm

9 지유　10 75 cm　11 10가지

5 분류하기

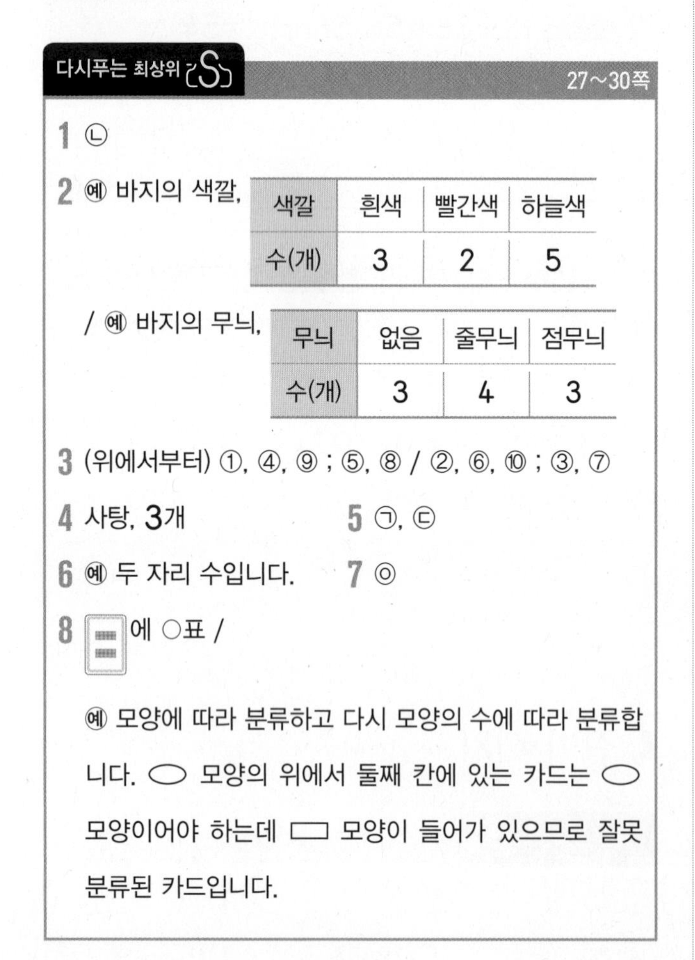

다시푸는 최상위 S 27~30쪽

1 ㉡

2 예 바지의 색깔,

색깔	흰색	빨간색	하늘색
수(개)	3	2	5

/ 예 바지의 무늬,

무늬	없음	줄무늬	점무늬
수(개)	3	4	3

3 (위에서부터) ①, ④, ⑨ ; ⑤, ⑧ / ②, ⑥, ⑩ ; ③, ⑦

4 사탕, 3개　5 ㉠, ㉢

6 예 두 자리 수입니다.　7 ◎

8 (카드)에 ○표 /

예 모양에 따라 분류하고 다시 모양의 수에 따라 분류합니다. ⬭ 모양의 위에서 둘째 칸에 있는 카드는 ⬭ 모양이어야 하는데 ▭ 모양이 들어가 있으므로 잘못 분류된 카드입니다.

다시푸는 MATH MASTER 31~34쪽

1 예 다니는 곳

2 예 두 개의 공에 쓰인 수의 차

3

4 예 컵: ②, ③ /
예 접시: ④, ⑤, ⑥, ⑨

5 (위에서부터) 1, 2 / 2, 3, 3 / 5, 4, 5

6 ㉡, ㉢　7 6명　8 파란색

6 곱셈

다시푸는 최상위 S 35~37쪽

1 3묶음　2 ㉡, ㉠, ㉣, ㉢

3 89　4 염소, 10개

5 18개　6 49

7 46개　8 63 cm

다시푸는 MATH MASTER 38~40쪽

1 예 $3\times8=24$, $4\times6=24$, $6\times4=24$, $8\times3=24$

2 44　3 5명

4 96명　5 $7\times6=42$

6 35개　7 17마리

8 8배　9 31개

10 27개　11 6, 8

본책 **정답과 풀이**

1 세 자리 수

1 백, 몇백

8~9쪽

1 (1) 3 (2) 60

(1) 100은 97보다 3만큼 더 큰 수입니다.
(2) 100은 40보다 60만큼 더 큰 수입니다.

2 (1) 96, 99, 100
(2) 50, 90, 100

(1) 100은 99보다 1만큼 더 큰 수입니다.
(2) 100은 90보다 10만큼 더 큰 수입니다.

3 700개

100이 7개이면 700이므로 지우개는 모두 700개입니다.

4 ㉡

㉠ $96+1+1+1+1=100$
㉡ $60+10+10+10=90$
㉢ $80+10+10=100$
㉣ $30+10+10+10+10+10+10+10=30+70=100$
따라서 나타내는 수가 다른 것은 ㉡입니다.

5 8개

10원짜리 동전 40개는 400원이므로 100원짜리 동전 4개와 같습니다.
따라서 한수가 가진 돈은 100원짜리 동전 8개와 같으므로 100원짜리 사탕을 8개까지 살 수 있습니다.

2 세 자리 수, 자릿값

10~11쪽

1 (1) 629 (2) 854

(1)
$$\begin{array}{r} 600 \\ 20 \\ 9 \\ \hline 629 \end{array}$$

(2)
$$\begin{array}{r} 800 \\ 50 \\ 4 \\ \hline 854 \end{array}$$

2 (1) 900 (2) 0 (3) 20

(1) 9는 백의 자리 숫자이므로 900을 나타냅니다.
(3) 2는 십의 자리 숫자이므로 20을 나타냅니다.

3 834

100이 6개 ➡ 600
10이 23개 ➡ 230
1이 4개 ➡ 4

834

4 105

가장 작은 수부터 백, 십, 일의 자리에 차례로 놓으면 015입니다.
이때 백의 자리에 0이 올 수 없으므로 둘째로 작은 수 1을 백의 자리에, 0을 십의 자리에 놓습니다.
따라서 만들 수 있는 가장 작은 세 자리 수는 105입니다.

3 뛰어 세기, 두 수의 크기 비교하기

12~13쪽

1 (1) 692, 792
(2) 274, 284

(1) 백의 자리 수가 1씩 커지므로 100씩 뛰어 세는 규칙입니다.
➡ 392 − 492 − 592 − 692 − 792
(2) 십의 자리 수가 1씩 커지므로 10씩 뛰어 세는 규칙입니다.
➡ 254 − 264 − 274 − 284 − 294

2 의주

282와 269는 백의 자리 수가 2로 같으므로 십의 자리 수를 비교하면 8>6입니다.
➡ 282>269
따라서 구슬을 더 많이 가지고 있는 사람은 의주입니다.

3 468, 469, 470, 471

460 461 462 463 464 465 466 467 468 469 470 471 472 473 474 475

작은 눈금 한 칸은 1을 나타내므로 수직선에 수를 나타내면 위와 같습니다.
따라서 467보다 크고 472보다 작은 수는 468, 469, 470, 471입니다.

4 0, 1, 2, 3, 4, 5

백의 자리 수가 같으므로 십의 자리 수를 비교하여 364>3□8이 되려면 6>□이어야 합니다.
➡ 0, 1, 2, 3, 4, 5
십의 자리 수가 6으로 같은 경우를 알아보면 364<368이므로 □ 안에 6은 들어갈 수 없습니다.
따라서 □ 안에 들어갈 수 있는 수는 0, 1, 2, 3, 4, 5입니다.

세호는 과녁 맞히기 놀이를 하여 100점짜리에 2번, 10점짜리에 11번, 1점짜리에 4번 맞혔습니다.

➡ 100이 2개, 10이 11개, 1이 4개인 수

100이 2개 ➡ 200
10이 11개 ➡ 110
1이 4개 ➡ 4
―――――
314

따라서 세호가 얻은 점수는 모두 314점입니다.

1-1 463점

영우는 과녁 맞히기 놀이를 하여 100점짜리에 4번, 10점짜리에 6번, 1점짜리에 3번 맞혔습니다.

➡ 100이 4개, 10이 6개, 1이 3개인 수 ➡ 463

따라서 영우가 얻은 점수는 모두 463점입니다.

1-2 343점

정은이는 과녁 맞히기 놀이를 하여 100점짜리에 3번, 10점짜리에 3번, 1점짜리에 13번 맞혔습니다.

➡ 100이 3개, 10이 3개, 1이 13개인 수

100이 3개 ➡ 300
10이 3개 ➡ 30
1이 13개 ➡ 13
―――――
343

따라서 정은이가 얻은 점수는 모두 343점입니다.

1-3 752점

예성이가 얻은 점수는 100이 5개, 10이 24개, 1이 12개인 수입니다.

100이 5개 ➡ 500
10이 24개 ➡ 240
1이 12개 ➡ 12
―――――
752

따라서 예성이가 얻은 점수는 모두 752점입니다.

1-4 유미

승희가 얻은 점수는 100이 2개, 10이 37개, 1이 5개인 수입니다.

100이 2개 ➡ 200
10이 37개 ➡ 370
1이 5개 ➡ 5
―――――
575

유미가 얻은 점수는 100이 6개, 10이 3개, 1이 19개인 수입니다.

100이 6개 ➡ 600
10이 3개 ➡ 30
1이 19개 ➡ 19

649

따라서 575 < 649이므로 점수가 더 높은 사람은 유미입니다.

어떤 수는 425보다 10만큼 더 작은 수인 415입니다.
415에서 100씩 4번 뛰어 세기 하면 다음과 같습니다.
415 — 515 — 615 — 715 — 815
따라서 어떤 수에서 100씩 4번 뛰어 세기 한 수는 815입니다.

2-1 564

어떤 수는 254보다 10만큼 더 큰 수인 264입니다.
따라서 어떤 수보다 300만큼 더 큰 수는 564입니다.

2-2 997

어떤 수는 387보다 10만큼 더 큰 수인 397입니다.
397에서 100씩 6번 뛰어 세기 하면
397 — 497 — 597 — 697 — 797 — 897 — 997입니다.
따라서 어떤 수에서 100씩 6번 뛰어 세기 한 수는 997입니다.

서술형 **2-3** 952

㉮ 182에서 거꾸로 10씩 3번 뛰어 세기 하면 182 — 172 — 162 — 152이므로 어떤 수는 152입니다.
152에서 200씩 4번 뛰어 세기 하면
152 — 352 — 552 — 752 — 952입니다.
따라서 어떤 수에서 200씩 4번 뛰어 세기 한 수는 952입니다.

채점 기준	배점
어떤 수를 구했나요?	2점
어떤 수에서 200씩 4번 뛰어 세기 한 수를 구했나요?	3점

2-4 819

369에서 거꾸로 30씩 5번 뛰어 세기 하면
369 — 339 — 309 — 279 — 249 — 219이므로 어떤 수는 219입니다.
219에서 300씩 2번 뛰어 세기 하면 219 — 519 — 819입니다.
따라서 바르게 뛰어 세기 한 수는 819입니다.

18~19쪽

대표문제 3

수의 크기를 비교하면 $9>6>5>3>1$이므로
만들 수 있는 세 자리 수 중에서 가장 큰 수는 965이고,
둘째로 큰 수는 가장 큰 수에서 백의 자리 수와 십의 자리 수는 그대로 두고
일의 자리에 넷째로 큰 수 3을 놓아야 합니다.
따라서 만들 수 있는 세 자리 수 중에서 둘째로 큰 수는 963입니다.

3-1 248

수의 크기를 비교하면 $2<4<7<8$입니다.
따라서 만들 수 있는 세 자리 수 중에서 가장 작은 수는 247이고, 둘째로 작은 수는 248입니다.

3-2 650

수의 크기를 비교하면 $6>5>2>1>0$입니다.
따라서 만들 수 있는 세 자리 수 중에서 가장 큰 수는 652이고, 둘째로 큰 수는 651, 셋째로 큰 수는 650입니다.

3-3 24개

700보다 크고 900보다 작아야 하므로 백의 자리 수는 7 또는 8입니다.
백의 자리 수가 7인 경우 만들 수 있는 세 자리 수:
703, 708, 709, 730, 738, 739, 780, 783, 789, 790, 793, 798
➡ 12개
백의 자리 수가 8인 경우 만들 수 있는 세 자리 수:
803, 807, 809, 830, 837, 839, 870, 873, 879, 890, 893, 897
➡ 12개
따라서 만들 수 있는 세 자리 수 중에서 700보다 크고 900보다 작은 수는 모두
$12+12=24$(개)입니다.

3-4 18개

백의 자리 수가 1인 경우 만들 수 있는 세 자리 수:
102, 103, 120, 123, 130, 132 ➡ 6개
백의 자리 수가 1인 경우 만들 수 있는 세 자리 수가 6개이므로
백의 자리 수가 2, 3인 경우에도 각각 6개씩 만들 수 있습니다.
따라서 만들 수 있는 세 자리 수는 모두 $6+6+6=18$(개)입니다.

20~21쪽

549보다 크고 621보다 작은 수는
550, 551, 552, 553, ..., 620입니다.
이 중에서 십의 자리 수와 일의 자리 수가 같은 수는
555, 566, 577, 588, 599, 600, 611입니다.
따라서 조건을 만족하는 세 자리 수는 모두 7개입니다.

4-1 10개

128보다 크고 231보다 작은 수는 129, 130, 131, ..., 230입니다.
이 중에서 십의 자리 수와 일의 자리 수가 같은 수는
133, 144, 155, 166, 177, 188, 199, 200, 211, 222입니다.
따라서 조건을 만족하는 세 자리 수는 모두 10개입니다.

4-2 5개

첫째 조건과 둘째 조건에서
(백의 자리 수)>(십의 자리 수)>(일의 자리 수)입니다.
서로 다른 세 수를 더하여 8이 되는 경우는
(0, 1, 7), (0, 2, 6), (0, 3, 5), (1, 2, 5), (1, 3, 4)입니다.
따라서 조건을 만족하는 세 자리 수는
710, 620, 530, 521, 431로 모두 5개입니다.

4-3 10개

백의 자리에 올 수 있는 수: 5, 6, 7
십의 자리에 올 수 있는 수: 0, 1, 2, 3
일의 자리에 올 수 있는 수: 2, 3, 4, 5
백의 자리 수가 5인 경우: 502, 513, 524, 535
백의 자리 수가 6인 경우: 602, 613, 624, 635 ➡ 10개
백의 자리 수가 7인 경우: 702, 713
따라서 조건을 만족하는 세 자리 수는 모두 10개입니다.

22~23쪽

대표문제 **5**

100원짜리 동전을 2개 사용하는 경우, 1개 사용하는 경우, 사용하지 않는 경우로 나누어 250원을 만드는 방법을 알아봅니다.

100원짜리	50원짜리	10원짜리
2개	1개	•
	•	5개
1개	3개	•
	2개	5개
	1개	10개
	•	15개

100원짜리	50원짜리	10원짜리
•	5개	•
	4개	5개
	3개	10개
	2개	15개
	1개	20개
	•	25개

따라서 250원을 만드는 방법은 모두 12가지입니다.

5-1 6가지

100원짜리 동전을 1개 사용하는 경우, 사용하지 않는 경우로 나누어 150원을 만드는 방법을 알아봅니다.

100원짜리	50원짜리	10원짜리
1개	1개	•
	•	5개
•	3개	•
	2개	5개
	1개	10개
	•	15개

따라서 150원을 만드는 방법은 모두 6가지입니다.

5-2 9가지

500원짜리 동전을 1개 사용하는 경우, 사용하지 않는 경우로 나누어 600원을 만드는 방법을 알아봅니다.

500원짜리	100원짜리	10원짜리
1개	1개	•
	•	10개
•	6개	•
	5개	10개
	4개	20개
	3개	30개
	2개	40개
	1개	50개
	•	60개

따라서 600원을 만드는 방법은 모두 9가지입니다.

5-3 900원, 810원, 720원, 410원

500원짜리 동전을 1개 사용하는 경우, 사용하지 않는 경우로 나누어 금액을 알아봅니다.

500원짜리	100원짜리	10원짜리	금액
1개	4개	•	900원
	3개	1개	810원
	2개	2개	720원
•	4개	1개	410원
	3개	2개	320원

따라서 만들 수 있는 금액 중에서 400원보다 큰 금액은
900원, 810원, 720원, 410원입니다.

대표문제 6

가로는 36 − 40 − 44, 142 − 146으로 4씩 커지는 규칙입니다.
➡ 142 − 146 − 150 − 154 − 158 − 162 − 166이므로
㉠에 알맞은 수는 166입니다.
세로는 142 − 252, 36 − 146으로 110씩 커지는 규칙입니다.
➡ 142 − 252 − 362이므로 ㉡에 알맞은 수는 362입니다.
따라서 ㉠에 알맞은 수는 166, ㉡에 알맞은 수는 362입니다.

6-1 377

가로는 147 − 153 − 159로 6씩 커지는 규칙입니다.
➡ 159 − 165 − 171 − 177이므로 159에서 6씩 3번 뛰어 세기 한 수는 177입니다.
세로는 147 − 247 − 347로 100씩 커지는 규칙입니다.
➡ 177 − 277 − 377이므로 ㉠에 알맞은 수는 377입니다.

6-2 610, 794

가로는 162 − 170, 186 − 194로 8씩 커지는 규칙입니다.
➡ 578 − 586 − 594 − 602 − 610이므로 ㉠에 알맞은 수는 610입니다.
세로는 162 − 362, 186 − 386으로 200씩 커지는 규칙입니다.
➡ 194 − 394 − 594 − 794이므로 ㉡에 알맞은 수는 794입니다.
따라서 ㉠에 알맞은 수는 610, ㉡에 알맞은 수는 794입니다.

6-3 21씩

가로는 55 − 58 − 61로 3씩 커지는 규칙이고,
세로는 55 − 79, 58 − 82로 24씩 커지는 규칙입니다.
- 61 − 64 − 67 − 70이므로 ㉠에 알맞은 수는 70입니다.
- 82 − 85 − 88 − 91이므로 ㉡에 알맞은 수는 91입니다.
- 79보다 24만큼 더 큰 수는 103이고
  103 − 106 − 109 − 112이므로 ㉢에 알맞은 수는 112입니다.

따라서 ㉠=70, ㉡=91, ㉢=112이므로 21씩 커지는 규칙입니다.

대표문제 7

- 백의 자리 수를 비교하면 2>1이므로
  백의 자리 수가 2인 우성, 태희가 한수, 민석이보다 종이학을 더 많이 접었습니다.
- 우성이와 태희의 십의 자리 수를 비교하면 6<8이므로
  태희가 우성이보다 종이학을 더 많이 접었습니다.

따라서 종이학을 가장 많이 접은 사람은 태희입니다.

7-1 ㉡, ㉢, ㉣, ㉠

백의 자리 수를 비교하면 8<9이므로 ㉠, ㉣이 ㉡, ㉢보다 작습니다.
㉠ 8□5, ㉣ 89□는 □ 안에 가장 큰 수 9가 들어가더라도
8□5<89□이므로 ㉠<㉣입니다.
㉡ 9□4, ㉢ 90□는 □ 안에 가장 작은 수 0이 들어가더라도
9□4>90□이므로 ㉡>㉢입니다.
따라서 큰 수부터 차례로 기호를 쓰면 ㉡, ㉢, ㉣, ㉠입니다.

7-2 창민, 유미

백의 자리 수를 비교하면 3>2이므로
백의 자리 수가 3인 정우, 창민, 규린이가 유미, 진화보다 붙임딱지를 더 많이 모았습니다.
정우, 창민, 규린이의 십의 자리 수를 비교하면 9>8>3이므로
창민이가 정우와 규린이보다 붙임딱지를 더 많이 모았습니다.
유미, 진화의 십의 자리 수를 비교하면 5<7이므로
유미가 진화보다 붙임딱지를 더 적게 모았습니다.
따라서 붙임딱지를 가장 많이 모은 사람은 창민, 가장 적게 모은 사람은 유미입니다.

7-3 872권

책을 지수, 연화, 보라, 정미, 석주의 순서로 많이 가지고 있으므로
884>88□>8□3>정미>868입니다.
➡ 보라는 883권을 가질 수 없고 868권보다 많이 가지고 있으므로 873권을 가지고 있습니다.
정미가 가질 수 있는 책의 수는 868권보다 많고 873권보다 적으므로
869권, 870권, 871권, 872권입니다.
따라서 정미는 책을 872권까지 가질 수 있습니다.

대표문제 8

• 668>6□4에서 백의 자리 수가 같으므로 십의 자리 수를 비교하면
6>□이어야 합니다.
□ 안에 6을 넣으면 668>664이므로 □ 안에 6도 들어갈 수 있습니다.
➡ 0, 1, 2, 3, 4, 5, 6
• 223<□05에서 백의 자리 수를 비교하면 2<□이어야 합니다.
□ 안에 2를 넣으면 223>205이므로 □ 안에 2는 들어갈 수 없습니다.
➡ 3, 4, 5, 6, 7, 8, 9
따라서 □ 안에 공통으로 들어갈 수 있는 수는 3, 4, 5, 6입니다.

8-1 0, 1, 2, 3, 4

349>3□5에서 백의 자리 수가 같으므로 십의 자리 수를 비교하면
4>□이어야 합니다. ➡ 0, 1, 2, 3
만약 십의 자리 수도 같다면 일의 자리 수를 비교해 보아야 하므로 □ 안에 4도 들어갈 수 있는지 확인합니다.
□ 안에 4를 넣으면 349>345이므로 □ 안에 4도 들어갈 수 있습니다.
따라서 □ 안에 들어갈 수 있는 수는 0, 1, 2, 3, 4입니다.

8-2 5, 6, 7, 8

• 896>8□7
백의 자리 수가 같으므로 십의 자리 수를 비교하면 9>□이어야 합니다.
□ 안에 9를 넣으면 896<897이므로 □ 안에 9는 들어갈 수 없습니다.
➡ 0, 1, 2, 3, 4, 5, 6, 7, 8
• 464<□46
백의 자리 수를 비교하면 4<□이어야 합니다.
□ 안에 4를 넣으면 464>446이므로 □ 안에 4는 들어갈 수 없습니다.
➡ 5, 6, 7, 8, 9
따라서 □ 안에 공통으로 들어갈 수 있는 수는 5, 6, 7, 8입니다.

8-3 6, 7, 8, 9

• 602>4□6
백의 자리 수를 비교하면 6>4이므로 4□6의 십의 자리에 어떤 수가 들어가도 602>4□6입니다.
➡ 0, 1, 2, 3, 4, 5, 6, 7, 8, 9
• □59>657
백의 자리 수를 비교하면 □>6이어야 합니다.
□ 안에 6을 넣으면 659>657이므로 □ 안에 6도 들어갈 수 있습니다.
➡ 6, 7, 8, 9
따라서 □ 안에 공통으로 들어갈 수 있는 수는 6, 7, 8, 9입니다.

MATH MASTER

30~32쪽

1 7묶음

은석이가 포장한 공책은 10권씩 3묶음이므로 30권입니다.
100은 30보다 70만큼 더 큰 수이므로 공책을 70권 더 포장할 수 있습니다.
따라서 70은 10이 7개인 수이므로 10권씩 7묶음을 더 포장할 수 있습니다.

2 940개

구슬의 수는 100이 6개, 10이 34개인 수입니다.

100이 6개 ➡ 600
10이 34개 ➡ 340

940

따라서 상자 안에 들어 있는 구슬은 모두 940개입니다.

3 850

350, 500, 700, 850을 수직선에 나타내 보면 다음과 같습니다.

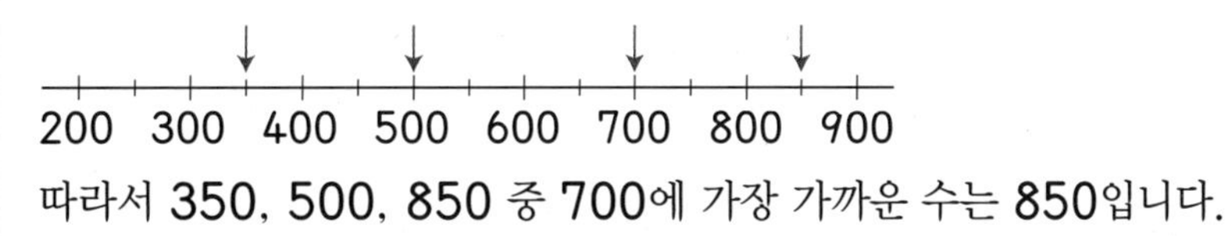

따라서 350, 500, 850 중 700에 가장 가까운 수는 850입니다.

서술형 **4** 300원

예 100원짜리 동전 3개에서 2개를 내고 남은 것은 1개입니다. ➡ 100원
10원짜리 동전 35개에서 15개를 내고 남은 것은 20개입니다. ➡ 200원
따라서 재희에게 남은 돈은 300원입니다.

채점 기준	배점
100원짜리 동전을 내고 남은 돈을 구했나요?	2점
10원짜리 동전을 내고 남은 돈을 구했나요?	2점
재희에게 남은 돈을 구했나요?	1점

5 9

100이 6개, 10이 22개, 1이 75개인 수
100이 6개 ➡ 600
10이 22개 ➡ 220
1이 75개 ➡ 75

895

895는 900보다 5만큼 더 작은 수이고 900은 100이 9개인 수이므로
□ 안에 알맞은 수는 9입니다.

6 ㉡, ㉣, ㉢, ㉠

㉠ 278보다 200만큼 더 큰 수는 478입니다.
㉡ 100이 3개, 10이 26개, 1이 2개인 수
100이 3개 ➡ 300
10이 26개 ➡ 260
1이 2개 ➡   2

562

㉢ 145에서 100씩 4번 뛰어 세기 한 수는
145 − 245 − 345 − 445 − 545이므로 545입니다.
㉣ 10이 53개, 1이 17개인 수
10이 53개 ➡ 530
1이 17개 ➡ 17

547

➡ 562 > 547 > 545 > 478

따라서 큰 수부터 차례로 기호를 쓰면 ㉡, ㉣, ㉢, ㉠입니다.

7 604

324－□－□－384에서 3번 뛰어 세기 하여 60만큼 더 커졌으므로
20씩 뛰어 세기 한 것입니다.
504에서 20씩 뛰어 세기 하면 504 － 524 － 544입니다.
➡ ㉠=544
따라서 544에서 30씩 2번 뛰어 세기 한 수는
544 － 574 － 604이므로 604입니다.

8 93개

백의 자리 수가 4인 수 중에서 백의 자리 수가 십의 자리 수보다 큰 수는 없습니다.
백의 자리 수가 5인 수 중에서 백의 자리 수가 십의 자리 수보다 큰 수는
500부터 549까지의 수이므로 50개입니다.
백의 자리 수가 6인 수 중에서 백의 자리 수가 십의 자리 수보다 큰 수는
600부터 642까지의 수이므로 43개입니다.
따라서 백의 자리 수가 십의 자리 수보다 큰 수는 모두 50＋43＝93(개)입니다.

9 5, 7 / 6, 3 / 7, 7 / 9, 7

80씩 뛰어 세기 하면 일의 자리 수는 변하지 않으므로 일의 자리 수는 모두 7입니다.
넷째 수는 셋째 수보다 80만큼 더 큰 수이므로 셋째 수는 717이고,
넷째 수는 797입니다.
둘째 수는 셋째 수보다 80만큼 더 작은 수이므로 637이고,
첫째 수는 둘째 수보다 80만큼 더 작은 수이므로 557입니다.

➡ [5|5|7] － [6|3|7] － [7|1|7] － [7|9|7]

10 31번

1부터 99까지의 수에서 숫자 0의 개수:
10, 20, 30, 40, 50, 60, 70, 80, 90 ➡ 9개
100에서 숫자 0의 개수: 100 ➡ 2개
101부터 109까지의 수에서 숫자 0의 개수:
101, 102, 103, 104, 105, 106, 107, 108, 109 ➡ 9개
110부터 199까지의 수에서 숫자 0의 개수:
110, 120, 130, 140, 150, 160, 170, 180, 190 ➡ 9개
200에서 숫자 0의 개수: 200 ➡ 2개
따라서 1부터 200까지의 수를 쓸 때 숫자 0을 모두 9＋2＋9＋9＋2＝31(번) 쓰게 됩니다.

2 여러 가지 도형

1 삼각형, 사각형

34~35쪽

1 ㉡

삼각형은 모든 선이 곧은 선입니다.
따라서 삼각형에 대한 설명으로 틀린 것은 ㉡입니다.

2 4개

변이 4개인 도형을 모두 찾습니다.

3 풀이 참조

예 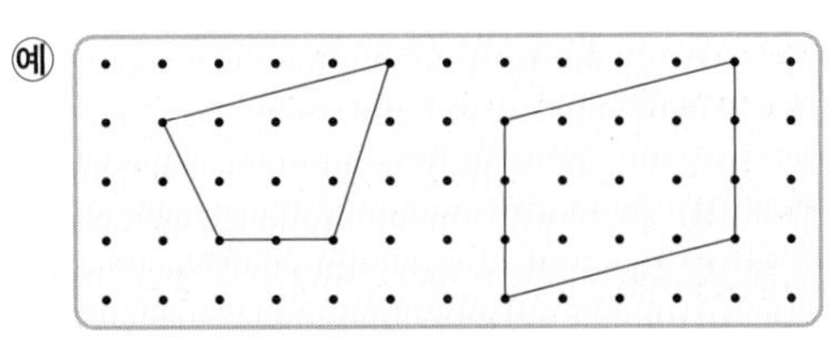

4개의 점을 꼭짓점으로 정하고, 4개의 곧은 선으로 둘러싸이도록 사각형을 그립니다.

4 9개

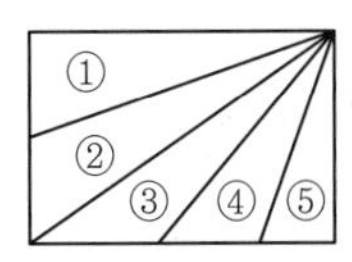

• 작은 도형 1개로 된 삼각형: ①, ②, ③, ④, ⑤ ➡ 5개
• 작은 도형 2개로 된 삼각형: ①+②, ③+④, ④+⑤ ➡ 3개
• 작은 도형 3개로 된 삼각형: ③+④+⑤ ➡ 1개
따라서 크고 작은 삼각형은 모두 5+3+1=9(개)입니다.

2 원

36~37쪽

1 ㉡, ㉣

㉡ 컵과 ㉣ 시계의 테두리를 따라 그리면 원을 그릴 수 있습니다.

2 7개

작은 원은 안쪽에 4개, 바깥쪽에 2개이므로 4+2=6(개)입니다.
안쪽의 작은 원 4개를 감싸고 있는 원이 1개 있으므로 원은 모두 6+1=7(개)입니다.

3 3, 4, 0 / 3, 4, 0

삼각형은 변이 3개, 꼭짓점이 3개이고 사각형은 변이 4개, 꼭짓점이 4개입니다.
원은 변과 꼭짓점이 없습니다.

4 예 동그란 모양이 아니므로 원이 아닙니다.

원은 어느 쪽에서 보아도 똑같이 동그란 모양입니다.

5 사각형

삼각형: 2개, 사각형: 6개, 원: 5개
따라서 가장 많이 사용한 도형은 사각형입니다.

3 모양 만들기

38~39쪽

1 5개, 2개

삼각형: ①, ②, ③, ⑤, ⑦ ➡ 5개, 사각형: ④, ⑥ ➡ 2개

2 풀이 참조

예

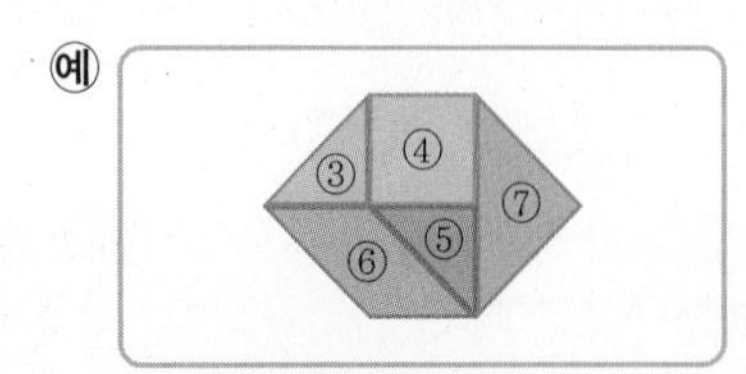

가장 큰 ⑦ 조각을 놓고 주어진 모양이 되도록 나머지 ③, ④, ⑤, ⑥ 조각을 놓습니다.

3 풀이 참조

예

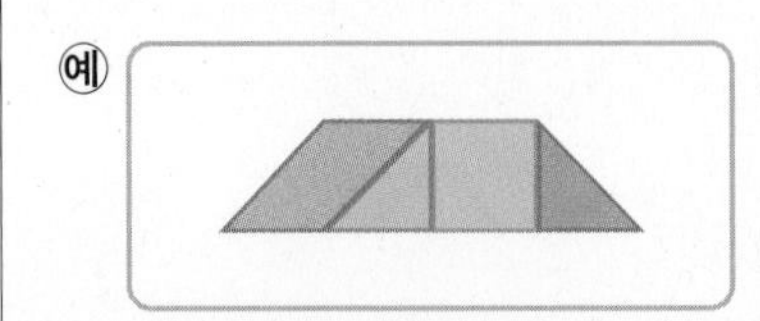

가장 큰 조각을 놓고 사각형이 되도록 나머지 3조각을 놓습니다.

4 4개

칠교 조각 중 가장 큰 삼각형 조각을 가장 작은 삼각형 조각으로 나누어 봅니다.

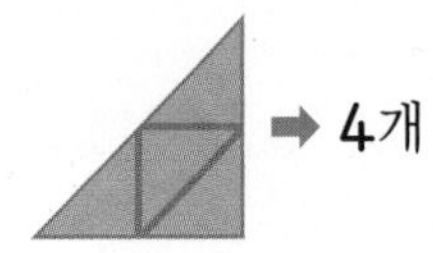

➡ 4개

4 쌓기나무

40~41쪽

1

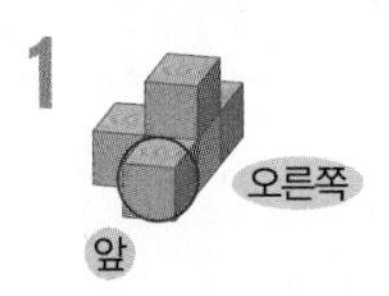

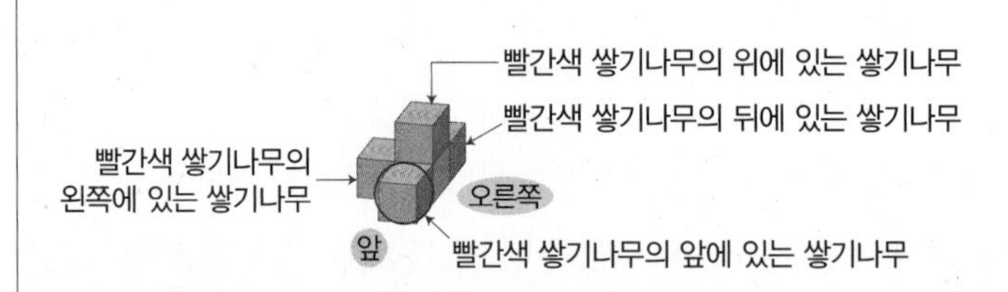

2 ㉠, ㉢

㉠ 6개, ㉡ 7개, ㉢ 6개, ㉣ 7개

3 9개

층별로 개수를 세면 1층에 6개, 2층에 2개, 3층에 1개이므로 모두 $6+2+1=9$(개)입니다.

다른 풀이

자리별로 개수를 세면 ①번 자리에 1개, ②번 자리에 3개, ③번 자리에 1개, ④번 자리에 1개, ⑤번 자리에 1개, ⑥번 자리에 2개이므로 모두 $1+3+1+1+1+2=9$(개)입니다.

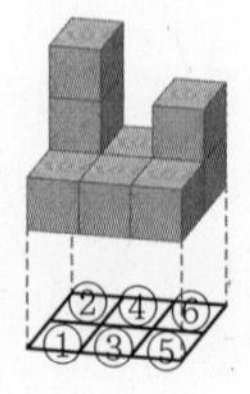

4 풀이 참조

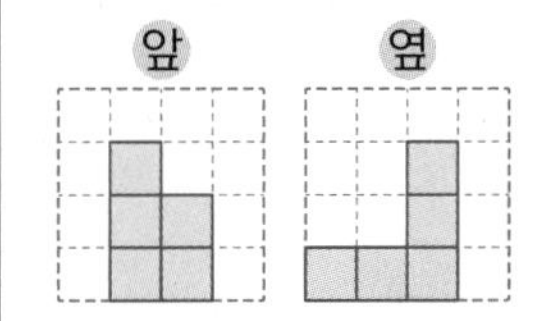

앞에서 보면 왼쪽부터 3층, 2층으로 보이고,
옆에서 보면 왼쪽부터 1층, 1층, 3층으로 보입니다.

㉠ 삼각형은 변이 3개입니다.
㉡ 삼각형은 꼭짓점이 3개입니다.
㉢ 삼각형은 모든 선이 곧은 선입니다.
㉣ 삼각형은 곧은 선 3개로 둘러싸여 있습니다.
따라서 삼각형에 대한 설명으로 잘못된 것은 ㉡, ㉢입니다.

1-1 ㉠

㉠ 사각형은 변이 4개입니다.
㉡ 사각형은 꼭짓점이 4개입니다.
㉢ 사각형은 곧은 선으로 둘러싸여 있습니다.
㉣ 사각형은 변이 4개, 꼭짓점이 4개이므로 변과 꼭짓점의 수를 합하면 모두 8개입니다.
따라서 사각형에 대한 설명으로 잘못된 것은 ㉠입니다.

1-2 ㉡, ㉣

㉠ 원은 변이 없습니다.
㉡ 원은 모양이 서로 같지만 크기는 같지 않습니다.
㉢ 원은 굽은 선으로만 되어 있습니다.
㉣ 원은 꼭짓점이 없습니다.
따라서 원에 대한 설명으로 잘못된 것은 ㉡, ㉣입니다.

1-3 ㉠, ㉡, ㉥

㉠ 도형에서 곧은 선을 변이라고 합니다. 원은 곧은 선이 없으므로 변이 없습니다.
㉡ 삼각형은 변과 변이 만나는 점(꼭짓점)이 항상 3개입니다.
㉢ 사각형은 변이 4개, 꼭짓점이 4개입니다.
㉣ 삼각형은 변이 3개, 꼭짓점이 3개이므로 변과 꼭짓점의 수를 합하면 모두 6개입니다.
㉤ 사각형은 4개의 곧은 선으로 둘러싸인 도형이므로 곧은 선 4개를 이용하여 그릴 수 있습니다.
㉥ 삼각형의 변은 3개, 사각형의 변은 4개이므로 삼각형과 사각형의 변의 수를 합하면 모두 7개입니다.
따라서 도형에 대한 설명으로 잘못된 것은 ㉠, ㉡, ㉥입니다.

대표문제 2

삼각형은 ①, ③으로 2개, 사각형은 ②, ④, ⑤로 3개입니다.

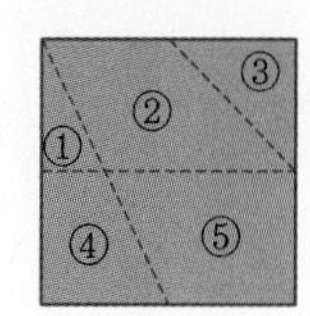

• (삼각형의 변의 수)+(삼각형의 꼭짓점의 수)
=(3+3)+(3+3)
=6+6=12(개)
• (사각형의 변의 수)+(사각형의 꼭짓점의 수)
=(4+4+4)+(4+4+4)
=12+12=24(개)
➡ 12+24=36(개)

2-1 28개

삼각형은 ①, ④로 2개, 사각형은 ②, ③으로 2개입니다.

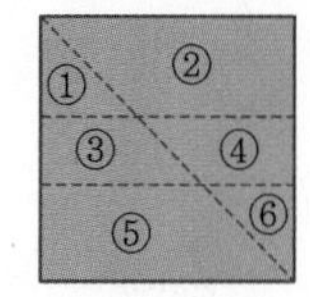

• (삼각형의 변의 수)+(삼각형의 꼭짓점의 수)
=(3+3)+(3+3)=6+6=12(개)
• (사각형의 변의 수)+(사각형의 꼭짓점의 수)
=(4+4)+(4+4)=8+8=16(개)
➡ 12+16=28(개)

2-2 44개

삼각형은 ①, ⑥으로 2개, 사각형은 ②, ③, ④, ⑤로 4개입니다.

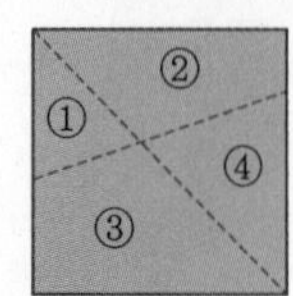

• (삼각형의 변의 수)+(삼각형의 꼭짓점의 수)
=(3+3)+(3+3)=6+6=12(개)
• (사각형의 변의 수)+(사각형의 꼭짓점의 수)
=(4+4+4+4)+(4+4+4+4)=16+16=32(개)
➡ 12+32=44(개)

서술형 **2-3** 11개

예 삼각형은 ③, ⑤, ⑥으로 3개, 사각형은 ①, ②, ④, ⑦, ⑧로 5개입니다.
(삼각형의 변의 수)=3+3+3=9(개),
(사각형의 꼭짓점의 수)=4+4+4+4+4=20(개)
따라서 삼각형의 변의 수의 합은 사각형의 꼭짓점의 수의 합보다 20−9=11(개) 더 적습니다.

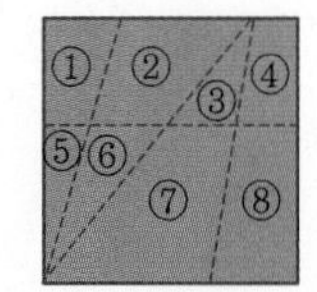

채점 기준	배점
삼각형의 변의 수의 합과 사각형의 꼭짓점의 수의 합을 각각 구했나요?	4점
몇 개 더 적은지 구했나요?	1점

2-4 32개

거꾸로 펼쳐 보며 가위가 지나가는 부분을 그려 봅니다.

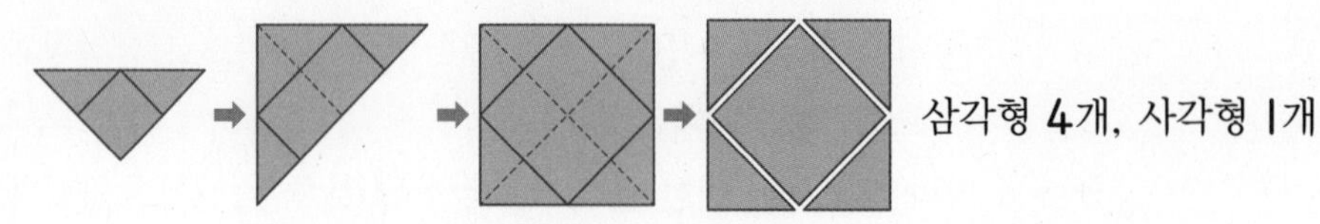

삼각형 4개, 사각형 1개

• (삼각형의 변의 수)+(삼각형의 꼭짓점의 수)

$=(3+3+3+3)+(3+3+3+3)=12+12=24$(개)

• (사각형의 변의 수)+(사각형의 꼭짓점의 수)$=4+4=8$(개)

➡ $24+8=32$(개)

46~47쪽

주어진 모양에서 쌓기나무 1개를 옮겨 각 모양을 만들어 봅니다.

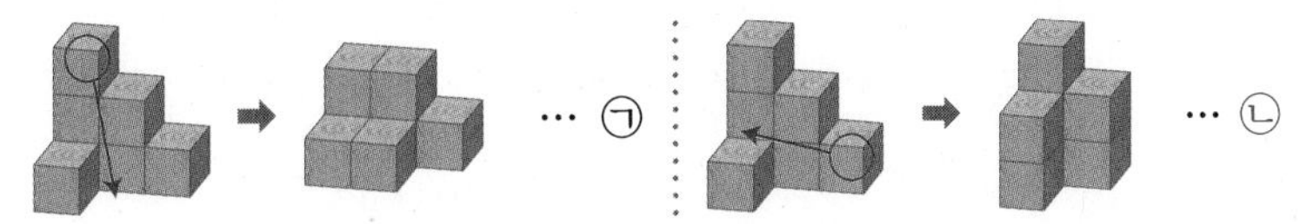

㉢ 모양을 만들려면 적어도 2개의 쌓기나무를 옮겨야 합니다.
따라서 쌓기나무 1개를 옮겨 만들 수 없는 모양은 ㉢입니다.

3-1 ③

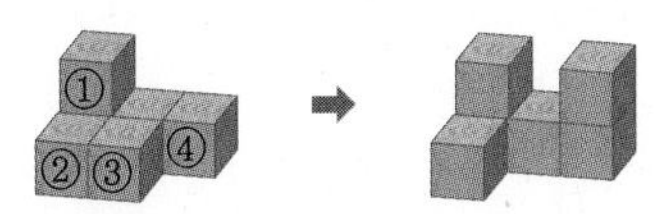

오른쪽 모양을 만들려면 ③번 쌓기나무를 ④번 쌓기나무의 위로 옮겨야 합니다.

3-2 ㉡

주어진 모양에서 쌓기나무 1개를 옮겨 각 모양을 만들어 봅니다.

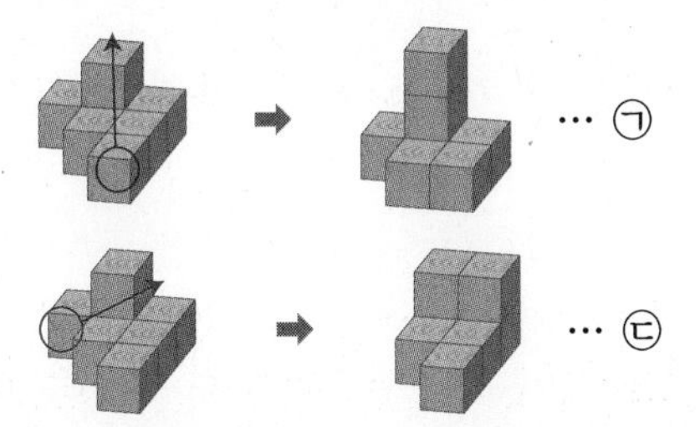

㉡ 모양을 만들려면 적어도 2개의 쌓기나무를 옮겨야 합니다.
따라서 쌓기나무 1개를 옮겨 만들 수 없는 모양은 ㉡입니다.

3-3 ㉢

만드는 방법을 알아보면 다음과 같습니다.
㉠ 쌓기나무 1개를 옮겨 만들 수 있습니다.

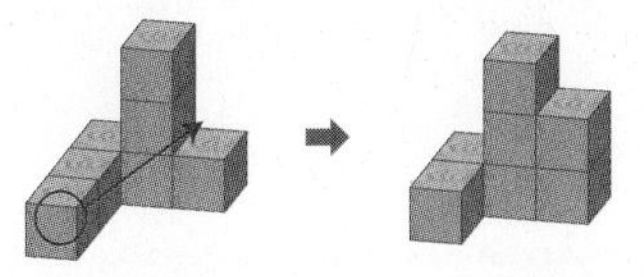

㉡ 쌓기나무 3개를 옮겨 만들 수 있습니다.

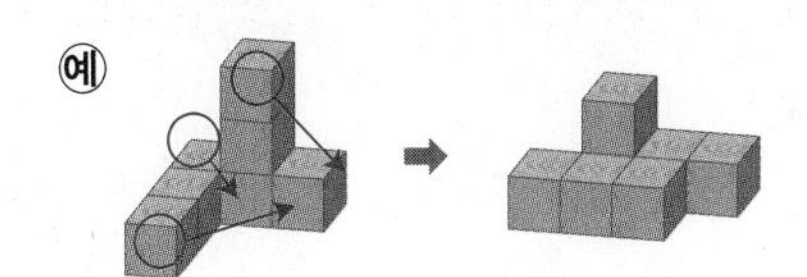

ⓒ 쌓기나무 2개를 옮겨 만들 수 있습니다.

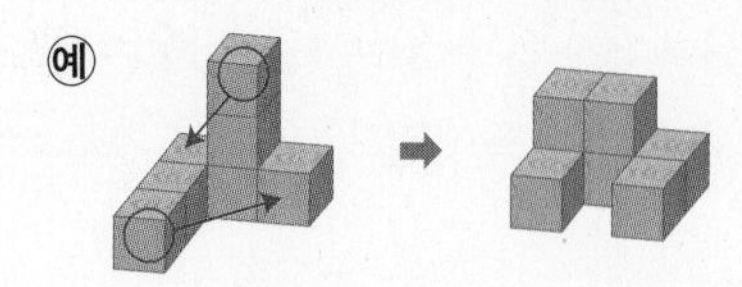

따라서 쌓기나무 2개를 옮겨 만들 수 있는 모양은 ⓒ입니다.

48~49쪽

• 1층에 놓인 쌓기나무는 4개, 2층에 놓인 쌓기나무는 1개이므로 쌓기나무 $4+1=5$(개)를 사용했습니다.
• 쌓기나무 3개가 옆으로 나란히 있고, 가장 왼쪽 쌓기나무의 위와 뒤에 쌓기나무가 1개씩 있습니다. … ⓒ

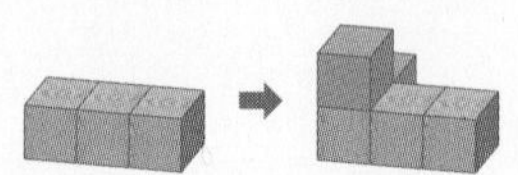

따라서 쌓은 모양을 바르게 설명한 것은 ⓒ입니다.

4-1 가운데, 위, 앞, 1에 ○표

쌓기나무 3개가 옆으로 나란히 있고, 가운데 쌓기나무의 위와 앞에 쌓기나무가 1개씩 있습니다.

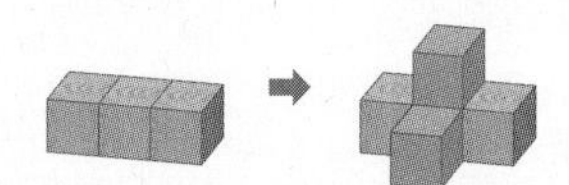

4-2 ⓛ, ⓒ

• 1층에 놓인 쌓기나무는 3개입니다.
• 1층에 놓인 쌓기나무는 3개, 2층에 놓인 쌓기나무는 1개, 3층에 놓인 쌓기나무는 1개이므로 쌓기나무 $3+1+1=5$(개)를 사용했습니다. … ⓛ
• 쌓기나무 2개가 옆으로 나란히 있고, 오른쪽 쌓기나무의 뒤에 쌓기나무 3개를 3층으로 쌓았습니다. … ⓒ

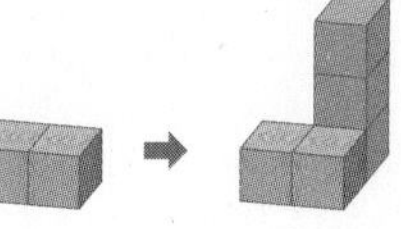

따라서 쌓은 모양을 바르게 설명한 것은 ⓛ, ⓒ입니다.

4-3 우리

설명대로 쌓으면 다음과 같습니다.

따라서 쌓기나무를 바르게 쌓은 사람은 우리입니다.

50~51쪽

삼각형 1개와 사각형 1개가 만들어지도록 선을 긋는 방법은 다음과 같습니다.

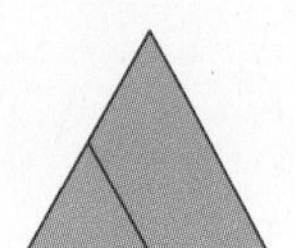 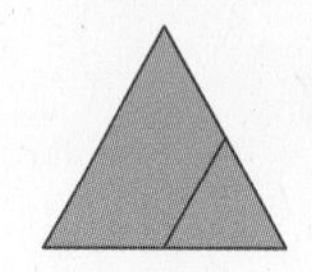 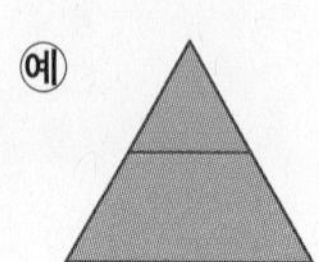

5-1 ㉠ 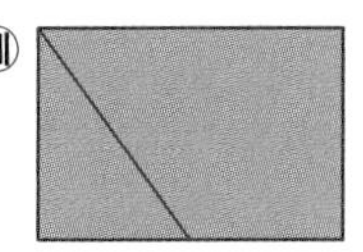

여러 가지 방법으로 선을 그을 수 있습니다.

㉠ 사각형의 한 꼭짓점에서 이웃하지 않는 변을 곧은 선으로 연결하면 삼각형 1개와 사각형 1개로 나누어집니다.

5-2 ㉠ 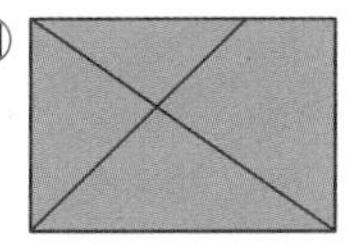

여러 가지 방법으로 선을 그을 수 있습니다.

㉠ 사각형에서 이웃하지 않는 두 꼭짓점을 곧은 선으로 연결하면 삼각형 2개로 나누어집니다. 연결하지 않은 다른 한 꼭짓점과 이웃하지 않는 변을 곧은 선으로 연결하면 삼각형 3개와 사각형 1개로 나누어집니다.

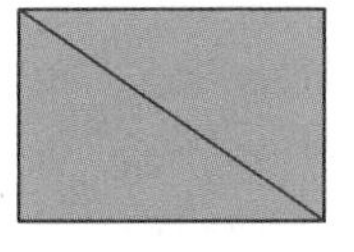 ➡ 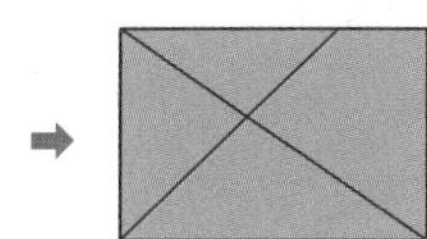

5-3 풀이 참조

여러 가지 방법으로 선을 그을 수 있습니다.

㉠ 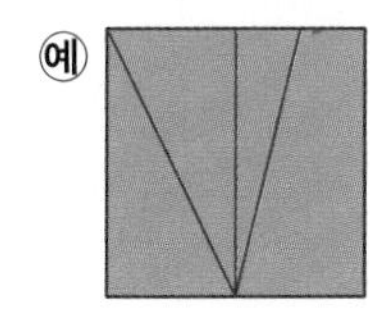 ㉠ 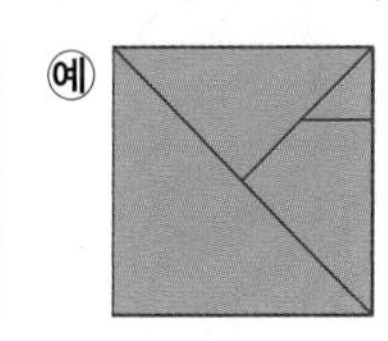

5-4 5가지

삼각형 1개와 사각형 1개가 만들어지도록 선을 긋는 방법은 다음과 같습니다.

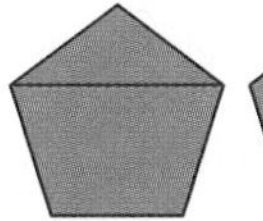 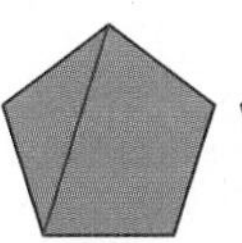 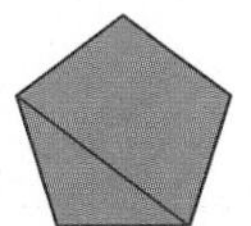 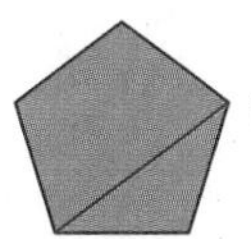 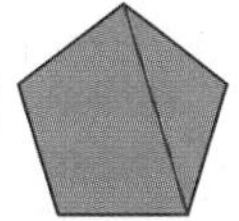

따라서 모두 5가지입니다.

52~53쪽

대표문제 6

3개의 점을 꼭짓점으로 하여 삼각형을 그려 봅니다.

①-②-④ 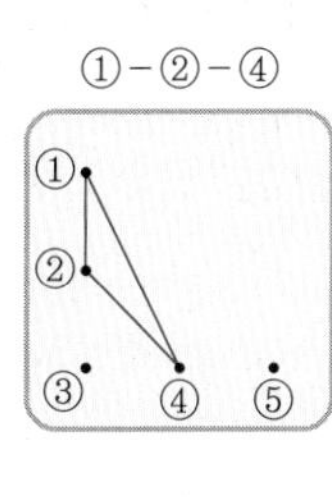
①-②-⑤ 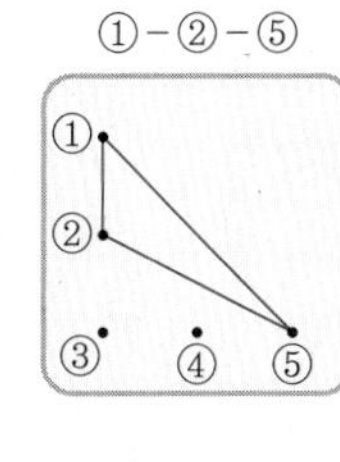
①-③-④ 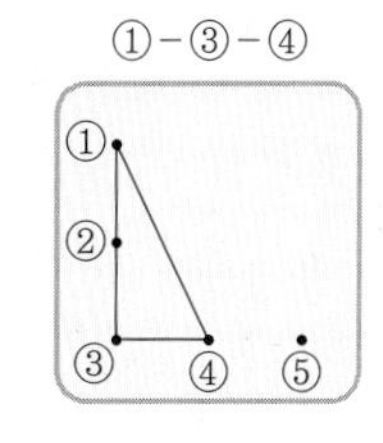
①-③-⑤ 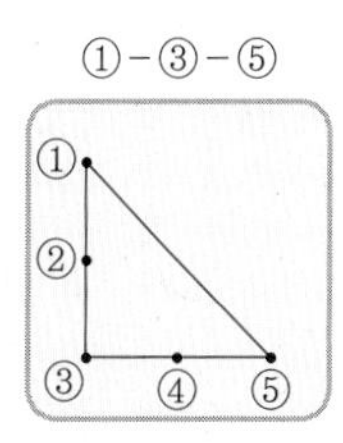

①-④-⑤
②-③-④ 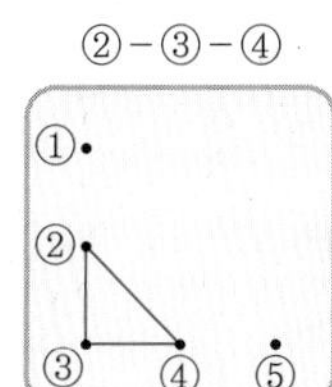
②-③-⑤ 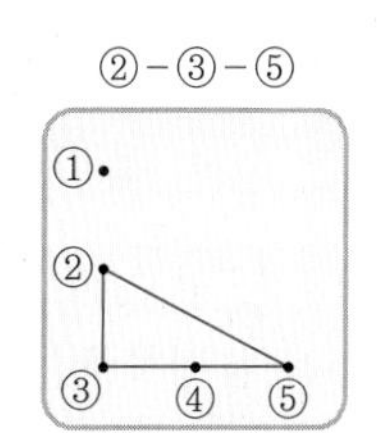
②-④-⑤ 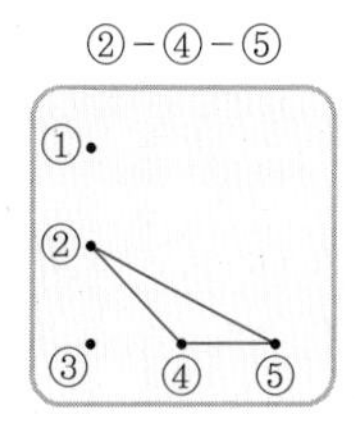

따라서 그릴 수 있는 삼각형은 모두 8개입니다.

6-1 4개

3개의 점을 꼭짓점으로 하여 삼각형을 그려 봅니다.

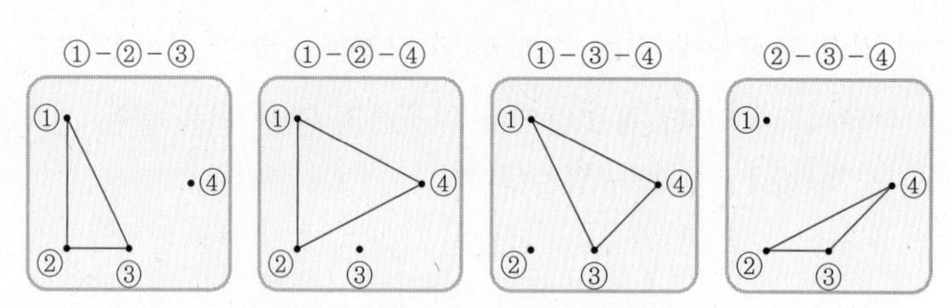

따라서 그릴 수 있는 삼각형은 모두 4개입니다.

6-2 9개

4개의 점을 꼭짓점으로 하여 사각형을 그려 봅니다.

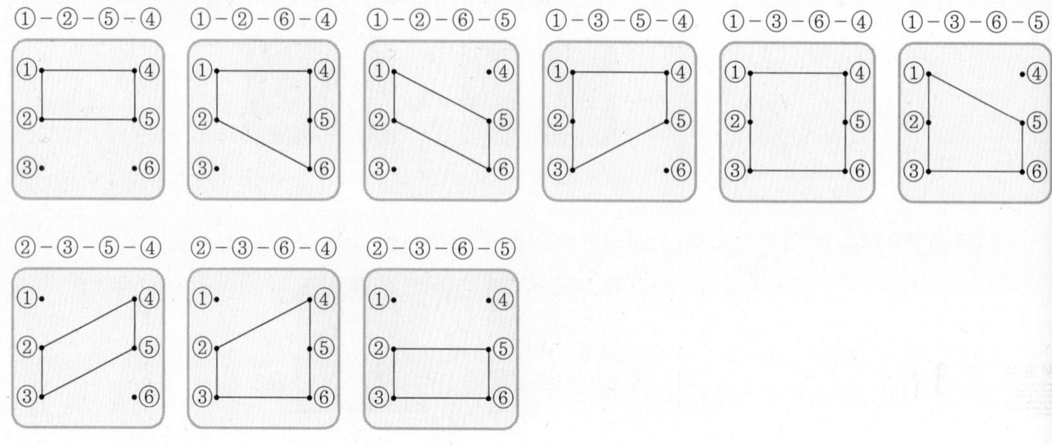

따라서 그릴 수 있는 사각형은 모두 9개입니다.

6-3 15개

색칠된 부분에서 찾을 수 있는 삼각형은 다음과 같이 4개가 있습니다.

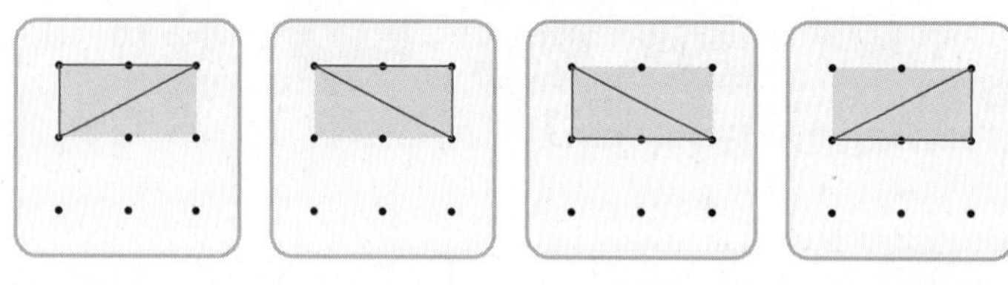

색칠된 부분과 같은 크기의 영역은 다음과 같이 4군데입니다.

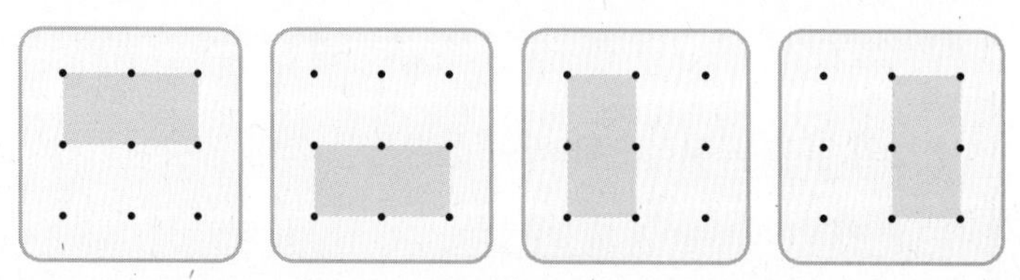

따라서 색칠된 부분마다 삼각형을 4개씩 그릴 수 있으므로 똑같은 삼각형을 $4+4+4+4-1=15$(개) 더 그릴 수 있습니다.

54~55쪽

작은 도형 1개, 2개, 4개로 된 사각형을 각각 찾아봅니다.

①	②
③	④

• 작은 도형 1개로 된 사각형: ①, ②, ③, ④ ➡ 4개
• 작은 도형 2개로 된 사각형: ①+②, ①+③, ②+④, ③+④ ➡ 4개
• 작은 도형 4개로 된 사각형: ①+②+③+④ ➡ 1개

따라서 크고 작은 사각형은 모두 $4+4+1=9$(개)입니다.

7-1 5개

작은 도형 1개, 2개, 3개로 된 삼각형을 각각 찾아봅니다.

• 작은 도형 1개로 된 삼각형: ①, ②, ③ ➡ 3개

• 작은 도형 2개로 된 삼각형: ①+② ➡ 1개

• 작은 도형 3개로 된 삼각형: ①+②+③ ➡ 1개

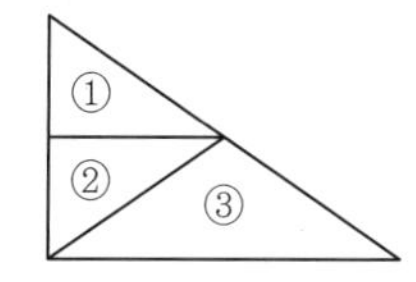

따라서 크고 작은 삼각형은 모두 3+1+1=5(개)입니다.

7-2 18개

작은 도형 1개, 2개, 3개, 4개, 6개로 된 사각형을 각각 찾아봅니다.

• 작은 도형 1개로 된 사각형: ①, ②, ③, ④, ⑤, ⑥ ➡ 6개

• 작은 도형 2개로 된 사각형:

①+②, ③+④, ⑤+⑥, ①+③, ②+④, ③+⑤, ④+⑥ ➡ 7개

①	②
③	④
⑤	⑥

• 작은 도형 3개로 된 사각형: ①+③+⑤, ②+④+⑥ ➡ 2개

• 작은 도형 4개로 된 사각형: ①+②+③+④, ③+④+⑤+⑥ ➡ 2개

• 작은 도형 6개로 된 사각형: ①+②+③+④+⑤+⑥ ➡ 1개

따라서 크고 작은 사각형은 모두 6+7+2+2+1=18(개)입니다.

서술형 **7-3** 11개

예 작은 도형 1개, 2개, 3개, 4개로 된 삼각형을 각각 찾아봅니다.

작은 도형 1개로 된 삼각형은 ①, ②, ③으로 3개, 작은 도형 2개로 된 삼각형은 ①+②, ②+③, ①+⑥, ②+⑦, ③+④로 5개, 작은 도형 3개로 된 삼각형은 ①+②+③, ③+④+⑤로 2개, 작은 도형 4개로 된 삼각형은 ②+③+④+⑦로 1개입니다.

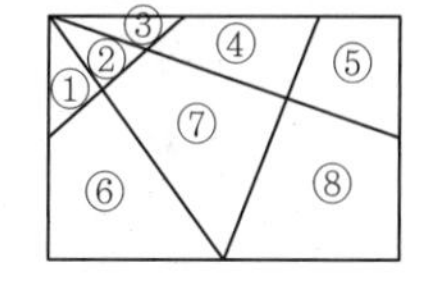

따라서 크고 작은 삼각형은 모두 3+5+2+1=11(개)입니다.

채점 기준	배점
작은 도형 1개, 2개, 3개, 4개로 된 삼각형의 수를 각각 구했나요?	3점
크고 작은 삼각형은 모두 몇 개인지 구했나요?	2점

7-4 사각형, 6개

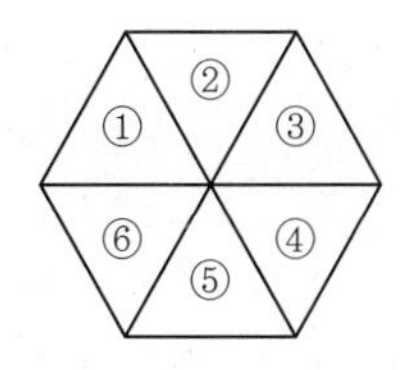

작은 도형 1개로 된 삼각형을 찾아봅니다.

• 작은 도형 1개로 된 삼각형: ①, ②, ③, ④, ⑤, ⑥ ➡ 6개

작은 도형 2개, 3개로 된 사각형을 각각 찾아봅니다.

• 작은 도형 2개로 된 사각형:

①+②, ②+③, ③+④, ④+⑤, ⑤+⑥, ⑥+① ➡ 6개

• 작은 도형 3개로 된 사각형:

①+②+③, ②+③+④, ③+④+⑤, ④+⑤+⑥, ⑤+⑥+①, ⑥+①+② ➡ 6개

➡ 6+6=12(개)

따라서 크고 작은 사각형이 삼각형보다 12−6=6(개) 더 많습니다.

주어진 세 조각 중 길이가 같은 변끼리 맞닿게 붙여서 삼각형을 만듭니다.

㉠ 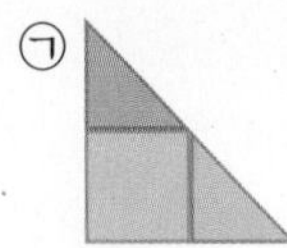 ㉢ 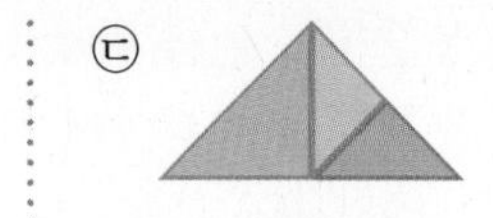 ㉣ 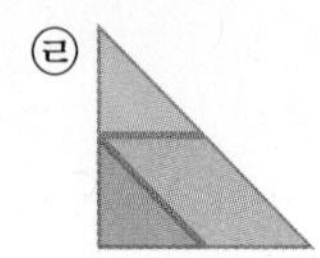

㉡ 길이가 같은 변끼리 맞닿게 붙여서 만들 수 있는 도형은

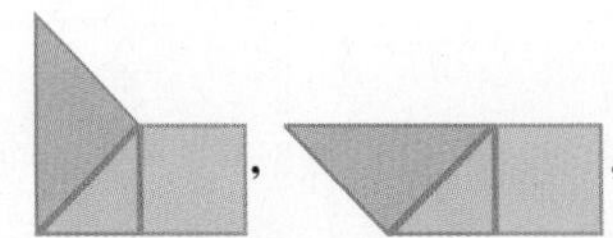, 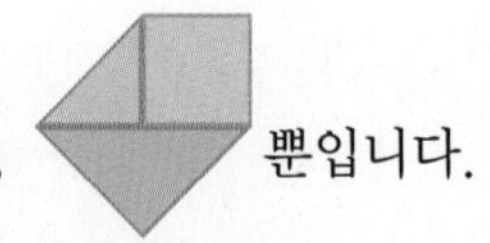 뿐입니다.

따라서 삼각형을 만들 수 없는 것은 ㉡입니다.

8-1 예 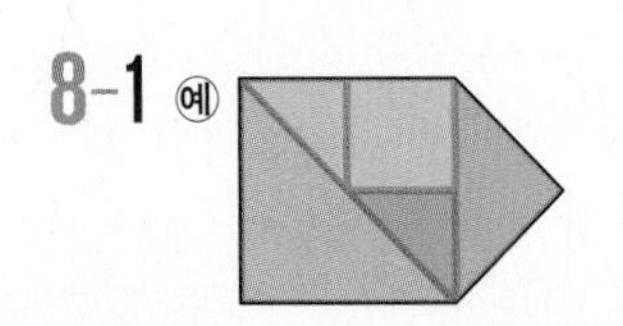

모양 안에 가장 큰 조각을 먼저 채우고, 길이가 같은 변끼리 맞닿게 붙여서 나머지 조각을 채웁니다.

8-2 ㉢

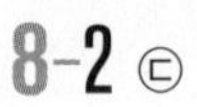

㉠ 예 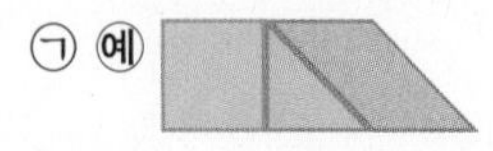 ㉡ 예 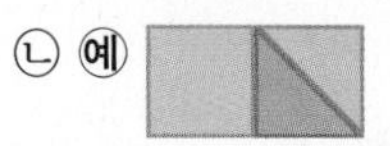 ㉣ 예 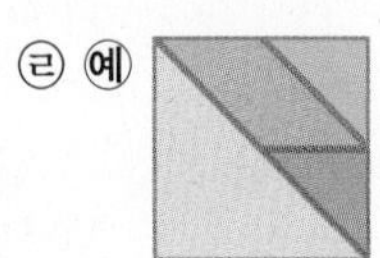

㉢의 세 조각으로는 사각형을 만들 수 없습니다.

8-3 ㉡

㉠ 예 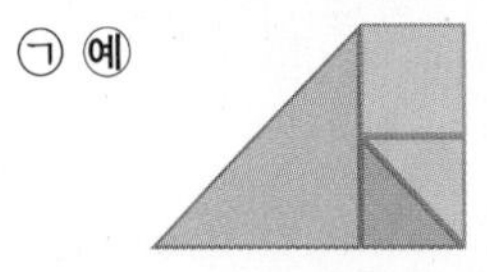 ㉢ 예 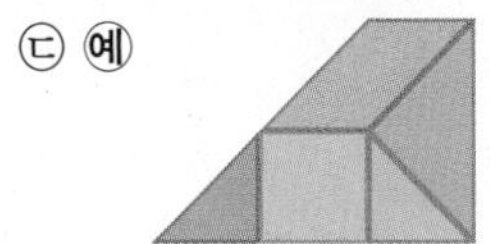 ㉣ 예 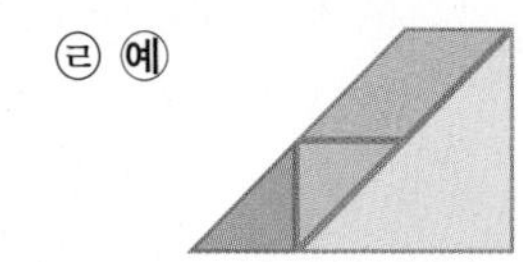

㉡의 네 조각으로는 주어진 도형을 만들 수 없습니다.

MATH MASTER

1 20개

삼각형: 4개, 사각형: 5개, 원: 3개
사각형이 5개로 가장 많습니다.
따라서 가장 많은 도형의 모든 변의 수의 합은 $4+4+4+4+4=20$(개)입니다.

2 1

사각형의 변은 4개, 원의 변은 0개, 삼각형의 꼭짓점은 3개입니다.
➡ ㉠+㉡−㉢$=4+0-3=1$

서술형 **3** 6개

예 왼쪽 모양의 쌓기나무는 3개입니다. 오른쪽 모양의 쌓기나무는 1층에 6개, 2층에 2개, 3층에 1개이므로 $6+2+1=9$(개)입니다.
따라서 더 필요한 쌓기나무는 $9-3=6$(개)입니다.

채점 기준	배점
왼쪽 모양의 쌓기나무의 수를 구했나요?	2점
오른쪽 모양의 쌓기나무의 수를 구했나요?	2점
더 필요한 쌓기나무의 수를 구했나요?	1점

4 7개

• 작은 도형 1개로 된 삼각형: ①, ②, ③, ⑤, ⑦ ➡ 5개
• 작은 도형 2개로 된 삼각형: ①+② ➡ 1개
• 작은 도형 5개로 된 삼각형: ③+④+⑤+⑥+⑦ ➡ 1개
따라서 크고 작은 삼각형은 모두 $5+1+1=7$(개)입니다.

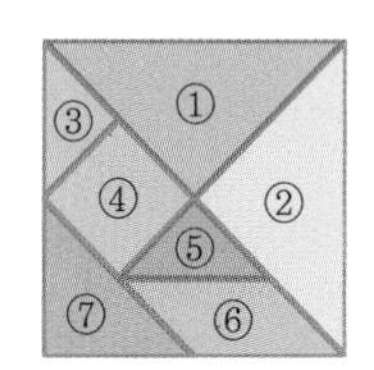

5 ㉡, ㉢

• 삼각형 안에 원이 있습니다. ➡ ㉡, ㉢, ㉣
• 사각형 안에 삼각형이 있습니다. ➡ ㉠, ㉡, ㉢
따라서 조건에 맞는 모양은 ㉡, ㉢입니다.

6 ㉡

• 빨간색 쌓기나무 위에 초록색 쌓기나무가 있습니다. ➡ ㉠, ㉡, ㉢
• 파란색 쌓기나무 왼쪽에 보라색 쌓기나무가 있습니다. ➡ ㉠, ㉡
• 노란색 쌓기나무 뒤에 파란색 쌓기나무가 있습니다. ➡ ㉡, ㉢
따라서 조건에 맞게 쌓기나무를 쌓은 것은 ㉡입니다.

7 예

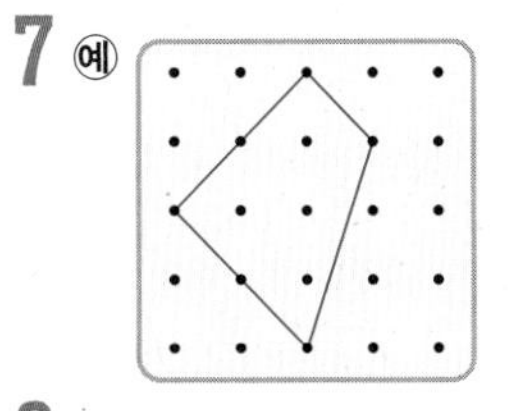

곧은 선으로 둘러싸인 도형은 변과 꼭짓점의 수가 같고 $8=4+4$이므로 변과 꼭짓점은 각각 4개입니다. 변 4개로 둘러싸여 있는 도형은 사각형입니다.
따라서 사각형의 안쪽에 점이 4개 있도록 사각형을 그립니다.

8 삼각형, 8개

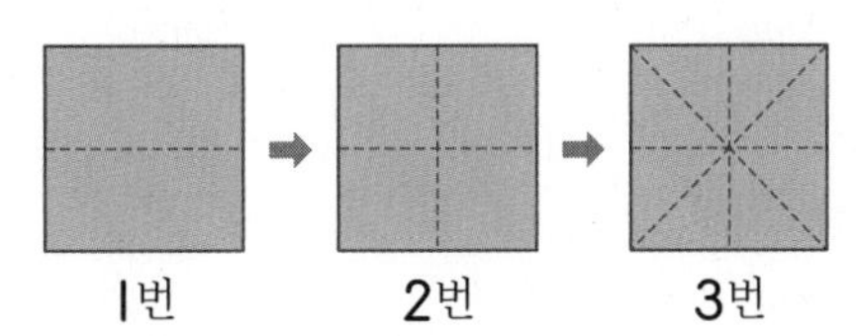

따라서 가위로 접힌 선을 따라 모두 자르면 삼각형이 8개 만들어집니다.

9 2개

삼각형과 사각형을 번갈아 가며 1개, 2개, 3개, 4개, ...의 순서로 늘어놓았습니다.

삼각형	사각형	삼각형	사각형	삼각형	사각형	삼각형	사각형
1개	2개	3개	4개	5개	6개	7개	2개

30개

➡ 삼각형: $1+3+5+7=16$(개), 사각형: $2+4+6+2=14$(개)
따라서 삼각형과 사각형의 수의 차는 $16-14=2$(개)입니다.

10 3가지

사각형을 만드는 방법은 다음과 같습니다.

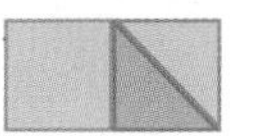 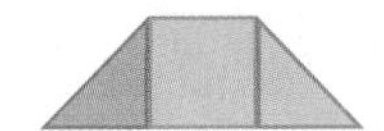 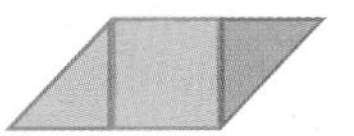

따라서 세 조각을 모두 사용하여 사각형을 만들 수 있는 방법은 모두 3가지입니다.

3 덧셈과 뺄셈

1 두 자리 수의 덧셈

62~63쪽

1 (1) 55 (2) 121

(1)
$$\begin{array}{r} {}^{1} \\ 46 \\ +\ 9 \\ \hline 55 \end{array}$$
(2)
$$\begin{array}{r} {}^{1\,1} \\ 26 \\ +\ 95 \\ \hline 121 \end{array}$$

2 30, 74, 72

$44+28=44+30-2$
$=74-2$
$=72$

3 115

가장 큰 수 6과 둘째로 큰 수 5를 각각 십의 자리에 놓습니다.
그리고 나머지 수 4와 1을 각각 일의 자리에 놓아 덧셈식을 만들면
$64+51=115$ 또는 $61+54=115$가 됩니다.
따라서 만들 수 있는 덧셈식의 값 중 가장 큰 값은 115입니다.

4 4, 5

일의 자리 계산에서 7+ⓒ=2가 되는 ⓒ은 없으므로 십의 자리로 1을 받아올림한 것을 알 수 있습니다.
➡ 7+ⓒ=12, ⓒ=5
십의 자리 계산은 일의 자리에서 받아올림한 1을 함께 더합니다.
➡ 1+ⓐ+4=9, ⓐ=4
$47+45=92$로 계산이 맞습니다.
따라서 ⓐ=4, ⓒ=5입니다.

2 두 자리 수의 뺄셈

64~65쪽

1 (1) 76 (2) 17

(1)
$$\begin{array}{r} {}^{7\ 10} \\ \not{8}3 \\ -\ \ 7 \\ \hline 76 \end{array}$$
(2)
$$\begin{array}{r} {}^{5\ 10} \\ \not{6}5 \\ -48 \\ \hline 17 \end{array}$$

2 3, 17 / 1, 17

방법1 59를 56과 3으로 나누어 차례로 뺍니다.
➡ $76-59=76-56-3=20-3=17$

방법2 59 대신 60을 빼고 1을 더합니다.
➡ $76-59=76-60+1=16+1=17$

3 8

차가 가장 작은 두 수 3과 2를 각각 십의 자리에 놓습니다.
그리고 나머지 수 6과 8 중 더 작은 수를 빼지는 수의 일의 자리에 놓고, 더 큰 수를 빼는 수의 일의 자리에 놓아 뺄셈식을 만들면 $36-28=8$이 됩니다.
따라서 만들 수 있는 뺄셈식의 값 중 가장 작은 값은 8입니다.

4 8, 9

일의 자리 계산에서 5－㉡＝6이 되는 ㉡은 없으므로 십의 자리에서 10을 받아내림한 것을 알 수 있습니다.
➡ 10＋5－㉡＝6, ㉡＝9
십의 자리 계산은 일의 자리로 받아내림했으므로 1을 뺍니다.
➡ ㉠－1－3＝4, ㉠＝8
$85-39=46$으로 계산이 맞습니다.
따라서 ㉠＝8, ㉡＝9입니다.

3 세 수의 계산

66~67쪽

1 (1) 90 (2) 61

(1) $18+25+47=90$ ($18+25=43$, $43+47=90$)
(2) $83-36+14=61$ ($83-36=47$, $47+14=61$)

2 (1) > (2) <

(1) $19+28+16=47+16=63$, $24+47-17=71-17=54$
➡ $63>54$
(2) $63-18+25=45+25=70$, $87-32+41=55+41=96$
➡ $70<96$

3 풀이 참조

방법1 예
$$\begin{array}{r} {}^{1} \\ 48 \\ 37 \\ +\,13 \\ \hline 98 \end{array}$$

방법2 예 $48+37+13=98$ ($37+13=50$, $48+50=98$)

세 수의 덧셈을 하는 방법은 앞에서부터 두 수씩 차례로 더하기, 세로셈으로 한꺼번에 더하기, 몇십이 되는 두 수와 같이 더하기 쉬운 두 수를 먼저 더하기 등이 있습니다.

4 58, 35, 19 또는 35, 58, 19 / 74

$58>35>23>19$이므로 가장 큰 수 58과 35를 더하고, 가장 작은 수인 19를 뺍니다.
➡ $58+35-19=93-19=74$

4 덧셈과 뺄셈의 관계, □의 값 구하기

1 48 / 27, 75 / 27, 48, 75

$75-48=27$ ➡ $48+27=75$, $27+48=75$

2 $82-67=□$, 15

덧셈식 $67+□=82$를 뺄셈식 $82-67=□$로 나타내 □의 값을 구합니다.
➡ $□=82-67=15$

3 99

어떤 수를 □라고 하여 식으로 나타내면 $□-48=34+17$, $□-48=51$입니다.
$□-48=51$ ➡ $51+48=□$, $□=99$
따라서 어떤 수는 99입니다.

4 0, 1, 2, 3, 4

$24+1□=39$로 생각하면
$24+1□=39$ ➡ $1□=39-24$, $1□=15$이므로 $□=5$입니다.
$24+15=39$이므로 $24+1□$가 39보다 작으려면 □ 안에는 5보다 작은 수가 들어가야 합니다.
따라서 □ 안에 들어갈 수 있는 수는 0, 1, 2, 3, 4입니다.

49를 50으로 생각하면 1을 더 빼게 되므로 계산한 후 다시 1을 더합니다.
➡ ㉠=1
$76-50=26$ ➡ ㉡=26
㉡+㉠=$26+1=27$ ➡ ㉢=27
따라서 ㉠=1, ㉡=26, ㉢=27입니다.

1-1 4, 69, 65

26을 30으로 생각하면 4를 더 더하게 되므로 계산한 후 다시 4를 뺍니다. ➡ ㉠=4
$30+39=69$ ➡ ㉡=69
㉡−㉠=$69-4=65$ ➡ ㉢=65
따라서 ㉠=4, ㉡=69, ㉢=65입니다.

1-2 2, 43, 41

28을 30으로 생각하면 2를 더 더하게 되므로 계산한 후 다시 2를 뺍니다. ➡ ㉠=2
$13+30=43$ ➡ ㉡=43
㉡−㉠=$43-2=41$ ➡ ㉢=41
따라서 ㉠=2, ㉡=43, ㉢=41입니다.

1-3 3, 15, 18

37을 40으로 생각하면 3을 더 빼게 되므로 계산한 후 다시 3을 더합니다. ➡ ㉠=3
55−40=15 ➡ ㉡=15
㉡+㉠=15+3=18 ➡ ㉢=18
따라서 ㉠=3, ㉡=15, ㉢=18입니다.

1-4 4, 40, 36

빼는 수 39의 일의 자리 수와 같아지도록 하기 위해 75를 79로 생각하면 4를 더 더하게 되므로 계산한 후 다시 4를 뺍니다. ➡ ㉠=4
79−39=40 ➡ ㉡=40
㉡−㉠=40−4=36 ➡ ㉢=36
따라서 ㉠=4, ㉡=40, ㉢=36입니다.

■+■=80에서 40+40=80이므로 ■=40입니다.
■−●=19의 식에 ■ 대신 40을 넣으면 40 −●=19입니다.
●가 답이 되는 식으로 나타내면
40−●=19 ➡ 40−19=●, ●=21입니다.
따라서 ■=40, ●=21 입니다.

2-1 71, 19

■−28=43에서 ■가 답이 되는 식으로 나타내면
■−28=43 ➡ 43+28=■, ■=71입니다.
●+■=90의 식에 ■ 대신 71을 넣으면 ●+71=90입니다.
●가 답이 되는 식으로 나타내면 ●+71=90 ➡ 90−71=●, ●=19입니다.
따라서 ■=71, ●=19입니다.

2-2 20, 63

■+■=40에서 20+20=40이므로 ■=20입니다.
■+●=83의 식에 ■ 대신 20을 넣으면 20+●=83입니다.
●가 답이 되는 식으로 나타내면 20+●=83 ➡ 83−20=●, ●=63입니다.
따라서 ■=20, ●=63입니다.

2-3 62, 80

●=35이므로 ■−27=●의 식에 ● 대신 35를 넣으면 ■−27=35입니다.
■가 답이 되는 식으로 나타내면 ■−27=35 ➡ 35+27=■, ■=62입니다.
▲−■=18의 식에 ■ 대신 62를 넣으면 ▲−62=18입니다.
▲가 답이 되는 식으로 나타내면 ▲−62=18 ➡ 18+62=▲, ▲=80입니다.
따라서 ■=62, ▲=80입니다.

2-4 18

■+■=50에서 25+25=50이므로 ■=25입니다.
81−●=■의 식에 ■ 대신 25를 넣으면 81−●=25입니다.
●가 답이 되는 식으로 나타내면 81−●=25 ➡ 81−25=●, ●=56입니다.
●+▲=74의 식에 ● 대신 56을 넣으면 56+▲=74입니다.
▲가 답이 되는 식으로 나타내면 56+▲=74 ➡ 74−56=▲, ▲=18입니다.
따라서 ▲=18입니다.

74~75쪽

대표문제 3

(남학생 수)+(여학생 수)=(모둠 전체 학생 수)
➡ (모둠 전체 학생 수)−(여학생 수)=(남학생 수)
• 해 모둠의 남학생은 31−12=19(명)입니다.
• 달 모둠의 남학생은 33−17=16(명)입니다.
따라서 남학생은 해 모둠이 19−16=3(명) 더 많습니다.

3-1 태호, 9개

(종이학 수)+(종이배 수)=(합계) ➡ (합계)−(종이배 수)=(종이학 수)
가영이가 접은 종이학은 84−36=48(개)이고,
태호가 접은 종이학은 85−28=57(개)입니다.
따라서 종이학을 태호가 57−48=9(개) 더 많이 접었습니다.

3-2 3반, 2반

(남학생 수)+(여학생 수)=(반 전체 학생 수)
➡ (반 전체 학생 수)−(남학생 수)=(여학생 수)
1반의 여학생은 29−12=17(명), 2반의 여학생은 32−18=14(명),
3반의 여학생은 34−16=18(명)입니다.
따라서 여학생이 가장 많은 반은 3반이고, 가장 적은 반은 2반입니다.

3-3 49개

현우가 가진 빨간색과 파란색 구슬 수를 합하면 74+19=93(개)입니다.
은미가 가진 구슬이 현우가 가진 구슬보다 7개 더 적으므로
은미가 가진 구슬은 93−7=86(개)입니다.
은미가 가진 구슬은 86개이고, 그중 빨간색 구슬은 37개이므로
파란색 구슬은 86−37=49(개)입니다.

76~77쪽

이번 역에서 내린 사람 수를 □로 하여 식으로 나타내면
69−□+18=60입니다.
□의 값을 구하면
69−□+18=60, 69−□=60−18, 69−□=42
➡ 69−42=□, □=27
따라서 이번 역에서 내린 사람은 27명입니다.

4-1 36쪽

규서가 오늘 읽은 과학책의 쪽수를 □로 하여 식으로 나타내면
$25+14+\square=75$입니다.
$25+14+\square=75$, $39+\square=75$ ➡ $75-39=\square$, $\square=36$
따라서 규서가 오늘 읽은 과학책은 36쪽입니다.

4-2 3명

이번 정류장에서 내린 사람 수를 □로 하여 식으로 나타내면
$42-\square+13=52$입니다.
$42-\square+13=52$, $42-\square=52-13$, $42-\square=39$ ➡ $42-39=\square$, $\square=3$
따라서 이번 정류장에서 내린 사람은 3명입니다.

4-3 35개

한별이에게 준 종이학 수를 □로 하여 식으로 나타내면
$33+19-\square=17$입니다.
$33+19-\square=17$, $52-\square=17$ ➡ $52-17=\square$, $\square=35$
따라서 한별이에게 준 종이학은 35개입니다.

서술형 **4-4** 92장

예 처음 상자에 들어 있던 색종이 수를 □로 하여 식으로 나타내면
$\square-25-32=35$입니다.
$\square-25-32=35$, $\square-25=35+32$, $\square-25=67$ ➡ $67+25=\square$, $\square=92$
따라서 처음 상자에 들어 있던 색종이는 92장입니다.

채점 기준	배점
모르는 수를 □로 하여 식으로 나타냈나요?	2점
처음 상자에 들어 있던 색종이 수를 구했나요?	3점

대표문제 5

$35+\square=82$일 때 □ 안에 알맞은 수를 구하면
$35+\square=82$ ➡ $82-35=\square$, $\square=47$입니다.
$35+\square$가 82보다 커야 하므로 □ 안에는 47보다 큰 수가 들어가야 합니다.
따라서 십의 자리 수가 4인 수 중에서 □ 안에 들어갈 수 있는 두 자리 수는
48, 49입니다.

5-1 10, 11, 12, 13

$21+\square=35$일 때 □ 안에 알맞은 수를 구하면
$21+\square=35$ ➡ $35-21=\square$, $\square=14$입니다.
$21+\square$가 35보다 작아야 하므로 □ 안에는 14보다 작은 수가 들어가야 합니다.
따라서 십의 자리 수가 1인 수 중에서 □ 안에 들어갈 수 있는 수는
10, 11, 12, 13입니다.

5-2 27, 28, 29

46+□=72일 때 □ 안에 알맞은 수를 구하면
46+□=72 ➡ 72−46=□, □=26입니다.
46+□가 72보다 커야 하므로 □ 안에는 26보다 큰 수가 들어가야 합니다.
따라서 십의 자리 수가 2인 수 중에서 □ 안에 들어갈 수 있는 두 자리 수는
27, 28, 29입니다.

5-3 56, 57, 58, 59

92−□=37일 때 □ 안에 알맞은 수를 구하면
92−□=37 ➡ 92−37=□, □=55입니다.
92−□가 37보다 작아야 하므로 □ 안에는 55보다 큰 수가 들어가야 합니다.
따라서 십의 자리 수가 5인 수 중에서 □ 안에 들어갈 수 있는 수는
56, 57, 58, 59입니다.

5-4 30, 31, 32, 33

63−□=29일 때 □ 안에 알맞은 수를 구하면
63−□=29 ➡ 63−29=□, □=34입니다.
63−□가 29보다 커야 하므로 □ 안에는 34보다 작은 수가 들어가야 합니다.
따라서 십의 자리 수가 3인 수 중에서 □ 안에 들어갈 수 있는 수는
30, 31, 32, 33입니다.

대표문제 6

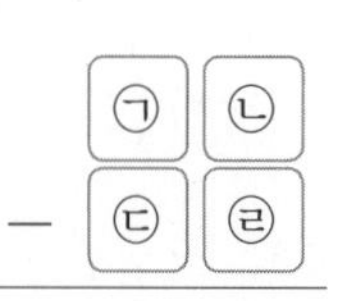

수 카드 중에서 ㉡−㉣=8이 되는 것은 없으므로 십의 자리에서 받아내림한 것을 알 수 있습니다.
10+㉡−㉣=8이 되는 것은 1과 3입니다.
10+1−3=8 ➡ ㉡=1, ㉣=3
남은 수 카드는 2와 6이고 일의 자리로 받아내림하였으므로
㉠−1−㉢=3이 되도록 남은 수 카드를 놓습니다.
6−1−2=3 ➡ ㉠=6, ㉢=2
따라서 차가 38이 되는 뺄셈식은 61−23=38입니다.

6-1 예 2, 4, 3, 8

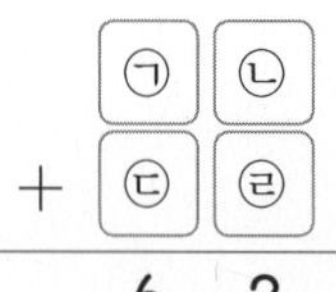

수 카드 중에서 ㉡+㉣=2가 되는 것은 없으므로 십의 자리로 받아올림한 것을 알 수 있습니다.
㉡+㉣=12가 되는 것은 4와 8입니다.
➡ ㉡=4, ㉣=8 또는 ㉡=8, ㉣=4
남은 수 카드는 2와 3이고 일의 자리에서 받아올림하였으므로 1+㉠+㉢=6입니다.
1+2+3=6 또는 1+3+2=6 ➡ ㉠=2, ㉢=3 또는 ㉠=3, ㉢=2
따라서 합이 62가 되는 덧셈식은 24+38=62, 34+28=62, 28+34=62, 38+24=62입니다.

6-2 6, 3, 1, 7

	㉠	㉡
−	㉢	㉣
	4	6

수 카드 중에서 ㉡−㉣=6이 되는 것은 7−1=6이므로 ㉡=7, ㉣=1이고, 십의 자리에서 받아내림한 것을 생각하면 10+㉡−㉣=6이 되는 것은 10+3−7=6이므로 ㉡=3, ㉣=7입니다.

일의 자리에 7과 1을 놓으면 나머지 수 카드 3과 6을 십의 자리 수로 만들었을 때 계산이 맞지 않으므로 일의 자리에 3과 7을 놓습니다. ➡ ㉡=3, ㉣=7

남은 수 카드는 1과 6이고 일의 자리로 받아내림하였으므로 ㉠−1−㉢=4가 되도록 남은 수 카드를 놓습니다. 6−1−1=4 ➡ ㉠=6, ㉢=1

따라서 차가 46이 되는 뺄셈식은 63−17=46입니다.

6-3 4, 9, 1

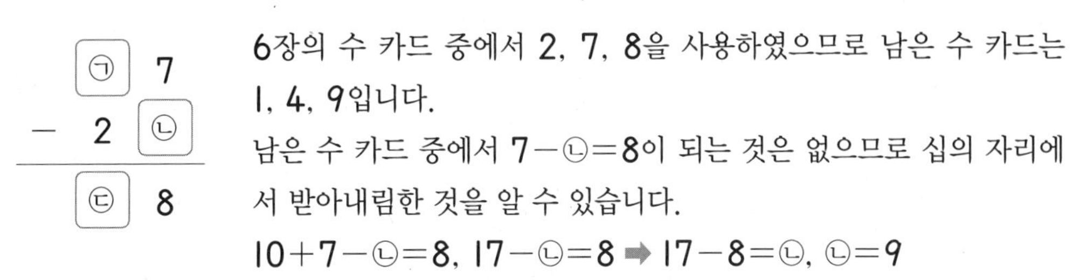

	㉠	7
−	2	㉡
	㉢	8

6장의 수 카드 중에서 2, 7, 8을 사용하였으므로 남은 수 카드는 1, 4, 9입니다.

남은 수 카드 중에서 7−㉡=8이 되는 것은 없으므로 십의 자리에서 받아내림한 것을 알 수 있습니다.

10+7−㉡=8, 17−㉡=8 ➡ 17−8=㉡, ㉡=9

남은 수 카드는 1과 4이고 일의 자리로 받아내림하였으므로 ㉠−1−2=㉢이 되도록 남은 수 카드를 놓습니다. 4−1−2=1 ➡ ㉠=4, ㉢=1

따라서 수 카드를 한 번씩만 사용하여 만든 뺄셈식은 47−29=18입니다.

82~83쪽

대표문제 7

구슬에 써 있는 수는 모두 두 자리 수이므로 합이 세 자리 수가 되는 경우는 빼고 두 수를 골라 더해 봅니다.

➡ 34+42=76, 34+55=89, 42+55=97

89가 써 있는 구슬이 있으므로 덧셈식을 만들 수 있는 세 수는 34, 55, 89입니다.

따라서 세 수로 덧셈식 2개와 뺄셈식 2개를 만들면 다음과 같습니다.

덧셈식 [34+55=89, 55+34=89] 뺄셈식 [89−34=55, 89−55=34]

7-1 덧셈식 19+43=62, 43+19=62 뺄셈식 62−19=43, 62−43=19

작은 두 수를 더해서 가장 큰 수가 되는지 확인하여 덧셈식을 만들고,
가장 큰 수에서 한 수를 빼서 나머지 한 수가 되는지 확인하여 뺄셈식을 만듭니다.
세 수로 덧셈식 2개와 뺄셈식 2개를 만들면 다음과 같습니다.

덧셈식 [19+43=62, 43+19=62] 뺄셈식 [62−19=43, 62−43=19]

7-2 덧셈식 27+46=73, 46+27=73 뺄셈식 73−27=46, 73−46=27

구슬에 써 있는 수는 모두 두 자리 수이므로 합이 세 자리 수가 되는 경우는 빼고 두 수를 골라 더해 봅니다.
➡ 27+46=73, 27+51=78, 46+51=97
73이 써 있는 구슬이 있으므로 덧셈식을 만들 수 있는 세 수는 27, 46, 73입니다.
따라서 세 수로 덧셈식 2개와 뺄셈식 2개를 만들면 다음과 같습니다.

덧셈식 [27+46=73, 46+27=73] 뺄셈식 [73−27=46, 73−46=27]

7-3 4가지

14+38=52, 38+52=90이므로 덧셈식을 만들 수 있는 세 수는 14, 38, 52 또는 38, 52, 90입니다.
14, 38, 52로 만들 수 있는 뺄셈식은 52−38=14, 52−14=38입니다.
➡ 2가지
38, 52, 90으로 만들 수 있는 뺄셈식은 90−38=52, 90−52=38입니다.
➡ 2가지
따라서 만들 수 있는 뺄셈식은 모두 2+2=4(가지)입니다.

대표문제 **8**

전체 학생 수에서 남학생 6명을 빼면 남은 남학생 수와 여학생 수가 같아집니다.
➡ 30−6=24(명)이고, 24명의 절반은 여학생 수입니다.
12+12=24이므로 동호네 반 여학생은 12명입니다.

8-1 24자루

전체 연필 수에서 현주가 가지고 있는 연필 9자루를 빼면 현주가 가지고 있는 남은 연필 수와 정희가 가지고 있는 연필 수가 같아집니다.
➡ 57−9=48(자루)이고, 48자루의 절반은 정희가 가지고 있는 연필 수입니다.
24+24=48이므로 정희가 가지고 있는 연필은 24자루입니다.

다른 풀이
정희가 가지고 있는 연필 수를 □라고 하면 현주가 가지고 있는 연필 수는 □+9입니다.
□+□+9=57, □+□=57−9, □+□=48 ➡ 24+24=48이므로 □=24
따라서 정희가 가지고 있는 연필은 24자루입니다.

8-2 40개

동생이 가지고 있는 사탕 수에 18개를 더하면 동생이 가지고 있는 사탕 수와 준우가 가지고 있는 사탕 수가 같아집니다.
➡ 62+18=80(개)이고, 80개의 절반은 준우가 가지고 있는 사탕 수입니다.
40+40=80이므로 준우가 가지고 있는 사탕은 40개입니다.

다른 풀이

준우가 가지고 있는 사탕 수를 □라고 하면 동생이 가지고 있는 사탕 수는 □−18입니다.
□+□−18=62, □+□=62+18, □+□=80 ➡ 40+40=80이므로 □=40
따라서 준우가 가지고 있는 사탕은 40개입니다.

서술형 **8-3** 8장

예 민지와 유라가 가지고 있는 색종이 수는 32+48=80(장)입니다.
40+40=80이므로 40장씩 가질 때 색종이 수가 같아집니다.
따라서 유라는 민지에게 색종이를 48−40=8(장) 주어야 합니다.

채점 기준	배점
몇 장씩 가질 때 색종이 수가 같아지는지 구했나요?	2점
유라가 민지에게 주어야 할 색종이 수를 구했나요?	3점

8-4 31개

(재화의 구슬 수)+13=61 ➡ (재화의 구슬 수)=61−13=48(개)
(홍빈이의 구슬 수)=(재화의 구슬 수)−29=48−29=19(개)
(준한이의 구슬 수)−6=(홍빈이의 구슬 수)+6에서 19+6=25(개)
➡ (준한이의 구슬 수)=25+6=31(개)

MATH MASTER

86~88쪽

1 9개

과일의 수를 비교하면 21>19>18>12이므로
가장 많은 과일은 키위 21개, 가장 적은 과일은 참외 12개입니다.
따라서 가장 많은 과일과 가장 적은 과일의 수의 차는 21−12=9(개)입니다.

2 29, 39

68의 일의 자리 수가 8이므로 일의 자리 수끼리의 합이 8이 되는 두 수를 골라 합을 구해 봅니다.
12+46=58, 29+39=68, 37+41=78
따라서 합이 68이 되는 두 수는 29와 39입니다.

서술형 **3** 태민, 9개

예 선영이가 이틀 동안 먹은 방울토마토 수는 26+25=51(개)이고,
태민이가 이틀 동안 먹은 방울토마토 수는 19+41=60(개)입니다.
따라서 태민이가 60−51=9(개) 더 많이 먹었습니다.

채점 기준	배점
선영이와 태민이가 이틀 동안 먹은 방울토마토 수를 각각 구했나요?	4점
누가 몇 개 더 많이 먹었는지 구했나요?	1점

4 3, 5, 39

두 수를 뺐을 때 계산 결과가 가장 큰 수가 되려면 빼는 수가 가장 작아야 합니다.
수 카드의 수의 크기를 비교하면 $3<5<8$이므로 만들 수 있는 가장 작은 두 자리 수는 35입니다.
➡ $74-35=39$

5 5개

$56+17-\square<49$에서 $73-\square<49$입니다.
$73-\square=49$일 때 $73-49=\square$, $\square=24$입니다.
$73-\square$가 49보다 작아야 하므로 □ 안에는 24보다 큰 수가 들어가야 합니다.
따라서 십의 자리 수가 2인 수 중에서 □ 안에 들어갈 수 있는 수는 25, 26, 27, 28, 29로 모두 5개입니다.

6 46개

효경이가 가지고 있는 구슬 수를 □라고 하면
설아가 가지고 있는 구슬 수는 $\square-15$입니다.
(설아가 가지고 있는 구슬 수)=(한서가 가지고 있는 구슬 수)$+12=19+12=31$(개)
➡ $\square-15=31$, $31+15=\square$, $\square=46$
따라서 효경이가 가지고 있는 구슬은 46개입니다.

7 27

소연이가 가지고 있는 카드에 적힌 두 수의 합은 $19+45=64$입니다.
준성이가 가지고 있는 카드에 적힌 두 수의 합도 64이므로 모르는 수를 □로 하여
덧셈식으로 나타내면 $37+\square=64$ ➡ $64-37=\square$, $\square=27$입니다.
따라서 준성이가 가지고 있는 뒤집어진 카드에 적힌 수는 27입니다.

8 75

$75-64=11$, $64-53=11$, $53-42=11$이므로 11씩 작아지는 규칙입니다.
㉠$=75+11=86$, ㉡$=42-11=31$, ㉢$=$㉡$-11=31-11=20$
따라서 ㉠$-$㉡$+$㉢$=86-31+20=55+20=75$입니다.

9 31

38과 58을 더하면 겹쳐진 부분 16이 2번 더해지므로 $38+58$에서 겹쳐진 부분을 빼면 전체를 구할 수 있습니다.
➡ (전체)$=38+58-16=96-16=80$
$49+\square=80$, $80-49=\square$, $\square=31$
따라서 □ 안에 알맞은 수는 31입니다.

10 15

먼저 초록색 원에서 한 원 안에 있는 네 수의 합을 구합니다.
➡ $29+12+9+27=77$
파란색 원과 빨간색 원에서 ㉠과 ㉡을 각각 구합니다.
$12+9+25+$㉠$=77$, $46+$㉠$=77$ ➡ $77-46=$㉠, ㉠$=31$
$27+9+25+$㉡$=77$, $61+$㉡$=77$ ➡ $77-61=$㉡, ㉡$=16$
따라서 ㉠$-$㉡$=31-16=15$입니다.

4 길이 재기

1 길이 비교하는 방법, 여러 가지 단위로 길이 재기

90~91쪽

1 ( )
(○)

직접 비교할 수 없는 길이는 구체물을 이용하여 비교합니다.

2 풀이 참조

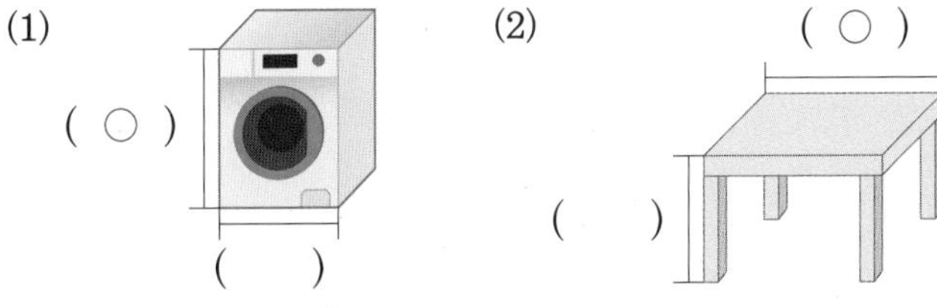

종이띠나 막대 등을 이용하여 길이를 본뜬 다음 길이를 비교합니다.

3 운동화

신발의 높이보다 신발장의 칸이 더 길어야 신발을 넣을 수 있습니다.
종이띠나 막대 등을 이용하여 길이를 비교하면 위쪽 칸에는 운동화를 넣을 수 있고, 아래쪽 칸에는 운동화, 장화, 부츠를 넣을 수 있습니다.

4 4번, 6번

색 테이프의 길이는 연필로 4번이고, 크레파스로 6번입니다.

5 ㉢, ㉠

길이를 비교해 보면 숟가락이 가장 길고, 못이 가장 짧습니다.

6 수호

잰 횟수가 같으므로 길이를 잴 때 사용한 단위의 길이를 비교해 봅니다.
익힘책의 긴 쪽의 길이가 풀의 길이보다 더 길기 때문에 익힘책으로 잰 수호의 색 테이프가 더 깁니다.

2 1 cm 알아보기, 자로 길이 재는 방법

92~93쪽

1 풀이 참조

1 cm가 ●번은 ● cm이므로 자의 눈금 0에서 시작하여 큰 눈금 ●까지 선을 긋습니다.

(1) 예

(2) 예

(3) 예

2 풀이 참조

예 누가 재어도 똑같은 값이 나오므로 길이를 정확하게 잴 수 있습니다.
사람마다 뼘의 길이가 다르므로 정확한 길이를 재려면 cm로 나타내는 것이 좋습니다.

3 6 cm

머리핀의 한쪽 끝이 자의 눈금 0에 맞추어져 있으므로 머리핀의 다른 쪽 끝에 있는 자의 눈금을 읽습니다. ➡ 6 cm

4 클립

클립은 1 cm가 3번이므로 3 cm이고, 옷핀은 1 cm가 2번이므로 2 cm입니다. 따라서 클립의 길이가 더 깁니다.

3 자로 길이 재기, 길이 어림하기

94~95쪽

1 (1) 약 4 cm (2) 약 3 cm

(1) 4 cm와 5 cm 중 4 cm에 가깝기 때문에 약 4 cm입니다.
(2) 5 cm에 가깝지만 2 cm부터 재었기 때문에 약 3 cm입니다.

2 (1) 민석 (2) 풀이 참조

(2) 예 옷핀의 한쪽 끝이 자의 눈금 4와 5 사이에 있고 가까운 쪽에 있는 수를 읽으면 5이므로 약 5 cm입니다.

3 예 약 6 cm, 6 cm

자로 재기 전에 눈대중으로 길이를 어림하여 '약 몇 cm'라 쓰고, 지우개의 긴 쪽에 자를 나란히 놓고 길이를 잽니다.

4 서진

윤아의 색 테이프의 길이는 약 7 cm, 서진이의 색 테이프의 길이는 약 8 cm입니다.

5 (1) 130 cm (2) 7 cm

(1) 내 친구인 정연이의 키는 약 130 cm라고 할 수 있습니다.
(2) 풀의 길이는 약 7 cm라고 할 수 있습니다.

96~97쪽

사용한 연결 모형의 수는
서아가 5개, 민수가 3개, 인호가 4개, 은희가 7개이므로
길게 연결한 사람부터 차례로 이름을 쓰면
은희, 서아, 인호, 민수입니다.

1-1 ㉢

사용한 연결 모형의 수는 ㉠ 5개, ㉡ 4개, ㉢ 6개이므로 가장 길게 연결한 모양은 ㉢입니다.

1-2 ㉡

사용한 연결 모형의 수는 ㉠ 6개, ㉡ 7개, ㉢ 5개이므로 가장 길게 연결한 곳은 ㉡입니다.

1-3 형우, 유라, 민지, 은우

사용한 연결 모형의 수는 유라가 6개, 형우가 5개, 민지가 7개, 은우가 8개이므로 짧게 연결한 사람부터 차례로 이름을 쓰면 형우, 유라, 민지, 은우입니다.

대표문제 2

㉠은 1 cm가 6번이므로 6 cm,
㉡은 1 cm가 3번이므로 3 cm,
㉢은 1 cm가 5번이므로 5 cm입니다.
따라서 색 테이프의 길이가 긴 것부터 차례로 기호를 쓰면
㉠, ㉢, ㉡입니다.

2-1 ㉢

㉠은 1 cm가 4번이므로 4 cm, ㉡은 1 cm가 5번이므로 5 cm, ㉢은 1 cm가 3번이므로 3 cm입니다.
따라서 실의 길이가 가장 짧은 것은 ㉢입니다.

2-2 ㉢

연필의 길이는 5 cm입니다.
㉠은 1 cm가 5번이므로 5 cm, ㉡은 1 cm가 4번이므로 4 cm, ㉢은 1 cm가 6번이므로 6 cm입니다.
따라서 연필보다 길이가 더 긴 것은 ㉢입니다.

2-3 9 cm

㉠은 1 cm가 4번이므로 4 cm, ㉡은 1 cm가 6번이므로 6 cm, ㉢은 1 cm가 3번이므로 3 cm입니다. 가장 긴 색 테이프는 ㉡이고, 가장 짧은 색 테이프는 ㉢입니다.
따라서 가장 긴 색 테이프와 가장 짧은 색 테이프를 겹치지 않게 이어 붙이면 1 cm가 $6+3=9$(번)이므로 9 cm입니다.

같은 길이를 잴 때 잰 횟수가 적을수록 물건의 길이가 깁니다.
잰 횟수를 비교해 보면 $10<11<12$이므로
줄넘기가 가장 적습니다.
따라서 길이가 가장 긴 물건은 줄넘기입니다.

3-1 태수

같은 길이를 잴 때 잰 횟수가 적을수록 한 뼘의 길이가 깁니다.
잰 횟수를 비교해 보면 $19<21$이므로 태수가 더 적습니다.
따라서 한 뼘의 길이가 더 긴 사람은 태수입니다.

3-2 ㉡

같은 길이를 잴 때 단위의 길이가 길수록 잰 횟수가 적습니다.
길이를 비교해 보면 ㉡ $>$ ㉠ $>$ ㉢이므로 ㉡이 가장 깁니다.
따라서 잰 횟수가 가장 적은 것은 ㉡입니다.

3-3 못

같은 길이를 잴 때 잰 횟수가 많을수록 물건의 길이가 짧습니다.
잰 횟수를 비교해 보면 $16>15>13$이므로 못이 가장 많습니다.
따라서 길이가 가장 짧은 물건은 못입니다.

3-4 수아, 미호, 연우, 은수

같은 길이를 잴 때 잰 걸음의 수가 많을수록 한 걸음의 길이가 짧습니다.
잰 걸음 수를 비교해 보면 $18>17>16>15$이므로 한 걸음의 길이가 짧은 사람부터 차례로 이름을 쓰면 수아, 미호, 연우, 은수입니다.

102~103쪽

물감의 실제 길이는 13 cm입니다.
실제 길이와 어림한 길이의 차를 구하면
주아는 $13-11=2$(cm),
은수는 $14-13=1$(cm),
윤미는 $15-13=2$(cm)입니다.
따라서 실제 길이에 가장 가깝게 어림한 사람은 은수입니다.

4-1 민우

실제 길이와 어림한 길이의 차를 구하면 민우는 $15-14=1$(cm),
은지는 $17-15=2$(cm)입니다.
따라서 실제 길이에 더 가깝게 어림한 사람은 민우입니다.

서술형 **4-2** 유미

예 실제 길이와 어림한 길이의 차를 구하면 동하는 $31-29=2$(cm),
유미는 $29-28=1$(cm), 선희는 $32-29=3$(cm)입니다.
따라서 실제 길이에 가장 가깝게 어림한 사람은 유미입니다.

채점 기준	배점
실제 길이와 어림한 길이의 차를 각각 구했나요?	3점
실제 길이에 가장 가깝게 어림한 사람의 이름을 썼나요?	2점

4-3 ㉢

실제 길이와 어림한 길이의 차를 구하면 ㉠ $54-52=2$(cm), ㉡ $56-52=4$(cm),
㉢ $52-51=1$(cm), ㉣ $52-49=3$(cm)입니다.
따라서 실제 길이에 가장 가깝게 어림한 것은 ㉢입니다.

104~105쪽

벽의 긴 쪽의 길이는 $4+10=14$(cm)입니다.
벽돌 ㉠의 길이는 $14-5=9$(cm)이고,
벽돌 ㉡의 길이는 $14-7=7$(cm)입니다.
따라서 벽돌 ㉠과 ㉡의 길이의 합은 $9+7=16$(cm)입니다.

5-1 12 cm, 9 cm

벽의 긴 쪽의 길이는 $11+4=15$(cm)입니다.
따라서 벽돌 ㉠의 길이는 $15-3=12$(cm)이고,
벽돌 ㉡의 길이는 $15-6=9$(cm)입니다.

5-2 4 cm

벽의 긴 쪽의 길이는 6+13=19(cm)입니다.
벽돌 ㉠의 길이는 19−8=11(cm)이고, 벽돌 ㉡의 길이는 19−12=7(cm)입니다.
따라서 벽돌 ㉠과 ㉡의 길이의 차는 11−7=4(cm)입니다.

5-3 15 cm

(벽돌 **나**의 길이)=(벽돌 **가**의 길이)+(벽돌 **가**의 길이)=3+3=6(cm)
(벽돌 **다**의 길이)=(벽돌 **가**의 길이)+(벽돌 **나**의 길이)=3+6=9(cm)
따라서 벽돌 **나**와 **다**의 길이의 합은 6+9=15(cm)입니다.

106~107쪽

대표문제 6

지우개 5개의 길이는 6+6+6+6+6=30(cm)이므로
풀 3개의 길이는 30 cm입니다.
30=10+10+10이므로
풀의 길이는 10 cm입니다.

6-1 14 cm

형광펜 한 자루의 길이는 연필 2자루의 길이와 같습니다.
따라서 형광펜의 길이는 7+7=14(cm)입니다.

6-2 3 cm

초록색 테이프로 6번 잰 길이는 2+2+2+2+2+2=12(cm)이므로 파란색 테이프로 4번 잰 길이는 12 cm입니다.
12=3+3+3+3이므로 파란색 테이프의 길이는 3 cm입니다.

6-3 6 cm

서랍장의 높이는 9+9+9+9=36(cm)이므로 크레파스로 6번 잰 길이는 36 cm입니다.
36=6+6+6+6+6+6이므로 크레파스의 길이는 6 cm입니다.

108~109쪽

두 철사를 겹치지 않게 이어 붙이면 길이의 합만큼의 길이를 잴 수 있고,
한쪽 끝을 맞춰 겹치면 길이의 차만큼의 길이를 잴 수 있습니다.
2 cm짜리와 3 cm짜리로 잴 수 있는 길이 ➡ 2+3=5(cm), 3−2=1(cm)
2 cm짜리와 4 cm짜리로 잴 수 있는 길이 ➡ 2+4=6(cm), 4−2=2(cm)
3 cm짜리와 4 cm짜리로 잴 수 있는 길이 ➡ 3+4=7(cm), 4−3=1(cm)
따라서 두 개의 철사를 겹치지 않게 이어 붙이거나 겹쳐서 잴 수 있는 길이는
모두 5가지입니다.

7-1 ㉠, ㉢

㉠ 5−2=3(cm) ㉢ 4+5=9(cm)
따라서 두 개의 나무 막대를 겹치지 않게 이어 붙이거나 겹쳐서 잴 수 있는 길이는
㉠, ㉢입니다.

7-2 ㉠, ㉢

㉡ $8-3=5$(cm) ㉣ $3+8=11$(cm)
따라서 두 개의 철사를 겹치지 않게 이어 붙이거나 겹쳐서 잴 수 없는 길이는 ㉠, ㉢입니다.

7-3 6가지

1 cm짜리와 3 cm짜리로 잴 수 있는 길이 ➡ $1+3=4$(cm), $3-1=2$(cm)
1 cm짜리와 6 cm짜리로 잴 수 있는 길이 ➡ $1+6=7$(cm), $6-1=5$(cm)
3 cm짜리와 6 cm짜리로 잴 수 있는 길이 ➡ $3+6=9$(cm), $6-3=3$(cm)
따라서 두 개의 실을 겹치지 않게 이어 붙이거나 겹쳐서 잴 수 있는 길이는 2 cm, 3 cm, 4 cm, 5 cm, 7 cm, 9 cm로 모두 6가지입니다.

(지우개 4개의 길이)+(클립 6개의 길이)=(지우개 2개의 길이)+(클립 9개의 길이)의 양쪽에서 지우개 2개의 길이와 클립 6개의 길이를 빼면

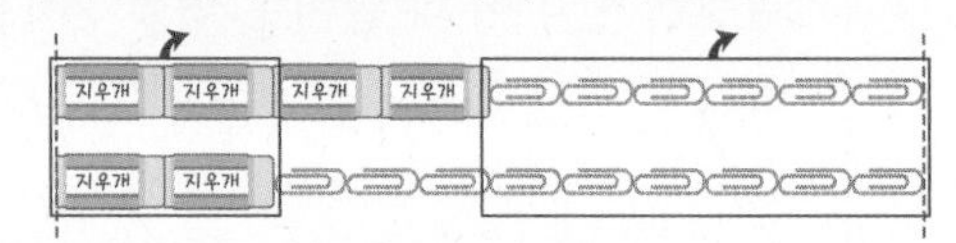

지우개 2개의 길이는 클립 3개의 길이와 같으므로
지우개 6개의 길이는 클립 9개의 길이와 같습니다.
따라서 장난감 기차의 길이는
(클립 9개의 길이)+(클립 15개의 길이)=(클립 24개의 길이)입니다.

8-1 옷핀

(옷핀 5개의 길이)+(못 3개의 길이)=(옷핀 2개의 길이)+(못 7개의 길이)의 양쪽에서 옷핀 2개의 길이와 못 3개의 길이를 빼면 옷핀 3개의 길이는 못 4개의 길이와 같습니다.
따라서 옷핀과 못 중 길이가 더 긴 것은 옷핀입니다.

서술형 **8-2** 빗

예 (빗 8개의 길이)+(머리핀 2개의 길이)=(빗 3개의 길이)+(머리핀 5개의 길이)의 양쪽에서 빗 3개의 길이와 머리핀 2개의 길이를 빼면 빗 5개의 길이는 머리핀 3개의 길이와 같습니다.
따라서 빗과 머리핀 중 길이가 더 짧은 것은 빗입니다.

채점 기준	배점
빗 몇 개와 머리핀 몇 개의 길이가 같은지 구했나요?	3점
길이가 더 짧은 것을 구했나요?	2점

8-3 23개

(빨대 5개의 길이)+(건전지 2개의 길이)=(빨대 3개의 길이)+(건전지 7개의 길이)의 양쪽에서 빨대 3개의 길이와 건전지 2개의 길이를 빼면 빨대 2개의 길이는 건전지 5개의 길이와 같으므로 빨대 4개의 길이는 건전지 10개의 길이와 같습니다.

따라서 책상의 긴 쪽의 길이는
(빨대 4개의 길이)+(건전지 13개의 길이)
=(건전지 10개의 길이)+(건전지 13개의 길이)=(건전지 23개의 길이)입니다.

MATH MASTER

112~115쪽

1 6번

접혀 있는 종이 아래쪽의 길이가 지우개로 3번이므로 종이를 펼쳤을 때 긴 쪽의 길이는 지우개로 3+3=6(번)입니다.

2 풀이 참조

예

색연필의 길이는 클립으로 7번이고 클립 한 개의 길이는 막대에서 2칸과 같으므로 색연필의 길이는 막대에서 14칸과 같습니다.

3 5 cm

변의 한쪽 끝을 자의 한 눈금에 맞춘 후 그 눈금에서 다른 쪽 끝까지 1 cm가 몇 번 들어가는지 세어 봅니다. 삼각형의 세 변의 길이는 각각 4 cm, 5 cm, 3 cm입니다.
따라서 가장 긴 변의 길이는 5 cm입니다.

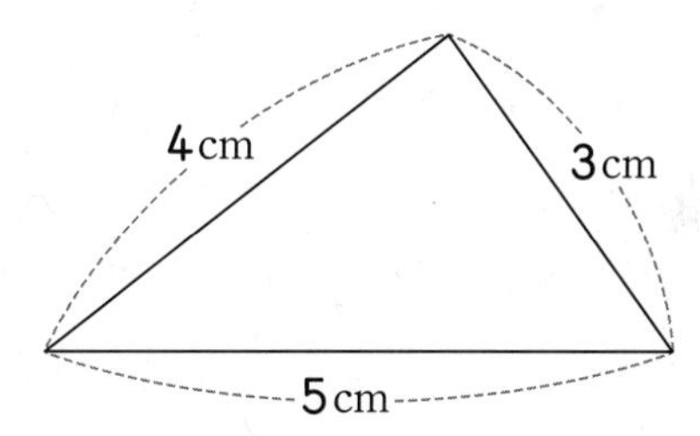

4 가위, 볼펜, 샤프

볼펜의 길이는 14 cm, 가위의 길이는 16 cm, 샤프의 길이는 13 cm입니다.
16>14>13이므로 길이가 긴 것부터 차례로 쓰면 가위, 볼펜, 샤프입니다.

서술형 **5** 24 cm

예 ㉡의 길이는 ㉠의 길이로 6번이므로 ㉠의 길이를 6번 더한 것과 같습니다.
㉠의 길이가 4 cm이므로 ㉡의 길이는 4+4+4+4+4+4=24(cm)입니다.

채점 기준	배점
㉡의 길이는 ㉠의 길이로 몇 번인지 구했나요?	2점
㉡의 길이를 구했나요?	3점

6 약 5 cm

색 테이프의 길이는 1 cm가 약 5번이므로 약 5 cm입니다.

7 14

초록색 테이프의 길이는 8 cm에 가깝기 때문에 약 8 cm입니다. ➡ ㉠=8
노란색 테이프의 길이는 6 cm에 가깝기 때문에 약 6 cm입니다. ➡ ㉡=6
따라서 ㉠과 ㉡에 알맞은 수의 합은 8+6=14입니다.

8 2 cm

분홍색 테이프의 길이는 1 cm가 5번이므로 5 cm입니다.
분홍색과 보라색 테이프의 길이가 같으므로 보라색 테이프의 길이도 5 cm입니다.
보라색 테이프의 보이는 부분의 길이는 1 cm가 3번이므로 3 cm입니다.
따라서 겹쳐진 부분의 길이는 5−3=2(cm)입니다.

9 수호

지수가 어림한 길이가 약 53 cm이므로 연우가 어림한 길이는 약 53+5=58(cm)이고, 수호가 어림한 길이는 약 56 cm입니다.
실제 길이(자로 잰 길이)와 어림한 길이의 차를 각각 구하면
지수는 55−53=2(cm), 연우는 58−55=3(cm), 수호는 56−55=1(cm)입니다.
따라서 실제 길이에 가장 가깝게 어림한 사람은 수호입니다.

서술형 **10** 63 cm

예 빨대의 길이는 3 cm인 지우개로 7번 잰 길이와 같으므로
3+3+3+3+3+3+3=21(cm)입니다.
따라서 게시판의 긴 쪽의 길이는 21 cm인 빨대로 3번 잰 길이와 같으므로
21+21+21=63(cm)입니다.

채점 기준	배점
빨대의 길이를 구했나요?	2점
게시판의 긴 쪽의 길이를 구했나요?	3점

11 9가지

길이(cm)	식
1	1
2	3−1=2
3	3
4	1+3=4
5	5

길이(cm)	식
6	1+5=6
7	3+5−1=7
8	3+5=8
9	1+3+5=9

따라서 세 개의 막대로 잴 수 있는 길이는 모두 9가지입니다.

Brain

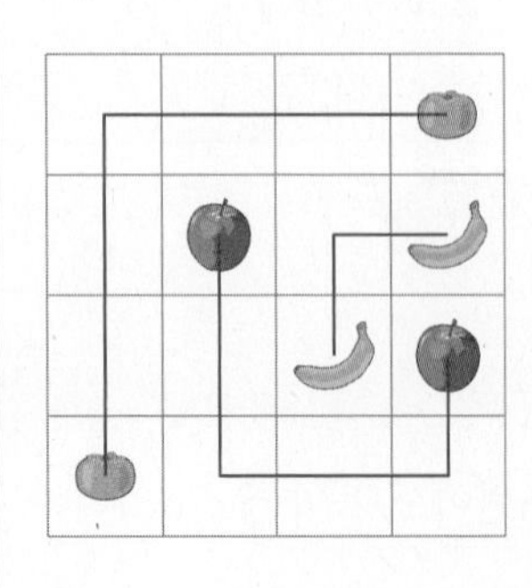

5 분류하기

1 기준에 따라 분류하기

118~119쪽

1 풀이 참조

기준 1 ㉮ 다리가 2개인 것과 4개인 것

기준 2 ㉮ 날개가 있는 것과 없는 것

기준에 따라 누가 분류를 하더라도 분류 결과가 같아야 합니다.

2 ㉠, ㉡, ㉣

㉢은 사람에 따라 분류한 결과가 다르게 나올 수 있습니다.
㉠, ㉡, ㉣에 따라 분류하면 누가 분류를 하더라도 똑같이 분류할 수 있습니다.

3 ③, ⑨, ⑪ / ①, ⑥, ⑧, ⑩ / ②, ④, ⑤, ⑦, ⑫

사탕은 색깔에 따라 분홍색, 보라색, 초록색으로 분류할 수 있습니다.

4 풀이 참조

기준 알맞지 않습니다.

까닭 ㉮ 맛있는 것과 맛없는 것은 사람에 따라 분류 결과가 달라지므로 분류 기준으로 알맞지 않습니다.

5 풀이 참조

분류 기준: ㉮ 점무늬가 있는 것과 없는 것

점무늬가 있는 것	점무늬가 없는 것
③, ④, ⑧, ⑪	①, ②, ⑤, ⑥, ⑦, ⑨, ⑩, ⑫

사탕의 포장에 점무늬가 있는 것과 없는 것으로 분류할 수 있습니다.

2 분류하여 세고 말하기

120~121쪽

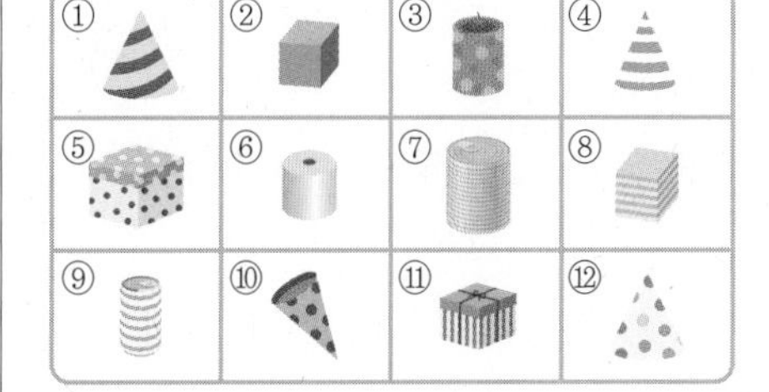

1 (위에서부터) ////, //// / 4, 4, 4

모양은 ②, ⑤, ⑧, ⑪로 4개, 모양은 ③, ⑥, ⑦, ⑨로 4개,
모양은 ①, ④, ⑩, ⑫로 4개입니다.

2 6, 4, 2

줄무늬는 ①, ④, ⑦, ⑧, ⑨, ⑪로 6개, 점무늬는 ③, ⑤, ⑩, ⑫로 4개, 무늬가 없는 것은 ②, ⑥으로 2개입니다.

3 9, 7, 4

종류에 따라 분류하고 그 수를 세어 보면 식빵은 9개, 케이크는 7개, 쿠키는 4개입니다.

4 풀이 참조 / ㉮ 식빵

까닭 ㉮ 오전에 가장 많이 팔린 제품이 식빵이므로 식빵을 가장 많이 준비하는 것이 좋습니다.

최상위 S

122~123쪽

분류 기준은 사람에 따라 분류 결과가 달라지지 않도록 분명한 것으로 정하는 것이 좋습니다.

㉠과 ㉢은 사람에 따라 분류 결과가 달라지므로 분류 기준이 될 수 없습니다.
㉡과 ㉣은 사람에 따라 분류 결과가 달라지지 않으므로 분류 기준이 될 수 있습니다.

1-1 ㉡, ㉢

㉠과 ㉣은 사람에 따라 분류 결과가 달라지므로 분류 기준이 될 수 없습니다.
㉡에 따라 분류하면 음표는 ♩, ♪, ♬이고 연산 기호는 +, =, −입니다.
㉢에 따라 분류하면 수학과 관계가 있는 것은 연산 기호이므로 +, =, −이고 음악과 관계가 있는 것은 음표이므로 ♩, ♪, ♬로 분류할 수 있습니다.

1-2 ㉢, ㉣

어느 누가 분류해도 결과가 같아지는 분명한 기준을 찾습니다.

1-3 ㉠, ㉡ / 풀이 참조

까닭 ㉮ 소리가 좋은 악기와 좋지 않은 악기, 크기가 큰 악기와 작은 악기는 사람에 따라 분류 결과가 다르기 때문에 분류 기준이 될 수 없습니다.

분류 기준은 어느 누가 분류해도 결과가 같은 분명한 것으로 정합니다.
사람에 따라 분류 결과가 달라지는 것은 분류 기준이 될 수 없습니다.

124~125쪽

도형을 분류할 수 있는 분명한 기준을 정하고 분류합니다.

• 분류 기준 1: ㉮ 도형의 모양

모양	사각형	삼각형	원
수(개)	3	6	5

• 분류 기준 2: ㉮ 도형의 색깔

색깔	빨간색	노란색	초록색
수(개)	6	4	4

2-1 풀이 참조

음료수를 분류할 수 있는 분명한 기준을 정하고 분류합니다.

• 분류 기준 1 : ⓔ 음료수의 맛

맛	포도 맛	오렌지 맛	사과 맛
수(개)	7	5	4

• 분류 기준 2 : ⓔ 음료수의 크기

크기	큰 것	작은 것
수(개)	7	9

음료수를 분류할 수 있는 분명한 기준은 음료수의 맛과 크기 등이 있습니다.

2-2 풀이 참조

화살표를 분류할 수 있는 분명한 기준을 정하고 분류합니다.

• 분류 기준 1 : ⓔ 화살표의 방향

방향	오른쪽	왼쪽	위
수(개)	4	3	3

• 분류 기준 2 : ⓔ 화살표의 색깔

색깔	빨간색	초록색	파란색
수(개)	3	4	3

화살표를 분류할 수 있는 분명한 기준은 화살표의 방향과 색깔 등이 있습니다.

126~127쪽

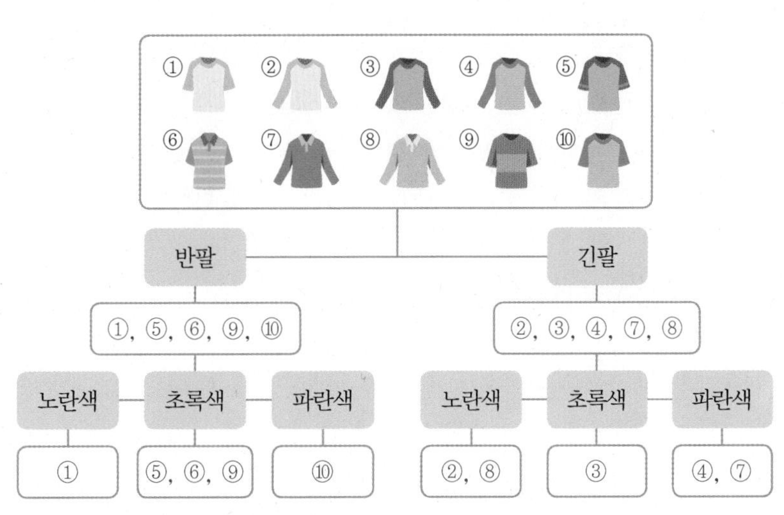

먼저 티셔츠를 팔 길이에 따라 반팔과 긴팔 티셔츠로 분류합니다.
분류한 티셔츠를 다시 색깔에 따라 노란색, 초록색, 파란색으로 각각 분류합니다.

3-1 풀이 참조

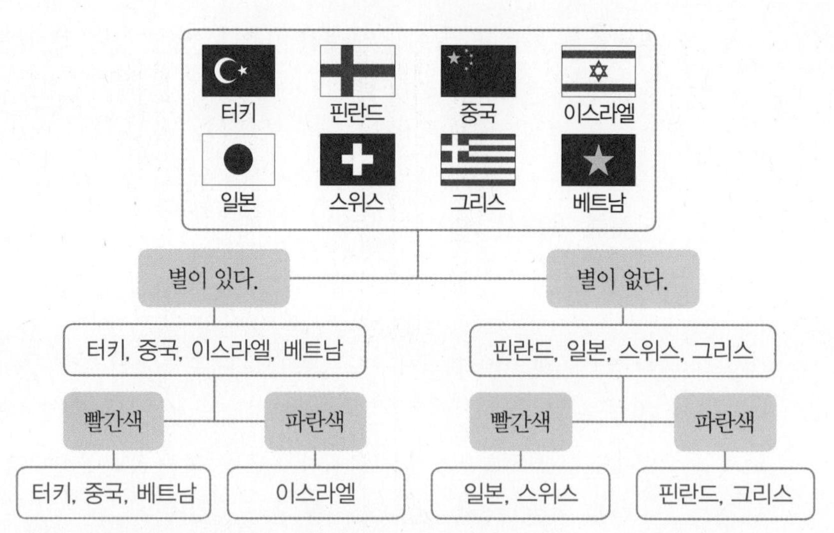

먼저 별이 있는 국기와 별이 없는 국기로 분류하고, 분류한 결과를 다시 빨간색이 있는 국기와 파란색이 있는 국기로 각각 분류합니다.

3-2 풀이 참조

	짝수	홀수
한 자리 수	2, 4, 6, 8	1, 3, 5, 7, 9
두 자리 수	10, 12, 14, 16, 18, 20	11, 13, 15, 17, 19

먼저 짝수와 홀수에 따라 자연수를 분류하고, 분류한 결과를 다시 한 자리 수와 두 자리 수로 각각 분류합니다. 이때 기준의 순서를 바꾸어 분류해도 결과는 같습니다.

128~129쪽

종류에 따라 분류하고 그 수를 세어 봅니다.

종류	부채	선풍기	양산
수(개)	5	10	3

6월 한 달 동안 가장 적게 팔린 물건은 3개를 판 양산이고, 가장 많이 팔린 물건은 10개를 판 선풍기입니다. 따라서 7월에 물건을 많이 팔기 위해서는 선풍기를 가장 많이 준비하는 것이 좋습니다.

4-1 블루베리

종류별 따간 농작물 수를 세어 보면 블루베리 7개, 토마토 3개, 고추 4개, 가지 4개입니다.
블루베리를 가장 많이 따갔으므로 다음 달에는 블루베리를 더 많이 심는 것이 좋습니다.

4-2 4번

공부한 과목 수를 각각 세어 보면 수학은 7번, 영어는 3번, 음악은 4번으로 가장 많이 공부한 과목은 수학이고, 가장 적게 공부한 과목은 영어입니다.
➡ $7-3=4$(번)

4-3 연필, 3자루

종류별 학용품 수를 세어 보면 샤프 7자루, 볼펜 7자루, 연필 4자루입니다.
샤프와 볼펜의 수는 각각 7자루로 같고 종류별로 한 자루씩 묶어 친구들에게 남김없이 나누어 주어야 하므로 연필이 $7-4=3$(자루) 더 필요합니다.

130~131쪽

버린 재활용 쓰레기의 종류에 따라 분류하고 그 수를 세어 보면 병 3개, 캔 4개, 플라스틱 6개, 스티로폼 8개입니다.
㉠ 병은 3개, 캔은 4개로 캔의 수가 더 많습니다.
㉡ 스티로폼과 플라스틱의 수의 차는 $8-6=2$(개)로 캔의 수와 다릅니다.
따라서 바르게 설명한 것은 ㉠입니다.

5-1 ㉡, ㉣

책의 종류에 따라 분류하고 그 수를 세어 보면 동화책은 8명, 만화책은 6명, 과학책은 4명, 위인전은 2명이 좋아합니다.
㉠, ㉡ $8>6>4>2$이므로 가장 많은 학생들이 좋아하는 책은 동화책이고, 가장 적은 학생들이 좋아하는 책은 위인전입니다.
㉢ 책을 더 산다면 가장 많은 학생들이 좋아하는 동화책을 사는 것이 좋습니다.
㉣ 만화책과 위인전을 좋아하는 학생 수의 합은 $6+2=8$(명)으로 동화책을 좋아하는 학생 수와 같습니다.

5-2 ㉠, ㉣

경기의 종류에 따라 분류하고 그 수를 세어 보면 공굴리기는 6명, 이어달리기는 3명, 단체줄넘기는 8명, 피구는 3명입니다.
㉠ 조사에 참여한 학생은 모두 $6+3+8+3=20$(명)입니다.
㉡ $8>6>3$이므로 둘째로 많은 학생들이 참여하고 싶은 경기는 공굴리기입니다.
㉢ (피구와 이어달리기에 참여하고 싶은 학생 수의 차)$=3-3=0$(명)
㉣ 가장 많은 학생들이 참여하고 싶은 경기는 단체줄넘기이므로 다음 운동회에 단체줄넘기의 인원 수를 늘리는 것이 좋습니다.

132~133쪽

분류한 꽃들의 공통점을 찾아보면 색깔이 같습니다.
- 장미, 튤립, 카네이션은 빨간색입니다.
- 나팔꽃, 코스모스, 무궁화는 보라색입니다.
- 개나리, 민들레, 해바라기는 노란색입니다.

따라서 꽃을 세 종류로 분류한 기준은 꽃의 색깔입니다.

6-1 풀이 참조

설명 예 종류에 따라 한글, 영어, 수로 분류하였습니다.

6-2 예 초콜릿 맛 아이스크림입니다.

막대 아이스크림을 맛에 따라 분류하고 수를 세어 보면 바닐라 맛은 2개, 딸기 맛은 2개, 초콜릿 맛은 3개입니다.
따라서 3명의 친구가 같은 맛, 같은 모양의 아이스크림을 먹어야 하므로 나머지 기준은 초콜릿 맛 아이스크림입니다.

6-3 예 세 자리 수입니다.

홀수는 143, 61, 749, 935, 883이고 이 중에서 십의 자리 숫자가 일의 자리 숫자보다 5만큼 더 큰 수는 61, 883입니다.
61은 두 자리 수이고, 883은 세 자리 수이므로 나머지 기준은 세 자리 수입니다.

다른 풀이

홀수는 143, 61, 749, 935, 883이고 이 중에서 십의 자리 숫자가 일의 자리 숫자보다 5만큼 더 큰 수는 61, 883입니다.
61은 각 자리의 숫자가 다르고, 883은 백의 자리 숫자와 십의 자리 숫자가 같으므로 나머지 기준은 같은 숫자가 있는 수입니다.

대표문제 7

첫째 기준에 따라 분류하면 ㉤, ㉥, ㉦, ㉧, ㉩입니다.
둘째 기준에 따라 분류하면 ㉤, ㉧, ㉩입니다.
셋째 기준에 따라 분류하면 ㉤, ㉧입니다.
따라서 세 가지 분류 기준을 모두 만족하는 단추는 2개입니다.

7-1 문, 눈, 몸

첫째 기준에 따라 분류하면 흙, 문, 키, 눈, 차, 몸, 삽입니다.
둘째 기준에 따라 분류하면 흙, 문, 눈, 몸, 삽입니다.
셋째 기준에 따라 글자를 돌리면 흙 → [illegible], 문 → 곰, 눈 → 곡, 몸 → 뭄, 삽 → [illegible]이므로 글자가 되는 것은 문, 눈, 몸입니다.
따라서 세 가지 분류 기준을 모두 만족하는 단어는 문, 눈, 몸입니다.

서술형 **7-2** ㉡

예 첫째 기준에 따라 분류하면 ㉡, ㉢, ㉧, ㉨입니다.
둘째 기준에 따라 분류하면 ㉡, ㉢, ㉧입니다.
셋째 기준에 따라 분류하면 ㉡입니다.
따라서 세 가지 기준을 모두 만족하는 결과는 ㉡입니다.

채점 기준	배점
각각의 기준에 따라 결과를 차례로 분류했나요?	4점
세 가지 분류 기준을 모두 만족하는 결과를 찾았나요?	1점

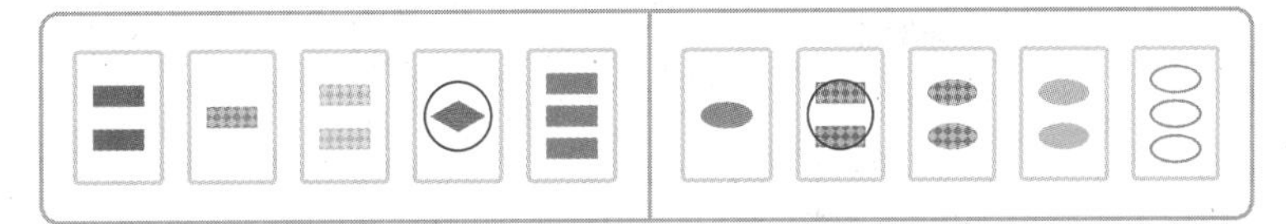

먼저 분류된 카드끼리의 공통점이나 차이점을 살펴보고 분류 기준을 알아봅니다.
분류 기준은 카드 안의 그림의 (수 , (모양))에 따라 분류되었습니다.
왼쪽은 그림의 모양이 ▭이고, 오른쪽은 그림의 모양이 ⬭ 입니다.
따라서 잘못 분류된 카드인 왼쪽의 넷째 카드와 오른쪽의 둘째 카드에 ○표 합니다.

8-1 에 ○표 / 풀이 참조

까닭 ㉮ 왼쪽은 구멍이 1개인 카드, 오른쪽은 구멍이 2개인 카드로 분류되어 있습니다.
따라서 왼쪽에 구멍이 2개인 카드와 오른쪽에 구멍이 1개인 카드는 잘못 분류된 카드입니다.
카드의 색깔, 모양, 구멍의 수, 털이 있고 없음 등에서 공통점을 살펴보고 분류 기준이 무엇인지 찾아봅니다.

8-2 에 ○표 / 풀이 참조

까닭 ㉮ 모양에 따라 분류하고 다시 무늬가 있는 것과 없는 것으로 분류합니다.
⬭ 모양의 위에서 첫째 칸에 있는 카드는 무늬가 있어야 하는데 무늬가 없는 것이 들어가 있으므로 잘못 분류된 카드입니다.

MATH MASTER

1 ㉮ 공의 사용 유무

야구, 축구, 배구, 농구는 공을 사용하고 등산, 수영, 마라톤, 스키, 스노보드는 공을 사용하지 않는 스포츠입니다.
따라서 공의 사용 유무에 따라 스포츠를 분류한 것입니다.

서술형 **2** ㉮ 두 개의 공에 쓰인 수의 합

㉮ 왼쪽은 두 개의 공에 쓰인 수의 합이 $10+5=15$, $8+7=15$, $3+12=15$로 15이고, 오른쪽은 두 개의 공에 쓰인 수의 합이 $9+9=18$, $14+4=18$, $13+5=18$로 18입니다.
따라서 두 개의 공에 쓰인 수의 합이 같은 주머니끼리 분류한 것입니다.

채점 기준	배점
각 주머니에서 두 개의 공에 쓰인 수의 합을 구했나요?	3점
분류 기준을 바르게 찾았나요?	2점

3

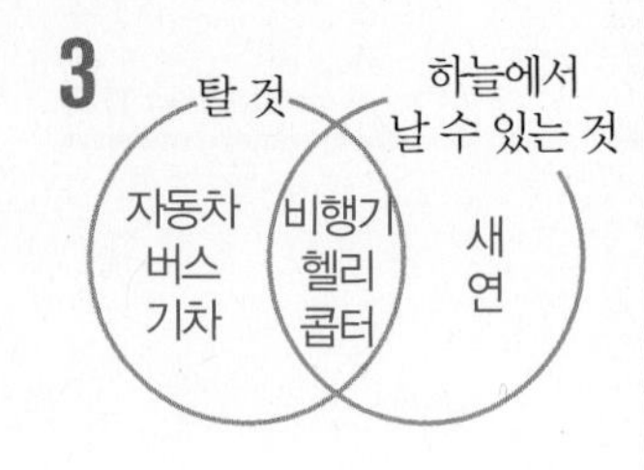

주어진 그림은 오른쪽과 같이 ①, ②, ③ 세 부분으로 나뉩니다. 먼저 탈 것과 하늘에서 날 수 있는 것으로 나누면 탈 것은 자동차, 비행기, 버스, 기차, 헬리콥터이고 하늘에서 날 수 있는 것은 새, 연, 비행기, 헬리콥터입니다.

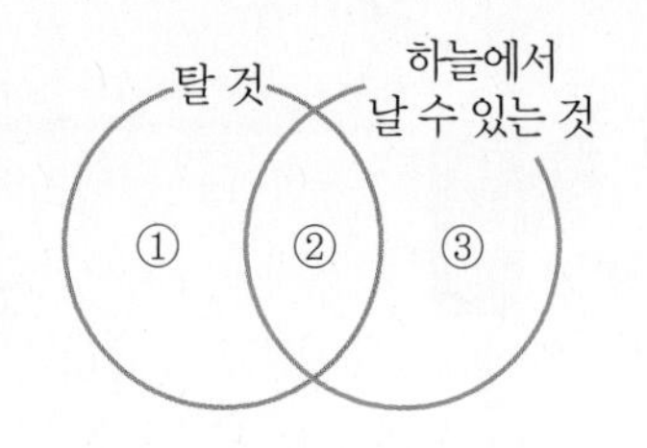

②는 탈 것과 하늘에서 날 수 있는 것이 겹쳐지는 부분이므로 두 특징을 모두 가진 비행기, 헬리콥터가 들어갑니다.
따라서 ①에는 자동차, 버스, 기차, ②에는 비행기, 헬리콥터, ③에는 새, 연이 들어갑니다.

4 ⓔ 주방용품: 주전자, 컵, 접시, 국자 / ⓔ 의류: 바지, 티셔츠, 모자

같은 종류의 바코드를 사용하는 것을 분류 기준으로 나누면 됩니다.
주어진 물건은 식품, 주방용품, 의류로 나눌 수 있습니다.
➡ 식품: 생수, 딸기, 빵, 쿠키
주방용품: 주전자, 컵, 접시, 국자
의류: 바지, 티셔츠, 모자

5 (위에서부터) 7, 7, 5 / 2, 4 / 9, 11

몇 호선인지와 환승역인지 아닌지의 두 가지 기준으로 지하철역을 분류합니다.
1호선 환승역은 신도림, 신길, 대방, 노량진, 용산, 서울역, 시청으로 7개,
환승역이 아닌 역은 2개로 모두 9개입니다.
2호선 환승역은 신도림, 영등포구청, 당산, 합정, 홍대입구, 충정로, 시청으로 7개,
환승역이 아닌 역은 4개로 모두 11개입니다.
5호선 환승역은 영등포구청, 신길, 여의도, 공덕, 충정로로 5개,
환승역이 아닌 역은 4개로 모두 9개입니다.

6 ㉡, ㉣

㉠ 1호선에는 환승역이 7개 있습니다.
㉡ 2호선에는 환승역 7개, 환승역이 아닌 역 4개로 11개의 역이 있습니다.
㉢ 5호선에는 환승역이 아닌 역이 4개 있습니다.
㉣ 1호선에는 환승역 7개, 환승역이 아닌 역 2개로 9개의 역이 있습니다.
따라서 바르게 설명한 것은 ㉡, ㉣입니다.

7 8명

㉠과 ㉡을 제외한 자료를 세어 보면 피자는 7명, 햄버거는 7명, 아이스크림은 3명, 과자는 1명으로 피자와 아이스크림은 표에 나타낸 학생 수와 같습니다.
㉠과 ㉡은 피자와 아이스크림이 될 수 없고, ㉠과 ㉡은 다른 간식이므로 ㉠이 햄버거이면 ㉡은 과자이고, ㉠이 과자이면 ㉡은 햄버거입니다.
따라서 햄버거를 선택한 학생은 $7+1=8$(명)입니다.

서술형 **8** 4개

ⓔ 필요한 과일 수와 그림에 있는 과일 수를 표로 나타내면 다음과 같습니다.

과일	사과	오렌지	파인애플	복숭아	멜론
필요한 과일 수(개)	5	3	1	4	3
그림에 있는 과일 수(개)	5	4	0	1	3

사과, 오렌지, 멜론은 필요한 수만큼 있고 파인애플은 1－0＝1(개),
복숭아는 4－1＝3(개)가 더 필요합니다.
따라서 더 필요한 과일은 1＋3＝4(개)입니다.

채점 기준	배점
그림에 있는 과일 수를 구했나요?	3점
더 필요한 과일은 몇 개인지 구했나요?	2점

Brain

㉮

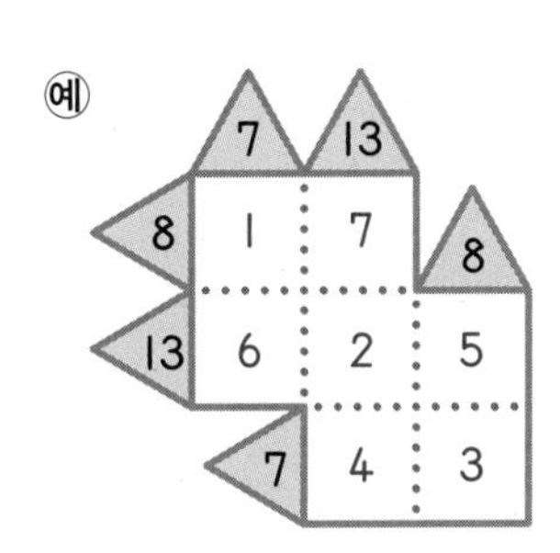

6 곱셈

1 여러 가지 방법으로 세기, 몇씩 몇 묶음

144~145쪽

1 15, 20, 20

5씩 뛰어 세어 보면 5－10－15－20이므로 모두 20개입니다.

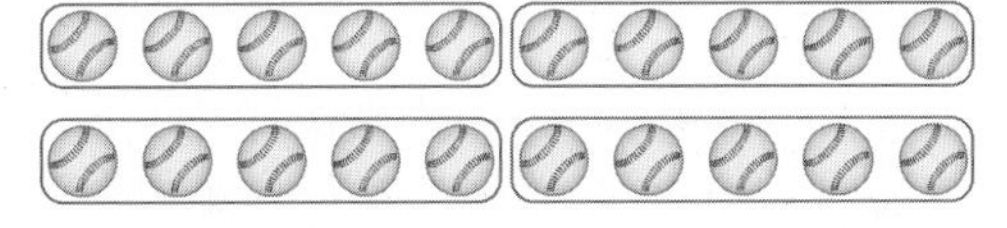

2 5, 20

야구공의 수를 4씩 묶어 보면 5묶음이 됩니다.

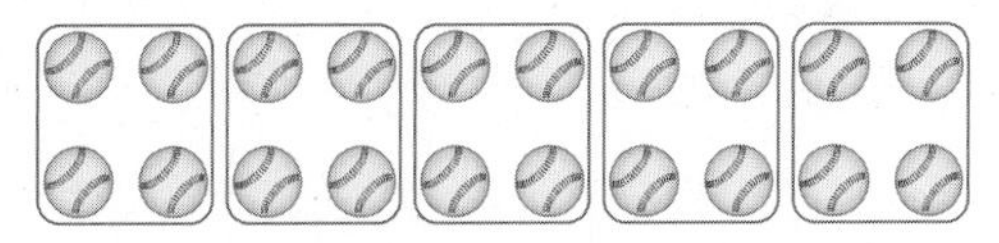

3 36

6씩 뛰어 세면 6씩 커집니다.

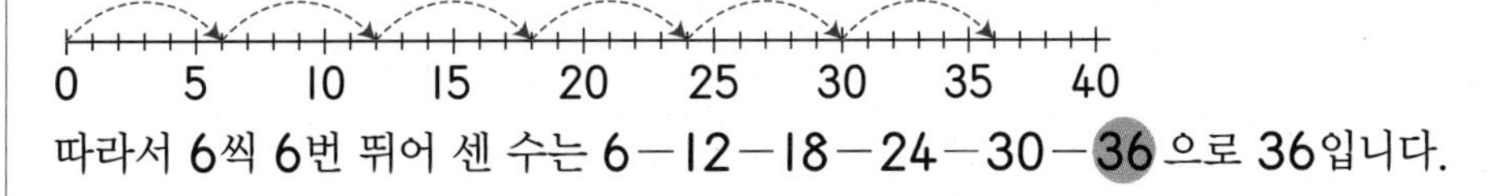

따라서 6씩 6번 뛰어 센 수는 6－12－18－24－30－36으로 36입니다.

4 ㉮ 3씩 7묶음,
㉮ 7씩 3묶음

고추를 3씩, 7씩 묶으면 빠짐없이 묶을 수 있으므로 고추 21개는 3씩 7묶음, 7씩 3묶음으로 나타낼 수 있습니다.

2 몇의 몇 배

146~147쪽

1 풀이 참조

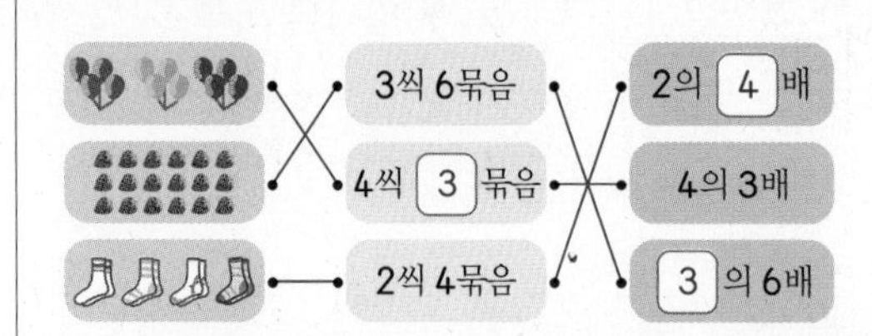

2 7배

14는 2씩 묶으면 7묶음이 되므로 14는 2의 7배입니다.

3 3배

연필이 왼쪽에 6자루, 오른쪽에 2자루 꽂혀 있습니다.
6은 2씩 3묶음이므로 2의 3배입니다.

4 16개

민환: 2개씩 4묶음 ➡ $2+2+2+2=8$(개)
시후: 8의 2배 ➡ $8+8=16$(개)

5 32권

만화책: 4권씩 2묶음, 소설책: 4권씩 6묶음
$2+6=8$이므로 4권씩 2묶음과 4권씩 6묶음의 합은 4권씩 8묶음입니다.
4권씩 8묶음 ➡ $4+4+4+4+4+4+4+4=32$ ➡ 4의 8배
따라서 서점에 있는 만화책과 소설책은 모두 32권입니다.

6 4배

㉠ 8의 7배 ➡ 8씩 7묶음, ㉡ 8의 3배 ➡ 8씩 3묶음
$7-3=4$이므로 8씩 7묶음은 8씩 3묶음보다 8씩 4묶음 더 큽니다.
따라서 ㉠과 ㉡의 차는 8의 4배입니다.

3 곱셈식

148~149쪽

1 2 / 3 / 4 / 5

5를 더하는 횟수가 1씩 늘어나므로 곱하는 수도 1씩 커집니다.

2 $7+7+7=21$ / $7\times3=21$

7씩 3묶음 ➡ $7+7+7=21$ ➡ 7의 3배 ➡ $7\times3=21$

3 2, 8, 16 / 4, 4, 16 / 8, 2, 16

2씩 8묶음 ➡ $2\times8=16$, 4씩 4묶음 ➡ $4\times4=16$, 8씩 2묶음 ➡ $8\times2=16$

4 $=$ / $<$ / $>$

곱해지는 수가 같을 때 곱하는 수가 커지면 결과도 커집니다.
$3<5<8$이고 $6\times5=6+6+6+6+6=30$이므로
6×3은 30보다 작고 6×8은 30보다 큽니다.

다른 풀이

곱셈식을 계산하여 크기를 비교합니다.

$6\times5=6+6+6+6+6=30$ ㊀ 30

$6\times3=6+6+6=18$ ⓛ 30

$6\times8=6+6+6+6+6+6+6+6=48$ ⓖ 30

• 가지의 수는 4씩 4묶음입니다.
4씩 4묶음이므로 4를 4번 더하면 전체 가지의 수가 됩니다.
➡ $4+4+4+4=16$(개)

• 가지의 수는 8씩 2묶음입니다.
8씩 2묶음이므로 8을 2번 더하면 전체 가지의 수가 됩니다.
➡ $8+8=16$(개)

따라서 가지는 모두 16개입니다.

1-1 3, 5, 5, 3 / 15개

구슬을 3개씩 묶으면 5묶음입니다.
3을 5번 더하면 $3+3+3+3+3=15$이므로 구슬은 모두 15개입니다.
구슬을 5개씩 묶으면 3묶음입니다.
5를 3번 더하면 $5+5+5=15$이므로 구슬은 모두 15개입니다.

1-2 4상자

24는 $6+6+6+6=24$이므로 6씩 4묶음입니다.
따라서 바나나를 6개씩 담으려면 모두 4상자가 필요합니다.

1-3 4묶음

2씩 8묶음은 $2+2+2+2+2+2+2+2=16$입니다.
$4+4+4+4=16$이므로 4씩 4묶음입니다.
따라서 2씩 8묶음은 4씩 4묶음과 같습니다.

㉠ 9씩 4묶음은 9를 4번 더한 수입니다.
➡ $9+9+9+9=9\times4=36$

㉡ 7씩 5묶음은 7을 5번 더한 수입니다.
➡ $7+7+7+7+7=7\times5=35$

㉢ $6+6+6+6+6+6=6\times6=36$

㉣ 4의 9배는 4를 9번 더한 수입니다.
➡ $4+4+4+4+4+4+4+4+4=4\times9=36$

따라서 나타내는 수가 다른 것은 ㉡입니다.

2-1 ㉡

㉠ 6의 3배 ➡ $6+6+6=6\times3$, ㉡ $\underbrace{8+8+8+8}_{4번}=8\times4$

㉢ $4\times5=4+4+4+4+4=20$, ㉣ 7 곱하기 3 ➡ 7×3

따라서 식을 잘못 나타낸 것은 ㉡입니다.

2-2 ㉣

㉠ 8 곱하기 3 ➡ $8\times3=8+8+8=24$

㉡ 6의 4배 ➡ $6+6+6+6=6\times4=24$

㉢ $6+6+6+6=6\times4=24$

㉣ 9씩 3묶음 ➡ 9의 3배 ➡ $9+9+9=9\times3=27$

따라서 나타내는 수가 다른 것은 ㉣입니다.

2-3 ㉡, ㉢, ㉣, ㉠

㉠ 5씩 5묶음 ➡ 5의 5배 ➡ $5+5+5+5+5=5\times5=25$

㉡ 9의 4배 ➡ $9+9+9+9=9\times4=36$

㉢ 8과 4의 곱 ➡ $8\times4=8+8+8+8=32$

㉣ 4씩 7묶음 ➡ 4의 7배 ➡ $4+4+4+4+4+4+4=4\times7=28$

따라서 $36>32>28>25$이므로 나타내는 수가 큰 것부터 차례로 기호를 쓰면 ㉡, ㉢, ㉣, ㉠입니다.

2-4 ㉡, ㉢

9의 2배 ➡ $9+9=9\times2=18$

㉠ 6과 4의 곱 ➡ $6\times4=6+6+6+6=24$

㉡ 9씩 2묶음 ➡ 9의 2배 ➡ $9+9=9\times2=18$

㉢ 2 곱하기 9 ➡ $2\times9=2+2+2+2+2+2+2+2+2=18$

㉣ 3의 5배 ➡ $3+3+3+3+3=3\times5=15$

따라서 9의 2배와 나타내는 수가 같은 것은 ㉡, ㉢입니다.

• 3씩 5번 뛰어 센 수는
$3+3+3+3+3=3\times5=15$이므로
▲$=15$입니다.

• ●는 ▲보다 7만큼 더 큰 수이므로
●$=$▲$+7$, ●$=15+7$, ●$=22$입니다.

3-1 27

• 6씩 7번 뛰어 센 수는 $6+6+6+6+6+6+6=6\times7=42$이므로 ▲$=42$입니다.

• ■는 ▲보다 15만큼 더 작은 수이므로 ■$=$▲-15, ■$=42-15$, ■$=27$입니다.

3-2 17

• 5씩 6번 뛰어 센 수는 $5+5+5+5+5+5=5\times6=30$이고,
3부터 뛰어 세기를 했으므로 ●$=3+30=33$입니다.

• ●는 ◆보다 16만큼 더 큰 수이므로 ●$=$◆$+16$, $33=$◆$+16$, $33-16=$◆,
◆$=17$입니다.

다른 풀이

- 3부터 5씩 6번 뛰어 센 수는 3+(5×6)=3+(5+5+5+5+5+5)=33이므로 ●=33입니다.
- ●는 ◆보다 16만큼 더 큰 수이므로 ●=◆+16, 33=◆+16, 33−16=◆, ◆=17입니다.

보충 개념

하나의 식에서 덧셈, 뺄셈, 곱셈 등이 섞여 있는 계산을 혼합 계산이라고 합니다. 혼합 계산에서는 (　　) 안을 먼저 계산하고 곱셈, 덧셈이나 뺄셈을 계산합니다.

3-3 92

- 7씩 5번 뛰어 센 수는 7+7+7+7+7=7×5=35이고, 8부터 뛰어 세기를 했으므로 ■=8+35=43입니다.
- 5씩 8번 뛰어 센 수는 5+5+5+5+5+5+5+5=5×8=40이고, 9부터 뛰어 세기를 했으므로 ●=9+40=49입니다.

따라서 ■+●=43+49=92입니다.

다른 풀이

- 8부터 7씩 5번 뛰어 센 수는 8+(7×5)=8+(7+7+7+7+7)=43이므로 ■=43입니다.
- 9부터 5씩 8번 뛰어 센 수는 9+(5×8)=9+(5+5+5+5+5+5+5+5)=49이므로 ●=49입니다.

따라서 ■+●=43+49=92입니다.

3-4 3

- 3씩 3번 뛰어 센 수는 3+3+3=3×3=9이므로 ◆는 9의 2배입니다. 9의 2배 ➡ 9+9=18이므로 ◆=18입니다.
- ▲의 6배가 18이고, 3+3+3+3+3+3=3×6=18이므로 ▲=3입니다.

- 닭의 다리 수는 2개씩 5마리이므로 2+2+2+2+2=2×5=10(개)입니다.
- 토끼의 다리 수는 4개씩 6마리이므로 4+4+4+4+4+4=4×6=24(개)입니다.
  따라서 10<24이므로
  토끼의 다리가 24−10=14(개) 더 많습니다.

4-1 거미, 12개

- 양의 다리 수는 4개씩 7마리이므로 4+4+4+4+4+4+4=4×7=28(개)입니다.
- 거미의 다리 수는 8개씩 5마리이므로 8+8+8+8+8=8×5=40(개)입니다.

따라서 28<40이므로 거미의 다리가 40−28=12(개) 더 많습니다.

4-2 민홍, 3개

- 민홍이가 가지고 있는 사탕 수는 6개씩 5봉지이므로 6+6+6+6+6=6×5=30(개)입니다.

• 세정이가 가지고 있는 사탕 수는 9개씩 3봉지이므로
$9+9+9=9\times3=27$(개)입니다.
따라서 $30>27$이므로 민홍이가 사탕을 $30-27=3$(개) 더 많이 가지고 있습니다.

서술형 **4-3** 승용차, 4개

예 오토바이의 바퀴 수는 2개씩 8대이므로
$2+2+2+2+2+2+2+2=2\times8=16$(개)이고,
승용차의 바퀴 수는 4개씩 5대이므로 $4+4+4+4+4=4\times5=20$(개)입니다.
따라서 $16<20$이므로 승용차의 바퀴가 $20-16=4$(개) 더 많습니다.

채점 기준	배점
오토바이와 승용차의 바퀴 수를 각각 구했나요?	4점
어느 것의 바퀴가 몇 개 더 많은지 구했나요?	1점

4-4 재희, 6쪽

• 유미가 6쪽씩 7일 동안 읽은 쪽수는 $6+6+6+6+6+6+6=6\times7=42$(쪽)입니다.
➡ (남은 쪽수)$=70-42=28$(쪽)
• 재희가 9쪽씩 4일 동안 읽은 쪽수는 $9+9+9+9=9\times4=36$(쪽)입니다.
➡ (남은 쪽수)$=70-36=34$(쪽)
따라서 $28<34$이므로 남은 쪽수는 재희가 $34-28=6$(쪽) 더 많습니다.

158~159쪽

파란색 모자를 고를 때 양말을 고르는 방법은 노란색, 분홍색, 주황색으로 3가지입니다.
초록색, 빨간색 모자를 고를 때에도 양말을 고르는 방법은 노란색, 분홍색, 주황색으로 각각 3가지입니다.
따라서 모자 1개와 양말 1켤레를 고르는 방법은 모두
$3\times3=3+3+3=9$ (가지)입니다.

5-1 8가지

공책은 4권, 연필은 2자루이고 공책 1권당 연필을 2가지씩 고를 수 있습니다.
따라서 공책 1권과 연필 1자루를 고를 수 있는 방법은 모두 $4\times2=4+4=8$(가지)입니다.

보충 개념
나뭇가지 그림을 그려서 나타내면 전체 방법의 수를 구하기 편리합니다.

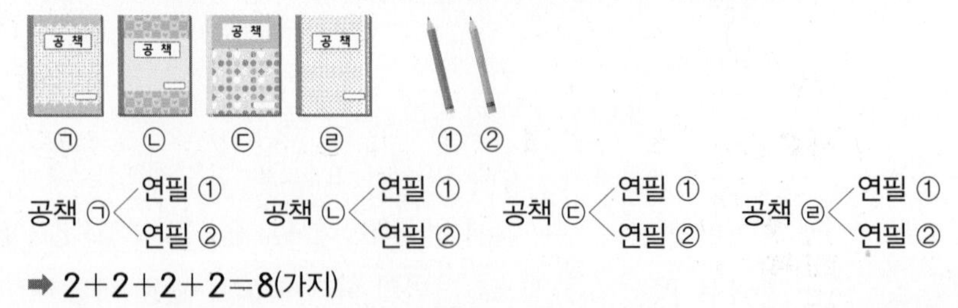

➡ $2+2+2+2=8$(가지)

5-2 12가지

학교에서 공원으로 가는 길은 3가지, 공원에서 집으로 가는 길은 4가지이고 학교에서 공원으로 가는 길마다 공원에서 집으로 가는 길을 4가지씩 고를 수 있습니다.

따라서 학교에서 공원을 지나 집으로 가는 방법은 모두
$3 \times 4 = 3 + 3 + 3 + 3 = 12$(가지)입니다.

5-3 20개

십의 자리에 놓을 수 있는 수 카드는 4장, 일의 자리에 놓을 수 있는 수 카드는 5장이므로 십의 자리에 놓을 수 있는 카드마다 일의 자리에 놓을 수 있는 카드를 5가지씩 고를 수 있습니다.
따라서 수 카드로 만들 수 있는 두 자리 수는 모두
$4 \times 5 = 4 + 4 + 4 + 4 + 4 = 20$(개)입니다.

• $5+5+5+5+5+5+5 = 5 \times 7$이므로 ㉠$=7$입니다.
• ㉠의 ㉡배가 28이므로 7의 ㉡배가 28입니다.
$7+7+7+7 = 7 \times 4 = 28$이므로
㉡$=4$입니다.
➡ ㉠$-$㉡$=7-4=3$

6-1 12

• $7+7+7+7+7+7 = 7 \times 6$이므로 ㉠$=6$입니다.
• ㉠의 ㉡배가 36이므로 6의 ㉡배가 36입니다.
$6+6+6+6+6+6 = 6 \times 6 = 36$이므로 ㉡$=6$입니다.
따라서 ㉠$+$㉡$=6+6=12$입니다.

6-2 32

• 40은 5의 ㉠배 ➡ $5 \times$㉠$=40$이고
$5+5+5+5+5+5+5+5 = 5 \times 8 = 40$이므로 ㉠$=8$입니다.
• ㉠의 4배 ➡ 8의 4배 ➡ $8+8+8+8 = 8 \times 4 = 32$이므로 ㉡$=32$입니다.
따라서 ㉡$=32$입니다.

6-3 36

• 2의 3배 ➡ $2+2+2 = 2 \times 3 = 6$이므로 ㉠$=6$입니다.
• 5의 ㉡배는 30 ➡ $5 \times$㉡$=30$이고
$5+5+5+5+5+5 = 5 \times 6 = 30$이므로 ㉡$=6$입니다.
따라서 ㉠의 ㉡배 ➡ 6의 6배 ➡ $6+6+6+6+6+6 = 6 \times 6 = 36$입니다.

6-4 45

• 42는 6의 ㉠배 ➡ $6 \times$㉠$=42$이고
$6+6+6+6+6+6+6 = 6 \times 7 = 42$이므로 ㉠$=7$입니다.
• 9의 ㉡배는 54 ➡ $9 \times$㉡$=54$이고
$9+9+9+9+9+9 = 9 \times 6 = 54$이므로 ㉡$=6$입니다.
• 8의 4배 ➡ $8+8+8+8 = 8 \times 4 = 32$이므로 ㉢$=32$입니다.
따라서 ㉠$+$㉡$+$㉢$=7+6+32=45$입니다.

• 상윤이가 가지고 있는 바둑돌 수는 8개입니다.
• (효주가 가지고 있는 바둑돌 수)=(상윤이가 가지고 있는 바둑돌 수)의 7배
➡ 8의 7배
➡ $8+8+8+8+8+8+8=8\times7=56$(개)
• (샛별이가 가지고 있는 바둑돌 수)=(효주가 가지고 있는 바둑돌 수)-6
$=56-6=50$(개)
따라서 샛별이는 바둑돌을 50개 가지고 있습니다.

7-1 10살

• (현재 현주의 나이)=(현재 예원이의 나이)의 3배
➡ 4의 3배 ➡ $4+4+4=4\times3=12$(살)
• (현재 미소의 나이)=(현재 현주의 나이)$-2=12-2=10$(살)
따라서 현재 미소의 나이는 10살입니다.

7-2 19개

• (미주가 가지고 있는 구슬 수)=3개씩 2묶음 ➡ $3+3=3\times2=6$(개)
• (미주가 가지고 있는 구슬 수)의 3배=6의 3배 ➡ $6+6+6=6\times3=18$(개)
➡ (윤재가 가지고 있는 구슬 수)$=18-4=14$(개)
• (소민이가 가지고 있는 구슬 수)=(윤재가 가지고 있는 구슬 수)$+5=14+5=19$(개)
따라서 소민이는 구슬을 19개 가지고 있습니다.

7-3 64장

• (설아가 가지고 있는 붙임딱지 수)=8장씩 4줄 ➡ $8+8+8+8=8\times4=32$(장)
• (현성이가 가지고 있는 붙임딱지 수)=(설아가 가지고 있는 붙임딱지 수)-24
$=32-24=8$(장)
• (재호가 가지고 있는 붙임딱지 수)=8의 3배 ➡ $8+8+8=8\times3=24$(장)
따라서 설아, 현성, 재호가 가지고 있는 붙임딱지는 모두 $32+8+24=64$(장)입니다.

놓은 쌓기나무의 수를 ■라 하면 가로는 5 cm의 ■배입니다.
놓은 쌓기나무의 가로가 30 cm이므로 5의 ■배는 30입니다.
$5+5+5+5+5+5=30$이므로 곱셈식으로 나타내면
$5\times6=30$입니다.
따라서 ■=6이므로 놓은 쌓기나무는 6개입니다.

8-1 7개

놓은 쌓기나무의 수를 ▲라 하면 가로는 8 cm의 ▲배입니다. ➡ $8\times$▲$=56$
$8+8+8+8+8+8+8=56$이므로 곱셈식으로 나타내면 $8\times7=56$입니다.
따라서 ▲=7이므로 놓은 쌓기나무는 7개입니다.

8-2 10개

주어진 쌓기나무 수는 2개입니다. 주어진 쌓기나무의 5배의 높이만큼 쌓으려면 주어진 쌓기나무 수의 5배만큼 쌓기나무가 필요합니다.
따라서 쌓기나무는 2의 5배인 $2+2+2+2+2=2\times5=10$(개) 필요합니다.

8-3 36 cm

쌓기나무 1개의 높이는 3 cm이므로 주어진 쌓기나무의 높이는 $3+3+3=9$(cm)입니다.
따라서 주어진 쌓기나무의 4배의 높이만큼 쌓으려는 쌓기나무의 높이는 9 cm의 4배인 $9+9+9+9=9\times4=36$(cm)입니다.

8-4 24 cm

빨간색 막대의 길이는 쌓기나무 4개의 길이의 합과 같으므로
$2+2+2+2=8$(cm)입니다.
따라서 빨간색 막대의 3배의 길이만큼 쌓기나무를 한 줄로 이어 놓으면 전체 길이는 8 cm 3배인 $8+8+8=8\times3=24$(cm)입니다.

MATH MASTER

166~168쪽

1 예 $2\times9=18$, $3\times6=18$, $6\times3=18$

풍선을 2, 3, 6, 9씩 묶으면 빠짐없이 묶을 수 있습니다.
- 2씩 묶어 세면 2, 4, 6, 8, 10, 12, 14, 16, 18로 9묶음입니다.
  ➡ 2씩 9묶음 ➡ $2\times9=18$
- 3씩 묶어 세면 3, 6, 9, 12, 15, 18로 6묶음입니다. ➡ 3씩 6묶음 ➡ $3\times6=18$
- 6씩 묶어 세면 6, 12, 18로 3묶음입니다. ➡ 6씩 3묶음 ➡ $6\times3=18$
- 9씩 묶어 세면 9, 18로 2묶음입니다. ➡ 9씩 2묶음 ➡ $9\times2=18$

2 39

- $8\times$㉠$=32$에서 $8+8+8+8=8\times4=32$이므로 ㉠$=4$입니다.
- $7\times5=$㉡에서 ㉡$=7+7+7+7+7=35$입니다.

따라서 ㉠과 ㉡에 들어갈 수의 합은 $4+35=39$입니다.

서술형 **3** 6명

예 색종이는 6장씩 8묶음이므로 $6+6+6+6+6+6+6+6=6\times8=48$(장)입니다.
$8+8+8+8+8+8=8\times6=48$이므로 색종이 48장을 한 사람에게 8장씩 주면 6명에게 줄 수 있습니다.

채점 기준	배점
색종이가 모두 몇 장인지 구했나요?	2점
색종이를 8장씩 몇 명에게 줄 수 있는지 구했나요?	3점

4 36명

(남학생 수)=6명씩 4줄 ➡ $6+6+6+6=6\times4=24$(명)
(여학생 수)=3명씩 4줄 ➡ $3+3+3+3=3\times4=12$(명)
따라서 교실에 앉아 있는 학생은 모두 $24+12=36$(명)입니다.

5 $6\times5=30$

월요일, 화요일, 수요일, 금요일, 토요일에 문제집을 6쪽씩 풀었습니다.
6쪽씩 5일 ➡ $6+6+6+6+6=6\times5=30$(쪽)
따라서 우영이가 푼 문제집의 쪽수를 곱셈식으로 나타내면 $6\times5=30$입니다.

6 21개

삼각형 1개를 만드는 데 필요한 수수깡 수는 3개이므로
삼각형 3개를 만드는 데 필요한 수수깡 수는 $3+3+3=3\times3=9$(개)입니다.
사각형 1개를 만드는 데 필요한 수수깡 수는 4개이므로
사각형 3개를 만드는 데 필요한 수수깡 수는 $4+4+4=4\times3=12$(개)입니다.
➡ (필요한 수수깡 수)$=9+12=21$(개)

7 16대

자전거의 바퀴 수는 4개, 오토바이의 바퀴 수는 2개입니다.
$4+4+4+4+4+4+4=4\times\underline{7}=28$이므로 자전거는 7대입니다.
$2+2+2+2+2+2+2+2+2=2\times\underline{9}=18$이므로 오토바이는 9대입니다.
따라서 자전거와 오토바이는 모두 $7+9=16$(대)입니다.

8 5배

4의 8배 ➡ $4+4+4+4+4+4+4+4=4\times8=32$이고,
32보다 13만큼 더 큰 수는 $32+13=45$입니다.
어떤 수는 45이고 $45=9+9+9+9+9=9\times5$입니다.
따라서 어떤 수는 9의 5배입니다.

9 20개

3명이 바위를 내서 졌으므로 나머지 4명은 보를 냈습니다.
➡ (보를 낸 4명이 펼친 손가락 수)$=5+5+5+5=5\times4=20$(개)

10 8조각

(케이크의 조각 수)=5조각씩 4상자 ➡ $5+5+5+5=5\times4=20$(조각)
(나누어 준 케이크의 조각 수)=2조각씩 6명 ➡ $2+2+2+2+2+2=2\times6=12$(조각)
따라서 남은 케이크는 $20-12=8$(조각)입니다.

11 7, 4

●를 7번 더한 값이 ▲9이므로 ●×7=▲9입니다.
●가 한 자리 수이므로 ●가 1부터 9까지인 경우를 각각 알아봅니다.
$1\times7=1+1+1+1+1+1+1=7$
$2\times7=2+2+2+2+2+2+2=14$
$3\times7=3+3+3+3+3+3+3=21$
$4\times7=4+4+4+4+4+4+4=28$
$5\times7=5+5+5+5+5+5+5=35$
$6\times7=6+6+6+6+6+6+6=42$
$7\times7=7+7+7+7+7+7+7=\underline{4}9$
$8\times7=8+8+8+8+8+8+8=56$
$9\times7=9+9+9+9+9+9+9=63$
➡ ●=7, ▲=4

복습책 정답과 풀이

1 세 자리 수

다시 푸는 최상위 S

2~4쪽

1 316점

예빈이는 과녁 맞히기 놀이를 하여 100점짜리에 2번, 10점짜리에 11번, 1점짜리에 6번 맞혔습니다.

➡ 100이 2개, 10이 11개, 1이 6개인 수

100이 2개 ➡ 200
10이 11개 ➡ 110
1이 6개 ➡ 6
316

따라서 예빈이가 얻은 점수는 모두 316점입니다.

서술형 **2** 823

예 273에서 거꾸로 10씩 5번 뛰어 세기 하면
273 − 263 − 253 − 243 − 233 − 223이므로
어떤 수는 223입니다.
223에서 300씩 2번 뛰어 세기 하면 223 − 523 − 823입니다.
따라서 어떤 수에서 300씩 2번 뛰어 세기 한 수는 823입니다.

채점 기준	배점
어떤 수를 구했나요?	2점
어떤 수에서 300씩 2번 뛰어 세기 한 수를 구했나요?	3점

3 21개

300보다 크고 450보다 작아야 하므로 백의 자리 수는 3 또는 4입니다.
백의 자리 수가 3인 경우 만들 수 있는 세 자리 수:
301, 304, 305, 310, 314, 315, 340, 341, 345, 350, 351, 354
➡ 12개
백의 자리 수가 4인 경우 만들 수 있는 세 자리 수:
401, 403, 405, 410, 413, 415, 430, 431, 435, 450, 451, 453
이 중 450보다 작은 수는 401, 403, 405, 410, 413, 415, 430, 431, 435입니다.
➡ 9개
따라서 만들 수 있는 세 자리 수 중에서 300보다 크고 450보다 작은 수는 모두
12+9=21(개)입니다.

4 11개

백의 자리에 올 수 있는 수: 3, 4, 5, 6
십의 자리에 올 수 있는 수: 0, 1, 2

일의 자리에 올 수 있는 수: 1, 2, 3
백의 자리 수가 3인 경우: 301, 312, 323
백의 자리 수가 4인 경우: 401, 412, 423
백의 자리 수가 5인 경우: 501, 512, 523
백의 자리 수가 6인 경우: 601, 612
➡ 11개
따라서 조건을 만족하는 세 자리 수는 모두 11개입니다.

5 800원, 710원, 620원, 530원, 310원

500원짜리 동전을 1개 사용하는 경우, 사용하지 않는 경우로 나누어 알아봅니다.

500원짜리	100원짜리	10원짜리	금액
1개	3개	•	800원
	2개	1개	710원
	1개	2개	620원
	•	3개	530원
•	3개	1개	310원
	2개	2개	220원
	1개	3개	130원

따라서 만들 수 있는 금액 중에서 300원보다 큰 금액은
800원, 710원, 620원, 530원, 310원입니다.

6 15씩

가로는 71 − 75, 86 − 90으로 4씩 커지는 규칙이고,
세로는 75 − 86, 90 − 101로 11씩 커지는 규칙입니다.
• 75 − 79 − 83 − 87이므로 ㉠에 알맞은 수는 87입니다.
• 90 − 94 − 98 − 102이므로 ㉡에 알맞은 수는 102입니다.
• 101 − 105 − 109 − 113 − 117이므로 ㉢에 알맞은 수는 117입니다.
따라서 ㉠=87, ㉡=102, ㉢=117이므로 15씩 커지는 규칙입니다.

7 259개

구슬을 정아, 효미, 주희, 미란, 호진이의 순서로 많이 가지고 있으므로
271 > 27□ > 2□0 > 미란 > 256입니다.
➡ 주희는 270개를 가질 수 없으므로 효미는 270개, 주희는 260개를 가지고 있습니다.
미란이가 가질 수 있는 구슬의 수는 256개보다 많고 260개보다 적으므로
257개, 258개, 259개입니다.
따라서 미란이는 구슬을 259개까지 가질 수 있습니다.

8 7, 8, 9

• 411 > 3□5
백의 자리 수를 비교하면 4 > 3이므로 3□5의 십의 자리에 0부터 9까지의 수가 모두 들어갈 수 있습니다.
➡ 0, 1, 2, 3, 4, 5, 6, 7, 8, 9

• □68 > 766

백의 자리 수를 비교하면 □ > 7이어야 합니다.

□ 안에 7을 넣으면 768 > 766이므로 □ 안에 7도 들어갈 수 있습니다.

➡ 7, 8, 9

따라서 □ 안에 공통으로 들어갈 수 있는 수는 7, 8, 9입니다.

다시푸는 MATH MASTER

5~7쪽

1 4묶음

한수가 포장한 연필은 10자루씩 6묶음이므로 60자루입니다.
100은 60보다 40만큼 더 큰 수이므로 연필을 40자루 더 포장할 수 있습니다.
따라서 40은 10이 4개인 수이므로 10자루씩 4묶음을 더 포장할 수 있습니다.

2 580개

토마토의 수는 100이 3개, 10이 28개인 수입니다.

100이 3개 ➡ 300
10이 28개 ➡ 280
―――――
580

따라서 바구니 안에 들어 있는 토마토는 모두 580개입니다.

3 560

420, 500, 560, 610을 수직선에 나타내 보면 다음과 같습니다.

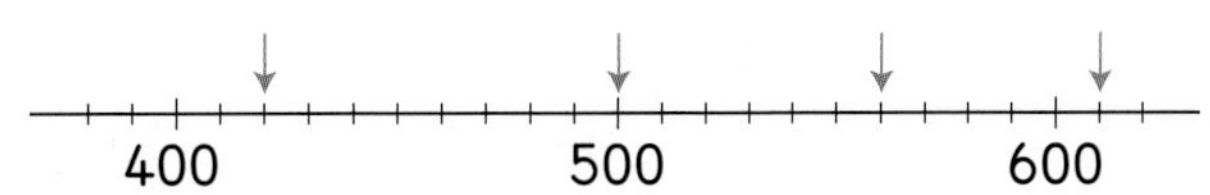

따라서 420, 560, 610 중 500에 가장 가까운 수는 560입니다.

서술형 **4** 400원

예) 100원짜리 동전 6개에서 3개를 내고 남은 것은 3개입니다. ➡ 300원
10원짜리 동전 22개에서 12개를 내고 남은 것은 10개입니다. ➡ 100원
따라서 지훈이에게 남은 돈은 400원입니다.

채점 기준	배점
100원짜리 동전을 내고 남은 돈을 구했나요?	2점
10원짜리 동전을 내고 남은 돈을 구했나요?	2점
지훈이에게 남은 돈을 구했나요?	1점

5 7

100이 3개 ➡ 300
10이 34개 ➡ 340
1이 56개 ➡ 56
―――――
696

696은 700보다 4만큼 더 작은 수이고 700은 100이 7개인 수이므로 □ 안에 알맞은 수는 7입니다.

6 ㉢, ㉣, ㉡, ㉠

㉠ 339보다 200만큼 더 작은 수는 139입니다.

㉡ 100이 1개 ➡ 100
10이 15개 ➡ 150
1이 6개 ➡ 6
256

㉢ 10이 22개 ➡ 220
1이 61개 ➡ 61
281

㉣ 204에서 10씩 7번 뛰어 세기 한 수는
204 − 214 − 224 − 234 − 244 − 254 − 264 − 274이므로
274입니다.

$281 > 274 > 256 > 139$ ➡ ㉢, ㉣, ㉡, ㉠

7 955

415− □ − □ −445에서 3번 뛰어 세기 하여 30만큼 더 커졌으므로 10씩 뛰어 세기 한 것입니다. 785에서 10씩 뛰어 세기 하면 785 − 795 − ㉠ 805입니다.
따라서 805에서 50씩 3번 뛰어 세기 한 수는 805 − 855 − 905 − 955이므로 955입니다.

8 46개

백의 자리 수가 2인 수 중에서 백의 자리 수가 십의 자리 수보다 큰 수는 없습니다.
백의 자리 수가 3인 수 중에서 백의 자리 수가 십의 자리 수보다 큰 수는 300부터 329까지의 수이므로 30개입니다. 백의 자리 수가 4인 수 중에서 백의 자리 수가 십의 자리 수보다 큰 수는 400부터 415까지의 수이므로 16개입니다.
따라서 백의 자리 수가 십의 자리 수보다 큰 수는 모두 $30+16=46$(개)입니다.

9 2, 3 / 2, 8 / 3, 3 / 0, 3

60씩 뛰어 세기 하면 일의 자리 수는 변하지 않으므로 일의 자리 수는 모두 3입니다.
넷째 수는 셋째 수보다 60만큼 더 큰 수이므로 셋째 수는 343이고, 넷째 수는 403입니다. 둘째 수는 셋째 수보다 60만큼 더 작은 수이므로 283이고, 첫째 수는 둘째 수보다 60만큼 더 작은 수이므로 223입니다.

➡ 2 2 3 − 2 8 3 − 3 4 3 − 4 0 3

10 42번

100에서 숫자 0의 개수: 100 ➡ 2개
101부터 109까지의 수에서 숫자 0의 개수:
101, 102, 103, 104, 105, 106, 107, 108, 109 ➡ 9개
110부터 199까지의 수에서 숫자 0의 개수:
110, 120, 130, 140, 150, 160, 170, 180, 190 ➡ 9개
200에서 숫자 0의 개수: 200 ➡ 2개
201부터 209까지의 수에서 숫자 0의 개수:
201, 202, 203, 204, 205, 206, 207, 208, 209 ➡ 9개
210부터 299까지의 수에서 숫자 0의 개수:
210, 220, 230, 240, 250, 260, 270, 280, 290 ➡ 9개
300에서 숫자 0의 개수: 300 ➡ 2개
따라서 100부터 300까지의 수를 쓸 때 숫자 0을 모두
$2+9+9+2+9+9+2=42$(번) 쓰게 됩니다.

2 여러 가지 도형

다시푸는 최상위 S

8~10쪽

1 ㉠, ㉡, ㉤

㉠ 원은 굽은 선으로 둘러싸여 있습니다.
㉡ 삼각형은 곧은 선 3개로 둘러싸여 있습니다.
㉢ 사각형은 변이 4개, 꼭짓점이 4개이므로 변과 꼭짓점의 수를 합하면 모두 $4+4=8$(개)입니다.
㉣ 모든 원은 모양이 같고, 크기가 다릅니다.
㉤ 삼각형의 꼭짓점은 3개, 사각형의 꼭짓점은 4개이므로 삼각형의 꼭짓점의 수는 사각형의 꼭짓점의 수보다 $4-3=1$(개) 더 적습니다.
따라서 도형에 대한 설명으로 잘못된 것은 ㉠, ㉡, ㉤입니다.

서술형 **2** 7개

예 삼각형은 ①, ②, ⑤, ⑥, ⑦로 5개, 사각형은 ③, ④로 2개입니다.
(삼각형의 꼭짓점의 수)$=3+3+3+3+3=15$(개)
(사각형의 변의 수)$=4+4=8$(개)
따라서 삼각형의 꼭짓점의 수의 합은 사각형의 변의 수의 합보다 $15-8=7$(개) 더 많습니다.

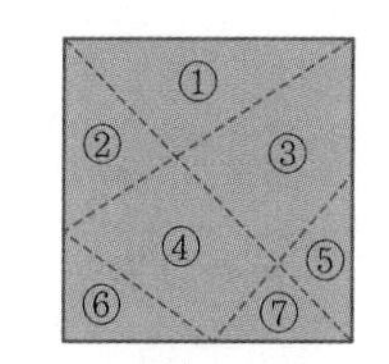

채점 기준	배점
삼각형의 꼭짓점의 수의 합과 사각형의 변의 수의 합을 각각 구했나요?	4점
몇 개 더 많은지 구했나요?	1점

3 ㉢

주어진 모양에서 쌓기나무 1개를 옮겨 각 모양을 만들어 봅니다.

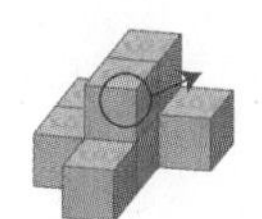 ➡  … ㉠

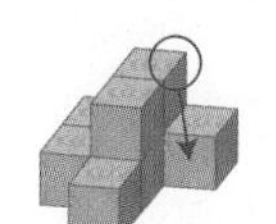 ➡  … ㉡

㉢ 모양을 만들려면 적어도 2개의 쌓기나무를 옮겨야 합니다.
따라서 쌓기나무 1개를 옮겨 만들 수 없는 모양은 ㉢입니다.

4 ㉠, ㉣

• 1층에 놓인 쌓기나무는 4개입니다. … ㉠
• 1층에 놓인 쌓기나무는 4개, 2층에 놓인 쌓기나무는 1개, 3층에 놓인 쌓기나무는 1개이므로 쌓기나무 $4+1+1=6$(개)를 사용했습니다.
• 쌓기나무 3개가 옆으로 나란히 있고, 가운데 쌓기나무의 앞에 쌓기나무 3개를 놓아 3층으로 쌓았습니다. … ㉣

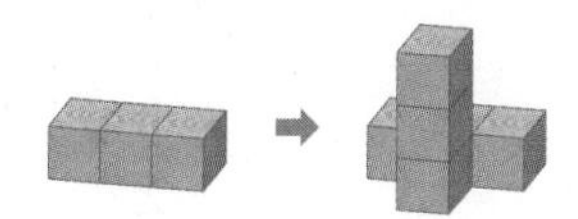

따라서 쌓은 모양을 바르게 설명한 것은 ㉠, ㉣입니다.

5 풀이 참조

여러 가지 방법으로 선을 그을 수 있습니다.

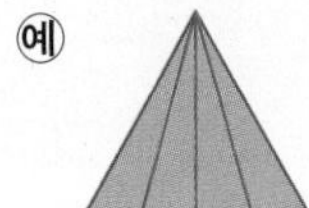
예
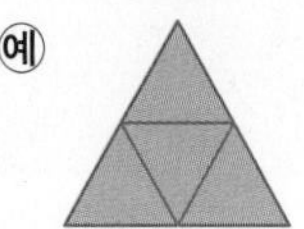

6 6개

다음과 같이 사각형을 그릴 수 있습니다.

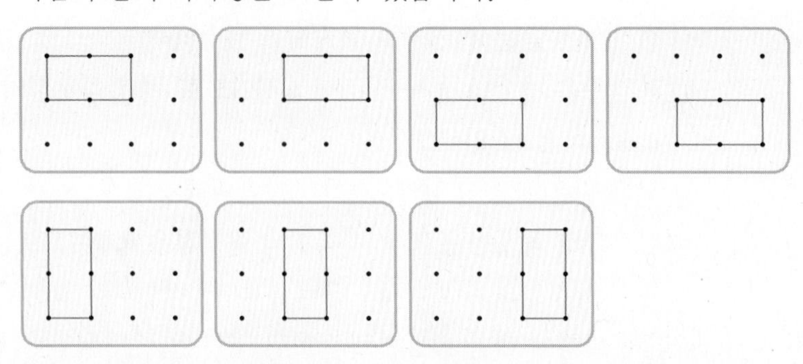

따라서 똑같은 사각형을 7−1=6(개) 더 그릴 수 있습니다.

7 13개

작은 도형 1개, 2개, 4개, 8개로 된 삼각형을 각각 찾아봅니다.

- 작은 도형 1개로 된 삼각형: ①, ②, ③, ④, ⑤, ⑥, ⑦, ⑧ ➡ 8개
- 작은 도형 2개로 된 삼각형: ①+②, ⑤+⑥ ➡ 2개
- 작은 도형 4개로 된 삼각형: ①+③+④+⑤, ②+⑥+⑦+⑧ ➡ 2개
- 작은 도형 8개로 된 삼각형: ①+②+③+④+⑤+⑥+⑦+⑧ ➡ 1개

따라서 크고 작은 삼각형은 모두 8+2+2+1=13(개)입니다.

8 ㉢

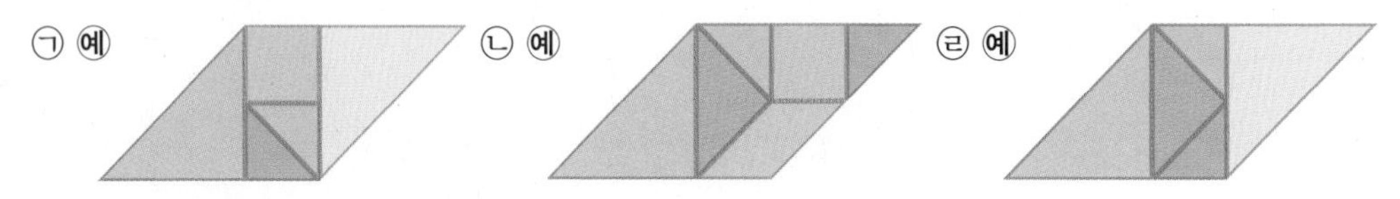

㉢의 여섯 조각으로는 주어진 도형을 만들 수 없습니다.

다시푸는 MATH MASTER

11~13쪽

1 36개

삼각형: 6개, 사각형: 4개, 원: 4개

삼각형이 6개로 가장 많습니다.

(삼각형 6개의 모든 변의 수의 합)=3+3+3+3+3+3=18(개)

(삼각형 6개의 모든 꼭짓점의 수의 합)=3+3+3+3+3+3=18(개)

따라서 가장 많은 도형의 모든 변의 수와 꼭짓점의 수의 합은 18+18=36(개)입니다.

2 7

삼각형의 변은 3개, 사각형의 꼭짓점은 4개, 원의 꼭짓점은 0개입니다.
➡ ㉠+㉡−㉢=3+4−0=7

서술형 **3** 5개

예 왼쪽 모양의 쌓기나무는 4개입니다. 오른쪽 모양의 쌓기나무는 1층에 5개, 2층에 3개, 3층에 1개이므로 5+3+1=9(개)입니다.
따라서 더 필요한 쌓기나무는 9−4=5(개)입니다.

채점 기준	배점
왼쪽 모양의 쌓기나무의 수를 구했나요?	2점
오른쪽 모양의 쌓기나무의 수를 구했나요?	2점
더 필요한 쌓기나무의 수를 구했나요?	1점

4 12개

- 작은 도형 1개로 된 사각형: ④, ⑥ ➡ 2개
- 작은 도형 2개로 된 사각형: ③+④, ④+⑤, ⑤+⑥ ➡ 3개
- 작은 도형 3개로 된 사각형: ①+③+④, ②+⑤+⑥, ③+④+⑤, ④+⑤+⑥ ➡ 4개

- 작은 도형 4개로 된 사각형: ③+④+⑤+⑥, ④+⑤+⑥+⑦ ➡ 2개
- 작은 도형 7개로 된 사각형: ①+②+③+④+⑤+⑥+⑦ ➡ 1개

따라서 크고 작은 사각형은 모두 2+3+4+2+1=12(개)입니다.

5 ㉡, ㉣

- 삼각형 밖에 원이 있습니다. ➡ ㉡, ㉢, ㉣
- 원 안에 사각형이 있습니다. ➡ ㉠, ㉡, ㉢, ㉣
- 삼각형과 사각형에 길이가 같은 변이 있습니다. ➡ ㉡, ㉣

따라서 조건에 맞는 모양은 ㉡, ㉣입니다.

6 ㉠

- 빨간색 쌓기나무 앞에 파란색 쌓기나무가 있습니다. ➡ ㉠, ㉡
- 보라색 쌓기나무 위에 노란색 쌓기나무가 있습니다. ➡ ㉠, ㉡, ㉢
- 초록색 쌓기나무와 빨간색 쌓기나무는 옆으로 나란히 있습니다. ➡ ㉠, ㉢

따라서 조건에 맞게 쌓기나무를 쌓은 것은 ㉠입니다.

7 예

곧은 선으로 둘러싸인 도형은 변과 꼭짓점의 수가 같고 6=3+3이므로 변과 꼭짓점의 수는 각각 3개입니다. 변 3개로 둘러싸여 있는 도형은 삼각형입니다.
따라서 삼각형의 안쪽에 점이 3개 있도록 삼각형을 그립니다.

8 사각형, 8개

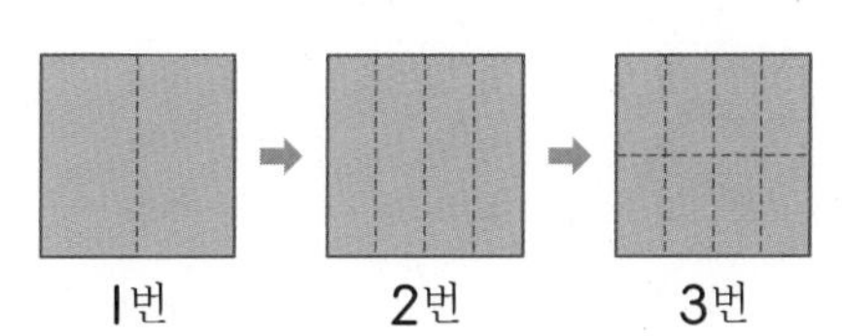

따라서 가위로 접힌 선을 따라 모두 자르면 사각형이 8개 만들어집니다.

9 4개

삼각형과 사각형을 번갈아 가며 1개, 1개, 2개, 2개, ...의 순서로 늘어놓았습니다.

삼각형	사각형	삼각형	사각형	삼각형	사각형	삼각형	사각형	삼각형	사각형	삼각형	사각형
1개	1개	2개	2개	3개	3개	4개	4개	5개	5개	6개	2개

38개

삼각형 5개, 사각형 5개까지는 삼각형과 사각형의 수가 같으므로 삼각형과 사각형의 수의 차는 $6-2=4$(개)입니다.

10 4가지

사각형을 만드는 방법은 다음과 같습니다.

  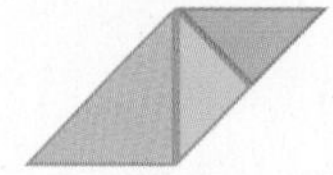 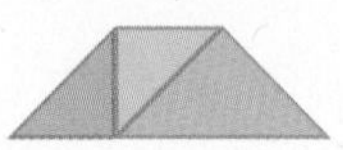

따라서 세 조각을 모두 사용하여 사각형을 만들 수 있는 방법은 모두 4가지입니다.

3 덧셈과 뺄셈

다시 푸는 최상위 S

14~16쪽

1 2, 35, 37

28을 30으로 생각하면 2를 더 빼게 되므로 계산한 후 다시 2를 더합니다. ➡ ㉠=2

$65-30=35$ ➡ ㉡=35

㉡+㉠$=35+2=37$ ➡ ㉢=37

따라서 ㉠=2, ㉡=35, ㉢=37입니다.

2 51, 83

●=27이므로 ■−24=●의 식에 ● 대신 27을 넣으면 ■−24=27입니다.

■가 답이 되는 식으로 나타내면 ■−24=27 ➡ 27+24=■, ■=51입니다.

▲−■=32의 식에 ■ 대신 51을 넣으면 ▲−51=32입니다.

▲가 답이 되는 식으로 나타내면 ▲−51=32 ➡ 32+51=▲, ▲=83입니다.

따라서 ■=51, ▲=83입니다.

3 28개

현미가 가진 오렌지 맛과 딸기 맛 사탕 수를 합하면 $44+27=71$(개)입니다.

다희가 가진 사탕이 현미가 가진 사탕보다 9개 더 많으므로 다희가 가진 사탕은 $71+9=80$(개)입니다.

다희가 가진 사탕은 80개이고, 그중 딸기 맛 사탕은 52개이므로
오렌지 맛 사탕은 80−52=28(개)입니다.

서술형 **4** 85개

예 처음 상자에 들어 있던 귤의 수를 □로 하여 식으로 나타내면
□−14−28=43입니다.
□−14−28=43, □−14=43+28, □−14=71 ➡ 71+14=□, □=85
따라서 처음 상자에 들어 있던 귤은 85개입니다.

채점 기준	배점
모르는 수를 □로 하여 식으로 나타냈나요?	2점
처음 상자에 들어 있던 귤의 수를 구했나요?	3점

5 47, 48, 49

74−□=28일 때 □ 안에 알맞은 수를 구하면
74−□=28 ➡ 74−28=□, □=46입니다.
74−□가 28보다 작아야 하므로 □ 안에는 46보다 큰 수가 들어가야 합니다.
따라서 십의 자리 수가 4인 수 중에서 □ 안에 들어갈 수 있는 수는 47, 48, 49입니다.

6 8, 2, 1, 5

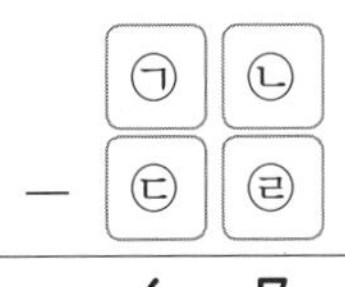

수 카드 중에서 ㉡−㉣=7이 되는 것은 8−1=7이므로
㉡=8, ㉣=1이고, 십의 자리에서 받아내림한 것을 생각하면
10+㉡−㉣=7이 되는 것은 10+5−8=7이므로
㉡=5, ㉣=8, 10+2−5=7이므로 ㉡=2, ㉣=5입니다.
일의 자리에 8과 1을 놓으면 나머지 수 카드 2와 5를 십의 자리 수로 만들었을 때 계산이 맞지 않고, 일의 자리에 5와 8을 놓으면 나머지 수 카드 2와 1을 십의 자리 수로 만들었을 때 계산이 맞지 않으므로 일의 자리에 2와 5를 놓습니다. ➡ ㉡=2, ㉣=5
남은 수 카드는 1과 8이고 일의 자리로 받아내림하였으므로 ㉠−1−㉢=6이 되도록 남은 수 카드를 놓습니다. 8−1−1=6 ➡ ㉠=8, ㉢=1
따라서 차가 67이 되는 뺄셈식은 82−15=67입니다.

7 덧셈식 18+36=54, 36+18=54
뺄셈식 54−18=36, 54−36=18

구슬에 써 있는 수는 모두 두 자리 수이므로 합이 세 자리 수가 되는 경우는 빼고 두 수를 골라 더해 봅니다.
➡ 18+36=54, 18+54=72, 18+67=85, 36+54=90
54가 써 있는 구슬이 있으므로 덧셈식을 만들 수 있는 세 수는 18, 36, 54입니다.
따라서 세 수로 덧셈식 2개와 뺄셈식 2개를 만들면 다음과 같습니다.

덧셈식 18+36=54, 36+18=54
뺄셈식 54−18=36, 54−36=18

8 45장

(은아의 색종이 수)+25=74 ➡ (은아의 색종이 수)=74−25=49(장)
(수빈이의 색종이 수)=(은아의 색종이 수)+12=49+12=61(장)
(민솔이의 색종이 수)+8=(수빈이의 색종이 수)−8=61−8=53(장)
➡ (민솔이의 색종이 수)=53−8=45(장)

1 7마리

동물의 수를 비교하면 32>29>27>25이므로 가장 많은 동물은 닭 32마리, 가장 적은 동물은 돼지 25마리입니다.
따라서 가장 많은 동물과 가장 적은 동물의 수의 차는 32−25=7(마리)입니다.

2 47, 27

일의 자리 수끼리의 합이 4가 되는 두 수를 골라 합을 구해 봅니다.
16+38=54, 54+30=84, 47+27=74
따라서 합이 74가 되는 두 수는 47과 27입니다.

서술형 **3** 규진, 23개

예 수아가 이틀 동안 접은 종이학 수는 33+29=62(개)이고,
규진이가 이틀 동안 접은 종이학 수는 37+48=85(개)입니다.
따라서 규진이가 85−62=23(개) 더 많이 접었습니다.

채점 기준	배점
수아와 규진이가 이틀 동안 접은 종이학 수를 각각 구했나요?	4점
누가 몇 개 더 많이 접었는지 구했나요?	1점

4 6, 4, 28

두 수를 뺐을 때 계산 결과가 가장 작은 수가 되려면 빼는 수가 가장 커야 합니다.
수 카드의 수의 크기를 비교하면 6>4>2이므로 만들 수 있는 가장 큰 두 자리 수는 64입니다.
➡ 92−64=28

5 6개

36+49−□<32에서 85−□<32입니다.
85−□=32일 때 85−32=□, □=53입니다.
85−□가 32보다 작아야 하므로 □ 안에는 53보다 큰 수가 들어가야 합니다.
따라서 십의 자리 수가 5인 수 중에서 □ 안에 들어갈 수 있는 수는
54, 55, 56, 57, 58, 59로 모두 6개입니다.

6 79개

현수가 가지고 있는 딱지 수를 □라고 하면
은태가 가지고 있는 딱지 수는 □−24입니다.
(은태가 가지고 있는 딱지 수)=(서우가 가지고 있는 딱지 수)+18
=37+18=55(개)
➡ □−24=55, 55+24=□, □=79
따라서 현수가 가지고 있는 딱지는 79개입니다.

7 33

시민이가 가지고 있는 카드에 적힌 두 수의 합은 $26+65=91$입니다.
정우가 가지고 있는 카드에 적힌 두 수의 합도 91이므로
모르는 수를 □로 하여 덧셈식으로 나타내면
$58+\square=91$ ➡ $91-58=\square$, $\square=33$입니다.
따라서 정우가 가지고 있는 뒤집어진 카드에 적힌 수는 33입니다.

8 3

$39-27=12$, $51-39=12$, $63-51=12$이므로 12씩 커지는 규칙입니다.
㉠$=27-12=15$, ㉡$=63+12=75$, ㉢$=$㉡$+12=75+12=87$
따라서 ㉠$+$㉡$-$㉢$=15+75-87=90-87=3$입니다.

9 37

28과 39를 더하면 겹쳐진 부분 13이 2번 더해지므로
$28+39$에서 겹쳐진 부분을 빼면 전체를 구할 수 있습니다.
➡ (전체)$=28+39-13=67-13=54$
$\square+17=54$, $54-17=\square$, $\square=37$
따라서 □ 안에 알맞은 수는 37입니다.

10 3

먼저 빨간색 원에서 ㉡을 구합니다.
$32+27+14+$㉡$=88$, $73+$㉡$=88$
➡ $88-73=$㉡, ㉡$=15$
㉡ 대신 15를 넣어 초록색 원과 파란색 원에서 ㉠과 ㉢을 각각 구합니다.
$8+$㉡$+32+$㉠$=8+15+32+$㉠$=88$, $55+$㉠$=88$
➡ $88-55=$㉠, ㉠$=33$
$8+$㉡$+14+$㉢$=8+15+14+$㉢$=88$, $37+$㉢$=88$
➡ $88-37=$㉢, ㉢$=51$
따라서 ㉢$-$㉠$-$㉡$=51-33-15=3$입니다.

4 길이 재기

다시 푸는 최상위 S

20~22쪽

1 ㉢

사용한 연결 모형의 수는 ㉠ 7개, ㉡ 6개, ㉢ 8개이므로 가장 길게 연결한 곳은 ㉢입니다.

2 ㉠

볼펜의 길이는 6 cm입니다.
㉠은 1 cm가 7번이므로 7 cm, ㉡은 1 cm가 6번이므로 6 cm, ㉢은 1 cm가 5번이므로 5 cm입니다.
따라서 볼펜보다 길이가 더 긴 것은 ㉠입니다.

3 연필

같은 길이를 잴 때 잰 횟수가 적을수록 물건의 길이가 깁니다.
잰 횟수를 비교해 보면 $12<14<18$이므로 연필이 가장 적습니다.
따라서 길이가 가장 긴 물건은 연필입니다.

4 ㉢

실제 길이와 어림한 길이의 차를 구하면
㉠ $53-48=5$(cm), ㉡ $48-44=4$(cm)
㉢ $50-48=2$(cm), ㉣ $48-45=3$(cm)입니다.
따라서 실제 길이에 가장 가깝게 어림한 것은 ㉢입니다.

5 28 cm

(벽돌 가의 길이)=(벽돌 나의 길이)+(벽돌 나의 길이)+(벽돌 나의 길이)
$=4+4+4=12$(cm)
(벽돌 다의 길이)=(벽돌 가의 길이)+(벽돌 나의 길이)$=12+4=16$(cm)
따라서 벽돌 가와 다의 길이의 합은 $12+16=28$(cm)입니다.

6 15 cm

선풍기의 높이는 $18+18+18+18+18=90$(cm)이므로 연필로 6번 잰 길이는 90 cm입니다.
$90=\underbrace{15+15+15+15+15+15}_{6번}$이므로 연필의 길이는 15 cm입니다.

7 5가지

1 cm짜리와 4 cm짜리로 잴 수 있는 길이 ➡ $1+4=5$(cm), $4-1=3$(cm)
1 cm짜리와 7 cm짜리로 잴 수 있는 길이 ➡ $1+7=8$(cm), $7-1=6$(cm)
4 cm짜리와 7 cm짜리로 잴 수 있는 길이 ➡ $4+7=11$(cm), $7-4=3$(cm)
따라서 두 개의 끈을 겹치지 않게 이어 붙이거나 겹쳐서 잴 수 있는 길이는
3 cm, 5 cm, 6 cm, 8 cm, 11 cm로 모두 5가지입니다.

8 26개

(색연필 4자루의 길이)+(지우개 3개의 길이)
=(색연필 3자루의 길이)+(지우개 6개의 길이)의 양쪽에서 색연필 3자루의 길이와

지우개 3개의 길이를 빼면 색연필 1자루의 길이는 지우개 3개의 길이와 같으므로 색연필 8자루의 길이는 지우개 3+3+3+3+3+3+3+3=24(개)의 길이와 같습니다.
따라서 칠판의 짧은 쪽의 길이는
(색연필 8자루의 길이)+(지우개 2개의 길이)
=(지우개 24개의 길이)+(지우개 2개의 길이)=(지우개 26개의 길이)입니다.

다시 푸는 MATH MASTER

23~26쪽

1 10번

접혀 있는 종이 아래쪽의 길이가 엄지손가락 너비로 5번이므로 종이를 펼쳤을 때 긴 쪽의 길이는 엄지손가락 너비로 5+5=10(번)입니다.

2 풀이 참조

예

색 테이프의 길이는 클립으로 8번이고 클립 한 개의 길이는 막대에서 2칸과 같으므로 색 테이프의 길이는 막대에서 16칸과 같습니다.

3 6 cm

변의 한쪽 끝을 자의 한 눈금에 맞춘 후 그 눈금에서 다른 쪽 끝까지 1 cm가 몇 번 들어가는지 세어 봅니다.

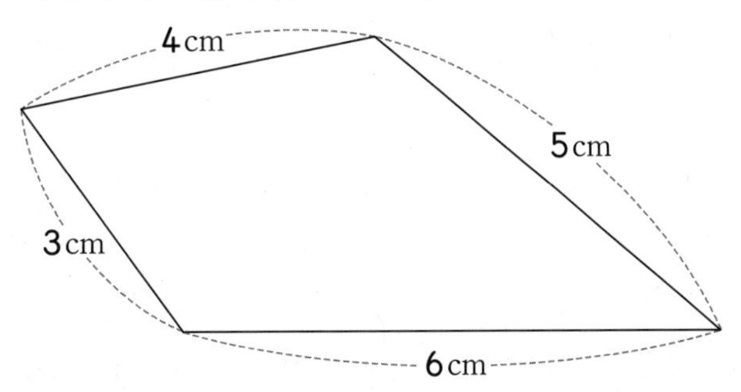

사각형의 네 변의 길이는 각각 4 cm, 3 cm, 6 cm, 5 cm입니다.
따라서 가장 긴 변의 길이는 6 cm입니다.

4 지팡이, 우산, 빗자루

우산의 길이는 47 cm, 지팡이의 길이는 52 cm, 빗자루의 길이는 45 cm입니다.
52>47>45이므로 길이가 긴 것부터 차례로 쓰면 지팡이, 우산, 빗자루입니다.

서술형 5 42 cm

예 ㉡의 길이는 ㉠의 길이로 7번이므로 ㉠의 길이를 7번 더한 것과 같습니다.
㉠의 길이가 6 cm이므로 ㉡의 길이는 6+6+6+6+6+6+6=42(cm)입니다.

채점 기준	배점
㉡의 길이는 ㉠의 길이로 몇 번인지 구했나요?	2점
㉡의 길이를 구했나요?	3점

6 약 7 cm

색 테이프의 길이는 1 cm가 약 7번이므로 약 7 cm입니다.

7 13

빨간색 테이프의 길이는 9 cm에 가깝기 때문에 약 9 cm입니다. ➡ ㉠=9
파란색 테이프의 길이는 4 cm에 가깝기 때문에 약 4 cm입니다. ➡ ㉡=4
따라서 ㉠과 ㉡에 알맞은 수의 합은 $9+4=13$입니다.

8 4 cm

빨간색 테이프의 길이는 1 cm가 6번이므로 6 cm입니다.
빨간색과 파란색 테이프의 길이가 같으므로 파란색 테이프의 길이도 6 cm입니다.
파란색 테이프의 보이는 부분의 길이는 1 cm가 2번이므로 2 cm입니다.
따라서 겹쳐진 부분의 길이는 $6-2=4$(cm)입니다.

9 지유

수민이가 어림한 길이가 약 93 cm이므로 주호가 어림한 길이는
약 $93-10=83$(cm)이고, 지유가 어림한 길이는 약 90 cm입니다.
실제 길이(자로 잰 길이)와 어림한 길이의 차를 각각 구하면
수민이는 $93-87=6$(cm), 주호는 $87-83=4$(cm), 지유는 $90-87=3$(cm)입니다.
따라서 실제 길이에 가장 가깝게 어림한 사람은 지유입니다.

서술형 **10** 75 cm

예 수수깡의 길이는 5 cm인 풀로 5번 잰 길이와 같으므로
$5+5+5+5+5=25$(cm)입니다.
따라서 철사의 길이는 25 cm인 수수깡으로 3번 잰 길이와 같으므로
$25+25+25=75$(cm)입니다.

채점 기준	배점
수수깡의 길이를 구했나요?	2점
철사의 길이를 구했나요?	3점

11 10가지

길이(cm)	식
1	1
2	$6-4=2$
3	$4-1=3$
4	4
5	$1+4=5$
6	6
7	$1+6=7$
9	$4+6-1=9$
10	$4+6=10$
11	$1+4+6=11$

따라서 세 개의 색 테이프로 잴 수 있는 길이는 모두 10가지입니다.

5 분류하기

다시 푸는 최상위 S

27~30쪽

1 ㉡

㉠, ㉢, ㉣은 사람에 따라 분류 결과가 달라지므로 분류 기준이 될 수 없습니다.
㉡에 따라 분류하면 바다에 사는 동물은 고래, 오징어이고 육지에 사는 동물은 호랑이, 코끼리, 소, 말입니다.
따라서 분류 기준이 될 수 있는 것은 ㉡입니다.

2 풀이 참조

바지를 분류할 수 있는 분명한 기준을 정하고 분류합니다.

• 분류 기준 1: 예 바지의 색깔

색깔	흰색	빨간색	하늘색
수(개)	3	2	5

• 분류 기준 2: 예 바지의 무늬

무늬	없음	줄무늬	점무늬
수(개)	3	4	3

바지를 분류할 수 있는 분명한 기준은 바지의 색깔, 무늬, 길이 등이 있습니다.

3 풀이 참조

	사각형 모양	원 모양
구멍 2개	①, ④, ⑨	⑤, ⑧
구멍 4개	②, ⑥, ⑩	③, ⑦

먼저 사각형 모양의 단추와 원 모양의 단추로 분류하고, 분류한 결과를 다시 구멍이 2개인 단추와 구멍이 4개인 단추로 각각 분류합니다. 이때 기준의 순서를 바꾸어 분류해도 결과는 같습니다.

4 사탕, 3개

종류별 간식의 수를 세어 보면 쿠키 6개, 사탕 3개, 요구르트 6개, 도넛 6개입니다.
쿠키, 요구르트, 도넛의 수는 각각 6개로 같고 종류별로 한 개씩 묶어 친구들에게 남김없이 나누어 주어야 하므로 사탕이 $6-3=3$(개) 더 필요합니다.

5 ㉠, ㉢

산의 종류에 따라 분류하고 그 수를 세어 보면 백두산은 7명, 한라산은 5명, 지리산은 4명, 북한산은 4명입니다.
㉠ 가장 많은 학생들이 가고 싶은 산은 백두산입니다.
㉡ $7>5>4$이므로 둘째로 많은 학생들이 가고 싶은 산은 한라산입니다.
㉢ (백두산을 가고 싶은 학생 수와 지리산을 가고 싶은 학생 수의 차)$=7-4=3$(명)
㉣ 조사에 참여한 학생은 모두 $7+5+4+4=20$(명)입니다.
따라서 바르게 설명한 것은 ㉠, ㉢입니다.

6 ㉮ 두 자리 수입니다.

짝수는 872, 88, 274, 58, 452, 96이고 이 중에서 십의 자리 숫자가 일의 자리 숫자보다 3만큼 더 큰 수는 274, 452, 96입니다. 274와 452는 세 자리 수이고 96은 두 자리 수이므로 나머지 기준은 두 자리 수입니다.

다른 풀이

짝수는 872, 88, 274, 58, 452, 96이고 이 중에서 십의 자리 숫자가 일의 자리 숫자보다 3만큼 더 큰 수는 274, 452, 96입니다. 274와 452는 6(또는 9)이 없고 96은 6(또는 9)이 있으므로 나머지 기준은 6(또는 9)이 있는 수입니다.

서술형 7 ⓞ

㉮ 첫째 기준에 따라 분류하면 ㉠, ㉡, ㉢, ㉤, ㉥, ㉦, ㉧입니다.
둘째 기준에 따라 분류하면 ㉠, ㉢, ㉤, ㉦, ㉧입니다.
셋째 기준에 따라 분류하면 ⓞ입니다.
따라서 세 가지 기준을 모두 만족하는 결과는 ⓞ입니다.

채점 기준	배점
각각의 기준에 따라 결과를 차례로 분류했나요?	4점
세 가지 분류 기준을 모두 만족하는 결과를 찾았나요?	1점

8 [카드]에 ○표 / 풀이 참조

㉮ 모양에 따라 분류하고 다시 모양의 수에 따라 분류합니다.
⬭ 모양의 위에서 둘째 칸에 있는 카드는 ⬭ 모양이어야 하는데 ▭ 모양이 들어가 있으므로 잘못 분류된 카드입니다.

다시푸는 MATH MASTER

31~34쪽

1 ㉮ 다니는 곳

자전거, 버스, 오토바이, 기차, 트럭은 땅(육지)에서 다니고 비행기, 열기구, 헬리콥터는 하늘에서 다니는 이동 수단입니다.
따라서 다니는 곳에 따라 이동 수단을 분류한 것입니다.

서술형 2 ㉮ 두 개의 공에 쓰인 수의 차

㉮ 왼쪽은 두 개의 공에 쓰인 수의 차가 25−19=6, 42−36=6, 18−12=6으로 6이고, 오른쪽은 두 개의 공에 쓰인 수의 차가 57−46=11, 23−12=11, 17−6=11로 11입니다.
따라서 두 개의 공에 쓰인 수의 차가 같은 주머니끼리 분류한 것입니다.

채점 기준	배점
각 주머니에서 두 개의 공에 쓰인 수의 차를 구했나요?	3점
분류 기준을 바르게 찾았나요?	2점

3

신발 겨울

①, ⑥, ⑧ | ④ | ②, ③, ⑤, ⑦

먼저 신발과 겨울에 사용하는 것으로 나누면 신발은 ①, ④, ⑥, ⑧이고 겨울에 사용하는 것은 ②, ③, ④, ⑤, ⑦입니다.
가운데 부분은 신발과 겨울에 사용하는 것이 겹쳐지는 부분이므로 두 특징을 모두 가진 ④가 들어갑니다.
따라서 신발 부분 중 겹치지 않는 부분에는 ①, ⑥, ⑧, 가운데 겹치는 부분에는 ④, 겨울 부분 중 겹치지 않는 부분에는 ②, ③, ⑤, ⑦이 들어갑니다.

4 예 컵: ②, ③ /
예 접시: ④, ⑤, ⑥, ⑨

같은 종류의 그릇을 분류 기준으로 나누면 됩니다.
주어진 그릇은 냄비, 컵, 접시로 나눌 수 있습니다.
냄비는 ①, ⑦, ⑧, ⑩, 컵은 ②, ③, 접시는 ④, ⑤, ⑥, ⑨로 분류할 수 있습니다.

5 (위에서부터) 1, 2 / 2, 3, 3 / 5, 4, 5

빨간색 우산은 긴 우산 3개와 짧은 우산 2개로 모두 5개입니다.
노란색 우산은 긴 우산 1개와 짧은 우산 3개로 모두 4개입니다.
초록색 우산은 긴 우산 2개와 짧은 우산 3개로 모두 5개입니다.

6 ㉡, ㉢

㉠ 노란색 긴 우산은 1개 팔렸습니다.
㉡ 초록색 우산은 5개 팔렸습니다.
㉢ 짧은 우산은 $2+3+3=8$(개) 팔렸습니다.
㉣ 어제 하루 동안 팔린 우산은 모두 $5+4+5=14$(개)입니다.
따라서 바르게 설명한 것은 ㉡, ㉢입니다.

7 6명

㉠과 ㉡을 제외한 자료를 세어 보면 피아노는 5명, 미술은 4명, 운동은 6명, 독서는 3명으로 운동과 독서는 표에 나타낸 학생 수와 같습니다.
㉠과 ㉡은 운동과 독서가 될 수 없고, ㉠과 ㉡은 다른 취미이므로 ㉠이 피아노이면 ㉡은 미술이고, ㉠이 미술이면 ㉡은 피아노입니다.
따라서 취미가 피아노인 학생은 $5+1=6$(명)입니다.

서술형 **8** 파란색

예 필요한 색종이 수와 그림에 있는 색종이 수를 표로 나타내면 다음과 같습니다.

색종이	빨간색	파란색	노란색	초록색	보라색
필요한 색종이 수(장)	5	8	3	6	4
그림에 있는 색종이 수(장)	4	4	2	4	1

색종이가 빨간색은 $5-4=1$(장), 파란색은 $8-4=4$(장), 노란색은 $3-2=1$(장), 초록색은 $6-4=2$(장), 보라색은 $4-1=3$(장) 더 필요합니다.
따라서 더 필요한 색종이가 가장 많은 색종이는 파란색입니다.

채점 기준	배점
그림에 있는 색종이 수를 구했나요?	2점
각 색종이마다 더 필요한 색종이 수를 구했나요?	2점
더 필요한 색종이가 가장 많은 색종이는 무슨 색인지 구했나요?	1점

6 곱셈

다시 푸는 최상위 S

35~37쪽

1 3묶음

6씩 4묶음은 $6+6+6+6=24$입니다. $8+8+8=24$이므로 8씩 3묶음입니다.
따라서 6씩 4묶음은 8씩 3묶음과 같습니다.

2 ㉡, ㉠, ㉣, ㉢

㉠ 2씩 9묶음 ➡ 2의 9배 ➡ $2+2+2+2+2+2+2+2+2=2\times9=18$
㉡ 3의 5배 ➡ $3+3+3+3+3=3\times5=15$
㉢ 7과 6의 곱 ➡ $7\times6=7+7+7+7+7+7=42$
㉣ 8씩 5묶음 ➡ 8의 5배 ➡ $8+8+8+8+8=8\times5=40$
따라서 $15<18<40<42$이므로 나타내는 수가 작은 것부터 차례로 기호를 쓰면 ㉡, ㉠, ㉣, ㉢입니다.

3 89

• 9씩 4번 뛰어 센 수는 $9+9+9+9=9\times4=36$이고,
6부터 뛰어 세기를 했으므로 ■$=6+36=42$입니다.
• 4씩 9번 뛰어 센 수는 $4+4+4+4+4+4+4+4+4=4\times9=36$이고,
11부터 뛰어 세기를 했으므로 ●$=11+36=47$입니다.
따라서 ■+●$=42+47=89$입니다.

서술형 **4** 염소, 10개

㉮ 오리의 다리 수는 2개씩 9마리이므로
$2+2+2+2+2+2+2+2+2=2\times9=18$(개)이고,
염소의 다리 수는 4개씩 7마리이므로 $4+4+4+4+4+4+4=4\times7=28$(개)입니다.
따라서 $18<28$이므로 염소의 다리가 $28-18=10$(개) 더 많습니다.

채점 기준	배점
오리와 염소의 다리 수를 각각 구했나요?	4점
어느 동물의 다리가 몇 개 더 많은지 구했나요?	1점

5 18개

십의 자리에 놓을 수 있는 수 카드는 3장, 일의 자리에 놓을 수 있는 수 카드는 6장이므로 십의 자리에 놓을 수 있는 카드마다 일의 자리에 놓을 수 있는 카드를 6가지씩 고를 수 있습니다.
따라서 수 카드로 만들 수 있는 두 자리 수는 모두
$3\times6=3+3+3+3+3+3=18$(개)입니다.

6 49

• 54는 9의 ㉠배 ➡ $9\times$㉠$=54$이고 $9+9+9+9+9+9=9\times6=54$이므로
㉠$=6$입니다.
• 8의 ㉡배는 64 ➡ $8\times$㉡$=64$이고
$8+8+8+8+8+8+8+8=8\times8=64$이므로 ㉡$=8$입니다.

• 7의 5배는 ㉢ ➡ $7+7+7+7+7=7\times5=35$이므로 ㉢$=35$입니다.
따라서 ㉠+㉡+㉢$=6+8+35=49$입니다.

7 46개

• (지아가 가지고 있는 인형 수)=5개씩 5줄 ➡ $5+5+5+5+5=5\times5=25$(개)
• (연우가 가지고 있는 인형 수)=(지아가 가지고 있는 인형 수)$-18=25-18=7$(개)
• (예성이가 가지고 있는 인형 수)=7의 2배 ➡ $7+7=7\times2=14$(개)
따라서 지아, 연우, 예성이가 가지고 있는 인형은 모두 $25+7+14=46$(개)입니다.

8 63 cm

빨간색 막대의 길이는 쌓기나무 3개의 길이의 합과 같으므로 $3+3+3=9$(cm)입니다.
따라서 빨간색 막대의 7배의 길이만큼 쌓기나무를 한 줄로 이어 놓으면 전체 길이는 9 cm의 7배인 $9+9+9+9+9+9+9=9\times7=63$(cm)입니다.

다시 푸는 MATH MASTER

38~40쪽

1 예 $3\times8=24$, $4\times6=24$, $6\times4=24$, $8\times3=24$

사과를 3, 4, 6, 8씩 묶으면 빠짐없이 묶을 수 있습니다.
• 3씩 묶어 세면 3, 6, 9, 12, 15, 18, 21, 24로 8묶음입니다.
➡ 3씩 8묶음 ➡ $3\times8=24$
• 4씩 묶어 세면 4, 8, 12, 16, 20, 24로 6묶음입니다.
➡ 4씩 6묶음 ➡ $4\times6=24$
• 6씩 묶어 세면 6, 12, 18, 24로 4묶음입니다. ➡ 6씩 4묶음 ➡ $6\times4=24$
• 8씩 묶어 세면 8, 16, 24로 3묶음입니다. ➡ 8씩 3묶음 ➡ $8\times3=24$

2 44

• $7\times$㉠$=56$에서 $7+7+7+7+7+7+7+7=7\times8=56$이므로 ㉠$=8$입니다.
• $6\times6=$㉡에서 ㉡$=6+6+6+6+6+6=36$입니다.
따라서 ㉠과 ㉡에 들어갈 수의 합은 $8+36=44$입니다.

서술형 **3** 5명

예 도넛은 5개씩 9묶음이므로 $5+5+5+5+5+5+5+5+5=5\times9=45$(개)입니다.
$9+9+9+9+9=9\times5=45$이므로
도넛 45개를 한 사람에게 9개씩 주면 5명에게 줄 수 있습니다.

채점 기준	배점
도넛이 모두 몇 개인지 구했나요?	2점
도넛을 9개씩 몇 명에게 줄 수 있는지 구했나요?	3점

4 96명

(남학생 수)=9명씩 8줄 ➡ $9+9+9+9+9+9+9+9=9\times8=72$(명)
(여학생 수)=4명씩 6줄 ➡ $4+4+4+4+4+4=4\times6=24$(명)
따라서 운동장에 서 있는 학생은 모두 $72+24=96$(명)입니다.

5 $7 \times 6 = 42$

월요일, 수요일, 목요일, 금요일, 토요일, 일요일에 엇갈아 뛰기를 7개씩 하였습니다.
7개씩 6일 ➡ $7+7+7+7+7+7=7 \times 6=42$(개)
따라서 준호가 한 엇갈아 뛰기의 수를 곱셈식으로 나타내면 $7 \times 6=42$입니다.

6 35개

삼각형 1개를 만드는 데 필요한 수수깡 수는 3개이므로
삼각형 5개를 만드는 데 필요한 수수깡 수는 $3+3+3+3+3=3 \times 5=15$(개)입니다.
사각형 1개를 만드는 데 필요한 수수깡 수는 4개이므로
사각형 5개를 만드는 데 필요한 수수깡 수는 $4+4+4+4+4=4 \times 5=20$(개)입니다.
➡ (필요한 수수깡 수)$=15+20=35$(개)

7 17마리

타조의 다리 수는 2개, 낙타의 다리 수는 4개입니다.
$2+2+2+2+2+2+2+2=2 \times \underline{8}=16$이므로 타조는 8마리입니다.
$4+4+4+4+4+4+4+4+4=4 \times \underline{9}=36$이므로 낙타는 9마리입니다.
따라서 타조와 낙타는 모두 $8+9=17$(마리)입니다.

8 8배

6의 7배 ➡ $6+6+6+6+6+6+6=6 \times 7=42$이고,
42보다 22만큼 더 큰 수는 $42+22=64$입니다.
어떤 수는 64이고 $64=8+8+8+8+8+8+8+8=8 \times 8$입니다.
따라서 어떤 수는 8의 8배입니다.

9 31개

5명이 보를 내서 졌으므로 나머지 3명은 가위를 냈습니다.
(보를 낸 5명이 펼친 손가락 수)$=5+5+5+5+5=5 \times 5=25$(개)
(가위를 낸 3명이 펼친 손가락 수)$=2+2+2=2 \times 3=6$(개)
따라서 사랑이네 모둠 8명이 펼친 손가락은 모두 $25+6=31$(개)입니다.

10 27개

(젤리 수)$=$6개씩 8봉지 ➡ $6+6+6+6+6+6+6+6=6 \times 8=48$(개)
(나누어 준 젤리 수)$=$3개씩 7명 ➡ $3+3+3+3+3+3+3=3 \times 7=21$(개)
따라서 남은 젤리는 $48-21=27$(개)입니다.

11 6, 8

●를 8번 더한 값이 4▲이므로 ●×8=4▲입니다.
●가 0이 아닌 한 자리 수이므로 ●가 1부터 9까지인 경우를 각각 알아봅니다.
$1 \times 8=1+1+1+1+1+1+1+1=8$
$2 \times 8=2+2+2+2+2+2+2+2=16$
$3 \times 8=3+3+3+3+3+3+3+3=24$
$4 \times 8=4+4+4+4+4+4+4+4=32$
$5 \times 8=5+5+5+5+5+5+5+5=40$
$6 \times 8=6+6+6+6+6+6+6+6=4\underline{8}$
$7 \times 8=7+7+7+7+7+7+7+7=56$
$8 \times 8=8+8+8+8+8+8+8+8=64$
$9 \times 8=9+9+9+9+9+9+9+9=72$
➡ ●$=6$, ▲$=8$

한걸음 한걸음 디딤돌을 걷다 보면 수학이 완성됩니다.

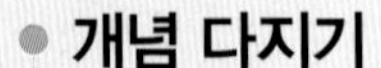

개념 다지기

원리, 기본

문제해결력 강화

문제유형, 응용

심화 완성

최상위 수학S, 최상위 수학

연산 개념 다지기

디딤돌 연산

디딤돌 연산은 수학이다.

개념+문제해결력 강화를 동시에

기본+유형, 기본+응용

상위권의 힘, 사고력 강화

최상위 사고력

최상위 사고력

개념 이해 → 개념 응용 → 개념 확장

학습 능력과 목표에 따라
맞춤형이 가능한 디딤돌 초등 수학